民族根生性视域下的日本当代建筑创作研究

MINZU GENSHENGXING SHIYU XIA DE
RIBEN DANGDAI JIANZHU CHUANGZUO YANJIU

单琳琳◎著

2016年度黑龙江省
社会科学学术著作出版资助项目
2016NIANDU HEILONGJIANGSHENG
SHEHUI KEXUE XUESHU ZHUZUO CHUBAN ZIZHU XIANGMU

哈爾濱工業大學出版社
HARBIN INSTITUTE OF TECHNOLOGY PRESS

内容简介

日本当代建筑创作具有民族根生性，通过建筑创作的形态、空间、审美表现出民族根生性特点。本书从日本当代建筑形态的几何结构化、纤细观念化和相对复杂化，建筑空间的短暂而流动、灰度和自然要素，建筑思维的原始祖型构造审美观念、含蓄性的机能审美体验和自然的生态素材审美转向三方面展开研究，论证了民族根生性是建筑创作思维研究的根源视域，由于它的存在，不同建筑之间才形成了不同的民族性。

本书适合建筑设计及理论研究、建筑历史研究、城市规划设计研究、环境艺术设计研究从业人员参考使用。

图书在版编目(CIP)数据

民族根生性视域下的日本当代建筑创作研究/单琳琳著.—哈尔滨:哈尔滨工业大学出版社,2016.11
ISBN 978-7-5603-6306-6

Ⅰ.①民… Ⅱ.①单… Ⅲ.①建筑设计-研究-日本-现代 Ⅳ.①TU2

中国版本图书馆CIP数据核字(2016)第271808号

策划编辑 黄菊英 王桂芝
责任编辑 苗金英
出版发行 哈尔滨工业大学出版社
社　　址 哈尔滨市南岗区复华四道街10号 邮编150006
传　　真 0451-86414749
网　　址 http://hitpress.hit.edu.cn
印　　刷 哈尔滨市工大节能印刷厂
开　　本 787mm×960mm 1/16 印张17.75 字数318千字
版　　次 2016年11月第1版 2016年11月第1次印刷
书　　号 ISBN 978-7-5603-6306-6
定　　价 68.00元

前　言

日本当代建筑创作已经走在了世界的前列，显示出鲜明的时代特色与民族特色。截至 2014 年普利兹克建筑奖获奖建筑师揭晓，日本是获奖数量仅次于美国的国家，共有 7 位建筑师获得了此奖。委员会在给获奖建筑师的评语中都提到了“日本的”建筑，这说明日本当代建筑中存在的“日本趣味”是被普遍认可的。但是日本当代建筑师们大多不提传统或民族，甚至有意回避，产生这一现象的原因是什么？这是值得我们思考的问题。再则，对于当代建筑的民族性问题，我们在讨论方法上存在一个误区，一直停留在当代建筑是否具有民族性以及有什么样的民族性上。但是，解决这些问题的根本应该是理解建筑为什么具有民族性，当代建筑为何与民族性无法分离，这就要谈到建筑民族性形成的基因——以民族为本位的根生性，它使得当代建筑及今后任何时代的建筑都无法真正地与民族性相分离。

民族根生性是建筑创作思维研究的根源视域，由于它的存在，不同建筑之间才形成不同的民族性。作为针对建筑创作思维根源因素的研究，本书以当代建筑的“民族根生性”为切入点，通过探讨当代建筑创作思维与民族根生性的关系，以及对建筑的民族根生性概念的厘定，从而建构一种以“民族根生性”为主线，以生命的特殊性和意识的原初性为哲学基础，以建筑民族学和文化哲学为理论基础的关于民族根生性视域下的日本当代建筑创作研究体系，并借此分析当代建筑创作思维的原始动因和潜在原则。

本书以形式逻辑推导为主要研究方法，以“概念构建—内涵分析—内容和形式—日本民族根生性的表现—日本当代建筑民族根生性表达”为研究脉络，探究了建筑民族根生性的学理溯源、概念内涵、生成机制、内容和形式、本质特征等方面的一般规定性。同时，论述了日本民族根生性的成因和表现形式等方面的特点，从理论维度和表达形式方面分析了日本当代建筑民族根生性的基本要义，阐明了民族根生性在日本当代建筑中的鲜明特色；而后落脚到日本民族情感、民族认知和民族理想，并结合当代建筑创作的形态、空间、审美进行研究；总结了日本当代建筑民族根生性特点，并从建筑形态的几何结构化、纤细观念化和相对复杂化，建筑空间的短暂而流动、灰度和自然要素，建筑思维的原始祖型构造审美观念、含蓄性的机能审美体验和自然的生态素材审美转向三方面展开研究。最后反思了在民族与当代建筑创作融合过程中存在的问题，并提出了对当代建筑创作研究的前沿思考。本书取得了以下有益的理论成果：

（1）以日本当代建筑“民族根生性”为切入点，建构了日本当代建筑创作研究的理论支撑体系。

（2）以“建筑民族学”和“文化哲学”为理论支撑，提出了日本当代建筑的民族根生性的理论内涵。

（3）从日本的民族情感、民族认知和民族理想，及其对日本当代建筑形态、空间、审美的突出影响，揭示了日本当代建筑创作特殊性的深层结构。

总体来说，本书从理论建构、表现形式、研究价值三个层面对日本当代建筑的民族根生性问题展开了深入分析和探讨。理论建构层面：从学理溯源、一般规定性、内容范畴和表现形式各方面全景分析了建筑民族根生性，以建立理论层面的建筑民族根生性学理框架。表现形式层面：针对日本当代建筑民族化的经验、表现形式和相关建筑理论，引发对日本当代建筑民族根生性成因、内涵、趋势等一系列问题的思考，以推理论证建构的理论。研究价值层面：当代建筑面对时代性、全球化和民族主义的时空境遇，如何表达特色并有持续的生命力，按照民族的根生性思索是一条值得探索的道路，期待独具个性化的民族特色价值诉求未来建筑的发展。

本书由黑龙江大学单琳琳独立撰写，在写作中有幸得到哈尔滨工业大学建筑学院刘松茯教授的悉心指导，并给出具有前瞻性和建设性的指导建议，使很多问题都得到了完美解决，在此表示衷心的感谢。另外，在写作过程中作者曾远赴日本收集资料，在那里得到了很多日本友人的帮助，在此一并致谢。

限于作者水平，书中难免存在疏漏及不妥之处，敬请读者批评指正。

作　者

2016 年 7 月

目　录

第1章　绪　　论

1.1　研究的背景、目的和意义

1.1.1　研究的背景

自现代主义建筑在世界范围内扩展以来,现代建筑完成了从地域性的“民族化”向全球性的“普世化”的过渡。今天,在尖端科技和经济需求的引领下,高科技建筑、生态建筑等创作意识和理念越来越广泛地渗透到建筑创作中,在这种充满了科学技术和理性思维的同质世界里强制性地消除着建筑最根本的精神和价值,使建筑变成了普世的生活掩盖体。在这种语境之下,任何关于“建筑的民族性”的探讨似乎都显得“迂腐而不达时变”,然而历史的辩证法依然在全球化过程中发挥着作用,建筑从未与民族性相分离。

建筑之所以称之为“建筑”,它的根本底蕴是精神,消除了精神的建筑只能是堆成体积的物质材料。黑格尔指出:“建筑的本质是人类把外在的本无精神的东西改造成为对精神东西的反映,建筑体现了人的精神创造。”从根本上说,任何民族的建筑都不是其他民族建筑的拷贝,它需要特定的自然条件和人文环境。正如著名的印第安格言所说:“从一开始,上帝就给了每个民族一只陶杯,从这只杯子里,人们饮入了他们的生活。”现代主义建筑的“一视同仁”无法做到推动所有建筑都向前发展,分布在不同地域的建筑都有自己的文化共同体,一个建筑的存在既要有科技基础和经济需求,更要有精神价值。

当代,很多建筑师看到了建筑这种普世性的危机,他们开始寻求新的建筑创作方法和原则。以伯纳德·屈米、雷姆·库哈斯为首的解构主义七人小组,通过对建筑中偶然性、模糊性、短暂性的运用,来反抗现代主义建筑的确定性、永恒性和必然性。而美国后现代主义建筑师罗伯特·文丘里则提出了“历史主义”与“民间艺术”探索当代建筑创作发展的两种方式。还有些国家的建筑师以整体的力量使自己国家的建筑呈现出了鲜明的特色,彰显了建筑最根本的精神，其中以日本最具代表性。当代日本建筑以建筑师丹下健三于1964年设计的东京奥运会主会场——代代木国立综合体育馆为标志走向了世界舞台，如图1.1所示。日本建筑师在运用现代主义建筑创作手法的同时，逐渐地重视建筑与历史、文化以及自然环境之间的相互关系，这种运用象征性手法和“民族趣味”进行设计的创作思维也引起了建筑界对现代主义建筑创作民族性的广泛讨论。

(a)外景　(b)夜景　(c)内景

图1.1　东京代代木国立综合体育馆

日本当代建筑之所以独树一帜，并不是简单地继承传统的建筑形式，而是族群内部最深层的精神所致，这种精神在社会学中称为“根生性”。俄罗斯艺术理论家康定斯基指出：“产生艺术的最强大动力是精神生活，这种精神生活是一个复杂而明确的向前、向上运动的过程……如果用一个锐角三角形来表示精神生活的话……整个三角形缓慢地、几乎不为人所知地向前和向上运动。”直到达到精神艺术的终极目的，推动这个精神艺术的动因是所在族群的民族根生性，如图1.2所示。

进入21世纪，越来越多的建筑师将当代建筑引向具有本民族特性的设计上来，但依然有很多建筑始终未能摆脱模仿传统。究其原因主要是建筑师对设计的把握大多处于康定斯基所说的金字塔的下两层，因为对国际式的现代主义建筑并不能完全舍弃但又希望建筑有本土特色，于是大量“表里不一”的建筑出现了。从本质上说这是一种肤浅的设计，而真正具有鲜明本土化特色的建筑，它们都具有深厚的文化根源，这就涉及康定斯基所说的金字塔论的高端——精神艺术，也就是要触及民族最深层的核心基因，即建筑具有的民族根生性。

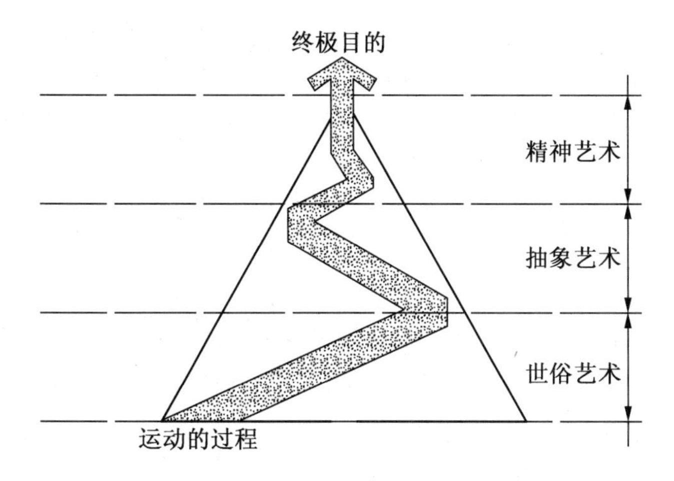

图1.2 康定斯基论艺术的精神图示

日本当代建筑之所以受到关注,其重要原因是它赋予建筑的“民族趣味”。日本心理学家吉野耕作对民族特殊性曾经这样论述过:“民族性是一种集体信仰,信奉‘我们’是具有与他者不同的独特历史、文化特征的独特共同体以及在自治国家的框架内实现、推进这种独特感与信仰的意志、感情、活动的总称。”日本人的文化中有着一种独特的集体信仰,在这种信仰的作用下无论是以钢材取代木材,还是以混凝土取代石材,日本的建筑师都可以自由地对其进行转化,重新创造出新的建筑,如图1.3所示。所以说,日本当代建筑的成就与这种独特的民族根生性有着密切的关系。

图1.3 日本的当代建筑

日本建筑师大江宏曾说过:“20世纪初开始的日本当代建筑,选择的就是这样一条‘吸收—建构—生成’的发展之路。中间虽然也有过所谓‘和魂洋才’的折中主义……日本建筑的主流仍然是在一丝不苟地模仿、追随西方文化的基础上,逐渐加入日本的佐料,融入日本的感觉,如今终于成为世界建筑舞台上一支不可小觑的力量。”

在日本当代建筑本土化过程中有一个微妙之处就是日本的传统建筑与当

代建筑之间有着相似性，以“数寄屋”为代表的日本传统建筑使用表面无装饰的自然材料，强调建筑应有纯粹的几何型、标准化、灵活化、模数化和网格化体制，无一不与当代建筑的标准相似。所以，很多日本建筑师认为当代建筑在日本不是新事物只是原有形式的转换，而日本民族精神深处的认知观、自然观、审美观与当代建筑语言之间有许多相通之处。日本当代建筑中有民族化的土壤，这一点使日本建筑师在面对当代建筑时并不感到陌生，而且能够快速地整合转化，这是其他民族建筑师无法复制的。

本书正是希望通过对日本当代建筑民族根生性的研究，探索建筑创作与民族、文化之间的发生、发展与完成机制，由内到外地论证日本当代建筑成功的核心因素是民族根生性。

此外，作者多年学习日语并长期从事民族建筑的项目研究，对日本当代建筑所呈现的“民族趣味”一直抱有极大兴趣，所以在 2011 年 11 月对日本东京都、大阪市、京都市、新潟市和佐渡岛进行了实地考察，并与新潟大学等日本院校的老师、学生进行交流，为本书的撰写提供了很多新思路，为本书的完成奠定了坚实的基础。

1.1.2 研究的目的

对于建筑学科而言，当代各国建筑的“民族性”研究都具有某种“族群根生性”研究的含义。日本的当代建筑以它独有的民族内涵赢得了世界的好评，也使国际建筑界意识到在当代建筑创作领域出现了东方的创作规则和审美意识。日本的建筑师以集体的力量表达了当代建筑的东方文化内涵，即在现代主义抽象的几何构成中融入自然元素，重视地域条件、基地环境、风俗习惯对建筑的影响。并使日本民族传统“数寄屋”建筑氛围、“阴翳”空间内涵、“含而不露”的气质、“空灵”的禅宗意境、“隐寂枯淡”的审美意象得以充分的表达，创造了当代日本建筑“虚无灵隐”的整体特征，展现了当代日本多种文明冲突并存的文化特征和社会形态现状。这些设计手法真实全面地反映了日本建筑的民族根生性与特定时代的依存关系，这些建筑形态的创作使当代的日本建筑创作进入了一个新时期。

因此，本书以建筑的“民族根生性”为切入点，引入建筑民族学、文化哲学、建筑学原理，通过对日本的建筑形态、空间、审美等方面的研究，系统地分析日本当代建筑的发展轨迹，试图在建筑创作的民族区创作原理框架下理清日本当代建筑的历史脉络，为我国当代建筑的发展提供参考。基于以上原因，本书的研究目的在于解答以下两个问题：

1. **当代建筑为何具有民族性**

当代建筑是否应具有民族性，一直是一个备受争议的议题，但无论当代建筑是否提倡民族性，它具有民族性显然已成为事实。如果我们试图弄清当代建筑为何具有民族性，就必须从民族性形成的源头因素说起，它的成因是以民族为本位的根生性，它使得当代建筑以及今后的所有的建筑都无法真正地与民族性相分离，如图1.4所示。

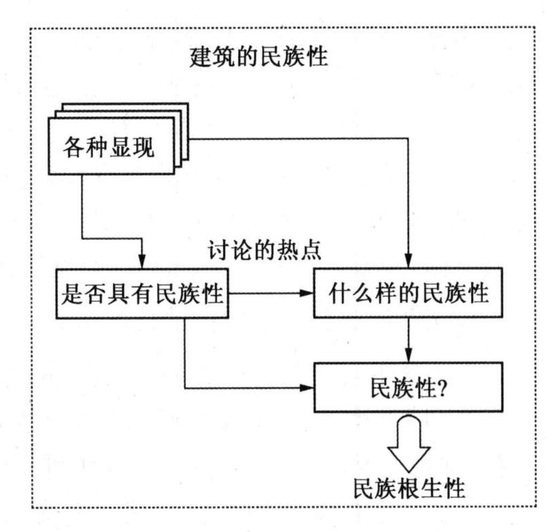

图1.4 建筑民族性的显现因素

世界上的每个民族从一开始就各自形成了一套生活方式和价值观念，由此形成了各自不同的建筑文化，呈现出各自独特的建筑艺术，这是每个民族基于各自所处的自然环境、血统、语言等不同而产生的不同生活方式的必然结果。它影响着人类社会的所有活动，也包括建筑活动，因此，建筑创作差异性的一个重要方面，就是民族性的差异，它的根源或者基因就是民族根生性。离开了民族根生性，建筑创作也就失去了灵魂。从这个意义上说，对建筑的民族根生性进行研究是理清当代建筑发展脉络的重要依据。

2. **日本当代建筑有何种民族根生性表现**

进入20世纪中叶，日本建筑界对历史样式或装饰性的建筑已无研究的兴趣，很少关心纯粹的仿造风格，但对“民族趣味”的偏爱却广泛存在。安藤忠雄、伊东丰雄、矶崎新等建筑师的建筑创作带有明显的民族特质，由日本建筑师提出的建筑理论更加深刻地反映了这种民族根生性，它表现在建筑的形态、建筑空间、建筑审美等方面。当代不少学者认为，日本建筑的现代化之路是成功的和可借鉴的，从建筑思维的创新和民族性表现方式来说，都需要对日本当代建筑具有的民族根生性理论及其表现进行深入和专门的研究。

1.1.3 研究的意义

目前，当代建筑面临着两大困境：一是全球性致使建筑普世化的现实；二是对建筑艺术文化价值的轻视。前者带来的问题是建筑特色的危机，后者导致建筑体系中古老原则的消失。经济利益成为建筑最终的评价标准，这种社会现实致使当代人们对建筑不知所措、茫然不解。生产方式和科技的普世化带来了传统的地理空间与人的分离,地方文化的复杂性和特征逐渐衰退、消失,都市和建筑物的商品化与标准化致使建筑特征逐渐隐退,都市文化和建筑文化出现特色危机和趋同现象。当代,世界各国对都市环境的糟糕和建筑庸俗的批评越来越多,人们寄情于自己本土文化的回归,表达民族特色的声音日渐增高。因此,当代建筑创作的评价标准如何定位,需要我们从理论和历史的高度重新解读,从而对"当代建筑"实践有一个正确的判断和评价。

1. 当代建筑民族化倾向的指导意义

在人类的历史长河中,人们对建筑的理解发生了很大的变化。20 世纪初,传统"繁琐雄壮"的西方建筑形态发展到现代主义时期被"洁净简约"的形态所取代,并在世界范围内出现了普世化的倾向。1995 年,随着信息化时代的来临,世界各国对现代主义的构成式建筑都提出了质疑,因此产生了所谓的解构主义、后现代主义建筑,它们的存在打破了现代主义建筑的原则与概念。但随之而来的,后现代主义建筑表面上对传统文化和历史文脉的尊重掩饰不了形式上的模仿、语言上的混乱和审美上的无序,进入 21 世纪以后,这种形式逐渐退出世界建筑舞台。解构主义虽然没有像后现代主义那样销声匿迹,但也没有成为建筑发展的主流。

当代,在经历了普世化、全球化的冲击后,人们对传统文化回归的期盼越来越高,在建筑界,当代日本的建筑原则逐渐引起世人关注,这个原则的核心就是建筑具有民族根生性。在这种原则主导下的建筑既保留了其功能性,又赋予了建筑强烈的日本"民族趣味",当代建筑的概念出现了地方化和民族化的倾向,如图 1.5 所示。从这个意义上说,对"建筑的民族根生性"进行研究是很有必要的。

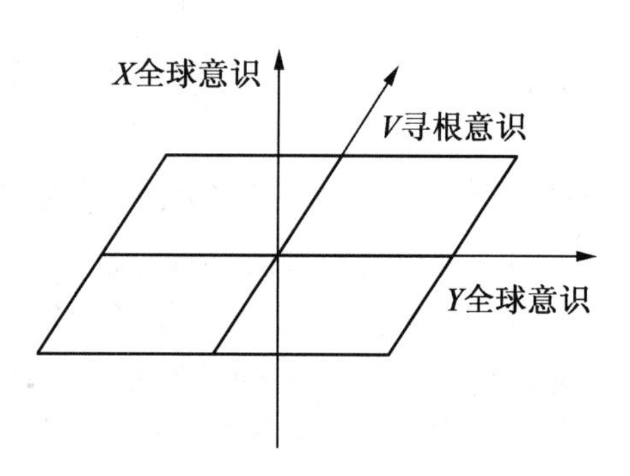

图 1.5　全球意识与寻根意识坐标图

2. 对中国当代建筑发展的借鉴意义

日本建筑所具有的鲜明的民族性对中国当代建筑提出了一个重要的议题。我们的建筑怎样才是"我们的"。当代的中国建筑界与中国高速发展的经济并不相衬,充满了不自信和迷茫,究其原因是改革开放以后中国的建筑急于与世界接轨,大量新理念和形式的建筑充斥着各个城市,加之经济的发展需要,很多不加思考的新建筑迅速崛起,致使建筑师和国人都为这快速的繁荣而喜不自禁,但随着初期建设的完成,我们发现建筑已经逐渐失去“我们的”这个词。更加严重的是还在各大院校读书的我国未来的建筑师们所推崇的还是所谓的国际化,对于这种现象的忧虑是很多当代中国建筑师普遍存在的。而日本当代建筑在现代建筑的冲击下依然能走出一条自己的民族之路是值得我们借鉴的,这也使得当代中国很多建筑师投身到学习和研究日本当代建筑的创作方法之中。

中国和日本同处亚洲,当代建筑对于中国和日本来说,都是向西方学习建筑设计与技术之后建造出来的。并且,在文化上两国都属于东亚的汉字文化圈,这使得两国在艺术审美、文化价值等方面也比较接近。尤其是传统建筑都是木构架体系,而现代文明对于两国来说均是西方的外来文明,均存在一个引进、学习、融合、发展以及创新的过程。在这方面日本更加善于引入、学习和融合,并且起步较早。19 世纪日本通过明治维新,迅速引入西方先进的建筑设计与技术,开始了漫长的学习过程,至 20 世纪 60 年代,日本的当代建筑在国际建筑界获得了自己的地位。到 21 世纪初,当代日本建筑创作已经形成了较为完善的理论体系,在国际建筑界享有一定的声誉。而我国自改革开放以来,由于受到现代建筑风格的巨大影响,多数建筑创作逐渐失去个性,变得千篇一律。我们的建筑正逐步失去自己的地方特色、民族特性,也失去了建筑文化的重要精神依据。

2012 年中国建筑师王澍荣获普利兹克建筑奖,这对中国当代建筑来说具有划时代的意义,这说明建立在乡土气息思想上的中国建筑形式被世界认可,正像普利兹克所说的:“……中国在都市规划和设计方面面临着前所未有的机遇,一方面既要与中国独特而悠久的传统保持和谐,另一方面也要与当代可持续发展的需求相一致……” 王澍作为中国当代一名非主流的个性鲜明的实验建筑师,国内学界对其作品仍难有一致的评价,王澍的建筑的确给人以深刻的印象,皆源于建筑师“重建当代中国本土建筑学”的立场,这对那些只强调建筑技术和功能的实用主义中国建筑师无疑是具有警示作用的,也说明了建筑民族性的回归是当代中国建筑成功发展的必然之路。因而,针对日本当代建筑的民族性创作理论和表现形式的研究,对我国当代建筑民族性回归有一定的借鉴意义。

下面具体分析一下我国当代建筑发展所遇到的主要困难。

我国从近代开始到当代,由于社会环境的影响,本国独特的地域文化大有被现代文明淹没的趋势,尤其在建筑方面受到的冲击更大。大量的重要建筑均由外籍设计师完成,这严重削弱了国民对本土建筑文化的信心。改革开放后,我国开始了大规模的现代化建设,经过了近 40 年的努力,建筑设计也从满足实用需求过渡到对文化价值认知的追求上,这种发展的过程体现了当代中国建筑的走向。

21 世纪初中国建筑文化越发明显地呈现出对民族传统文化继承的重视，开始关注建筑与历史、文化、地域环境之间的相互关系。这种运用象征性手法和民族风格进行设计的创作思维也引起了当代建筑创作民族化的广泛讨论。

当代，以日本为主导的东方现代主义建筑理念逐渐被关注，这种理念的核心是建筑的民族化特征。20 世纪 60 年代，随着日本代代木国立综合体育馆的落成，日本建筑走向世界舞台，以它特有的民族精神征服了建筑界。其设计者在现代主义抽象的几何构成中融入自然元素，注重基地环境、气候条件、风俗习惯对建筑的影响。利用建筑使日本人“含而不露”的气质、“隐寂枯淡”的审美、“数寄屋”住宅的氛围、“阴翳”的内涵、禅宗的意境得以充分表达，创造了日本“虚无灵隐”的建筑形态，展现了日本民族文化的时代特征和多种文明冲突并存的社会形态现状。这些手法真实全面地反映了日本建筑在特定时代与民族化的依存关系。这种创作意识的融入使当代日本建筑进入了新时期。这种理念主导下的建筑既保留了建筑的功能性，又赋予建筑强烈的民族特性。

但我国与日本毕竟有很大的区别。首先，我国的自然环境与日本有很大的不同，我国幅员辽阔，拥有多种自然气候，是典型的大陆环境，在这样的环境中建筑也需要有应对各种自然情况的能力。这看似不可能的事情，却由中国古代的匠师用我们熟知的木构架建筑将其完成，这种统一的形式也成为我们民族建筑的传统。应该说做到这一点的中国古代匠师已经远远超过了在单一的岛国环境的日本匠师，但在当代我们对这种千年积淀的成果传承远逊色于日本，因为我们的继承还是一种形式的继承，没有探索隐含于形式深处的内涵。

再则，我国的民族众多，不同的民族之间差异很大，这与单一民族的日本差异较大。众多民族的中国在文化传统上形成了主体文化统帅下的众多子文化，表现出文化传统的多维度取向，在外显上也就表现出文化的多样性。而日本由于民族的单一，它只有一个主体文化的构架，民族的传统等于国家的传统，建筑师对于民族性的概念没有太多选择，也就没有迷惑和忧虑。这一点在我国却是一个很大的问题，汉族作为民族的主体无论在文化的创造还是建筑的形式上都是中国传承的主流，但完全地以汉族的标准来传承文化是不可行的，对于这一点古代的中国匠师就已经明白了，所以中国建筑的民族化比日本要复杂多样。

进入 21 世纪，当我们的经济已经平稳并迅速发展时，粗放型发展所留下的弊病也引起了人们的重新思考，中国的建筑师也在试图将建筑回归民族性，并做出努力。中国当代建筑民族化的形式是基于文化上的民族化，即所谓的传统性，以维持、发展本民族文化为基本的价值取向。在面对外来文化的冲击时，通过有目的地选择、最大限度地消融外来文化，从而在民族文化内核上赋予建筑新的形式，实现民族文化的重生。2010年，随着上海世博会中国国家馆的落成，建筑界看到了中国建筑师表达本国建筑文化的意愿。无论它是否成功，目标是明确的，就是建筑艺术的民族化必然是我国建筑未来发展的主流趋势之一。

(1)继承民族形式并符号化：将中国传统建筑造型中的局部符号嫁接在当代建筑中，这在中国近代刚刚接触西方建筑的初期就已经开始。例如，南京中山陵、广州市中山纪念堂等。这时建筑需要表达增强民族凝聚力与自信心的社会需求，他们基本上没有脱离传统建筑造型。到了当代，中国的新建筑利用传统符号嫁接表现建筑民族性的设计方法日益丰富，他们大多具有删繁就简、注重文脉的特点，例如，华裔建筑师贝聿铭设计的苏州博物馆，把中国传统园林及江浙传统民居符号运用到现代建筑中，甚至将一些传统建筑符号进行变形或抽象化处理，创造出现代建筑的新形式。在传统意象思维包裹下的现代建筑，表达着地域与建筑的关系，此类作品在中国当代建筑领域内成为建筑走向民族化的大多数。

(2)新"中国式"建筑形式："中国式"建筑形式是什么，这包括建筑的物质形态和指导建筑的理论体系。物质形态方面目前比较统一的认识是建筑空间、结构、材料和建筑色彩的利用。在建筑空间上"中国式"的建筑一般以半封闭的空间为主，空间形式讲究既遮阳避雨，又视野开阔，有直通大自然的感觉。而建筑材料上追求材料的素雅、柔和，注重生态材料的使用。建筑色彩上大量使用原色调，受光处用暖色，背阴处用冷色。建筑理论上主要是影响世界的现代建筑思潮和当代中国建筑师的思维认识。而影响建筑师思维的是中国所处的时代和传统民族的内核文化。物质形态和理论体系构成了中国当代建筑的形式体系，形成当代中国建筑的特点，有着一定的规律性。在当代"中国式"建筑里面，具有代表性的是"大建筑""轴线建筑""半闭合"空间的建筑、同一"自然"情结的建筑和整体性的场所等具有民族特点的建筑形式，没有它们是形成不了"中国式"建筑的。例如，北京国家体育场(鸟巢)，就是"中国式"建筑的代表，整个建筑看似是一个与传统无关的现代前卫建筑，但建筑却在空间、结构、材料和色彩等方面均利用民族化的元素，在空间形态上外壳的"鸟巢"以一种传统民居冰裂纹的形式塑造了空间的半封闭性，效果新颖激进，而又朴实无华；色彩方面，在建筑的内部大面积使用中国红，利用冰裂纹半封闭空间呈现出来，体现"中国式"建筑的衬托性美，整个建筑圆润饱满，与民族的中庸思想相吻合。

(3)强调"和"的民族精神：中国传统的审美模型不是建立在一个理论框架体系上的，而是建立在体悟上，认为客观事物虽是可能认识的，但不能用精确的语言表达,中国人讲神会、心领、意得,中国传统建筑思想认为建筑都是有灵魂的。虚实相生,或外实内虚,或内实外虚,所以中国审美的基调是:天人合一、“尚中”情结、均衡之美、停顿、有灵等,这种审美认识体现在建筑中就是对建筑形态、空间的本质探索。中国建筑师杨廷宝的建筑作品对此给出了很好的诠释,例如,南京雨花台烈士陵园纪念馆,整体建筑群顺应地形而建,轴线分明、交错有致,给人以亲切自然之感,而光和混凝土壁体的冷灰色调营造出一种有灵、安宁的心境。经由这样一种建筑空间,人们便会有灵由心生的意念,强化建筑自身意境,建筑使民族认知在建筑环境构成中共生地表现出来,具有浓郁的民族特色。

中国当代建筑师王澍设计的苏州大学文正学院图书馆体现着这种思想。这是一个纯正的现代建筑,但在空间关系上却表现出我们对传统时空的认知。该建筑以几个方体组合而成,从色彩、形状和组合上都是极尽简洁之能事,是现代建筑语言的精炼表达;把图书馆主体将近一半的体量处理成半地下,四个方体式单体散落在主体建筑周围,是为了建筑与自然的和谐关系;命名为“诗歌和哲学”的阅览室是主体建筑伸出“亭”,表现着人与自然的“天人合一”。在建筑主体交通节点的处理上,王澍将传统空间的“有无相生”与人对建筑场所选择的多样性和自主性相结合,无不留给人无穷的想象空间。从苏州大学文正学院图书馆我们能看出王澍建筑创作中对人在空间的行为、流动的把握及追求“自然”空间的境界。

在中国,从古至今人们对建筑的认识发生了很大的改变。到了近现代,建筑发展到传统建筑形式被现代主义时期“简约洁净”的形式所取代,西方建筑的概念在中国出现了泛化的倾向。随着国家经济社会的全面发展,人们对现代主义建筑提出质疑,随即后现代主义建筑、乡土建筑等涌入中国,它们既打破了现代建筑的信条,也打破了现代主义的建筑概念。但随之而来的“后现代主义表面上对世俗文化和历史文脉的尊重却掩饰不了形式上的造作、语言上的混乱和美学上的无聊,21 世纪以来慢慢地退出建筑历史的舞台”。随着这些建筑形式本身的问题暴露出来,在全球一体化的冲击下,国民对建筑传统文化回归的呼声越来越高。

总之,中国建筑艺术民族化趋向已成为必然,如何实现目标,是我们要探讨的问题,已有的形式并未表达出建筑民族化的思想内核,日本的成功实例也只能是参考,绝不能拿来使用。因此,中国未来的建筑设计与审美如何定位,这需要从历史和理论的高度正确认识,从而对当代的建筑进行正确的判断和评价。

1.2 研究现状及分析

针对本书的内容,作者采取文章资料收集、建筑实地考察、访谈记录方法进行研究,共收集日文资料228篇,建筑实例303个;中文资料257篇;英文资料22篇;共与6位日本学者、8位中国学者进行了交流。

本书根据作者所收集到的资料将其分为横向分类研究和纵向日本建筑的民族性传承谱系列表研究展开。横向共分四个方面进行,分别是建筑的民族性理论研究、日本传统建筑特点研究、日本当代建筑特点研究和日本文化与民族性研究,从而得知目前还没有针对建筑民族根生性理论的完备研究体系。并且,在讨论方法上存在一个误区,多数是研究日本建筑的民族传统表现,缺乏针对其产生原因和存在根源的系统论述。再则,针对民族视域下的日本建筑研究具有单一性,很少出现交叉学科的共同研究。另外,目前中国对日本当代建筑的作品和建筑师个人的创作思想研究较多,缺乏针对日本当代建筑整体系统研究的理论框架,从民族根生性视角分析当代建筑的研究还未发现。最后,通过整合相关资料从而确立并阐释本书的研究视域与理论立场。

1.2.1 建筑的民族性理论研究

首先,中国关于建筑民族性的理论研究,20世纪80年代集中在建筑是否民族化方面。并且,当时在中国的建筑界也引起了一次大辩论,正如侯幼彬先生在《建筑民族化的系统考察》一文中所说:"中国当前的建筑究竟要不要提倡民族化,建筑界一直存在着不同的认识。持否定意见的同志认为,当代建筑植根于现代工业已经从艺术创作转变为设计,它们如同汽车、机器一样,没有必要,也不应该提出民族化的口号。持肯定意见的同志认为,中国当代建筑应该走民族化的道路,但对于民族化的含义,对于为何要提倡民族化,以及如何达到民族化,也有种种不同的理解。"这篇文章已经明确地指出当时中国对建筑民族化的讨论是广泛且深入的,而侯先生在文中指出对待民族化问题不能一刀切,需要寻找能与传统相结合的点,创作出具有时代气息的、有中国特色的新建筑,这是文章的中心思想,是对建筑民族化的全面分析。沈浩先生的论文《对建筑"民族形式"提法的几点意见》论述了有关建筑民族形式方面的自身理解,此文的观点是建筑的根本问题并不是民族的形式,而是对自己的现实社会(环境、民族、风俗、习惯、经济、生产、技术和需要等)条件应有尽量深刻的理解和感悟后再做建筑。

进入21世纪,中国学者对中国建筑民族性多数持肯定的态度,而且在广泛地研究中国的建筑民族形式是什么。他们把中国建筑的民族化划分为传统民族形式的当代运用、传统民族哲学的运用及当代建筑思潮中的新民族形式等若干类型分别加以研究,尤其是近几年的研究更是迅猛发展,并取得了一定的成果,如图 1.6 所示。例如,武汉理工大学博士生王晓的论文《表现中国传统美学精神的现代建筑意研究》中侧重传统民族哲学对当代建筑影响方面的研究。东南大学博士生郝曙光的论文《当代中国建筑思潮研究》中侧重当代中国主流建筑思潮的新趋向研究。同济大学博士生王建锋的论文《民族文化认同的建构》以我国 1920 ~ 1960 年的传统复兴建筑作为研究对象,指出民族主义在其中所起的作用。天津大学博士生张向炜的论文《新时期中国建筑思想论题》探讨了中国文脉下的建筑理论框架的前瞻性整合,总结了建构框架应当遵循的原则。

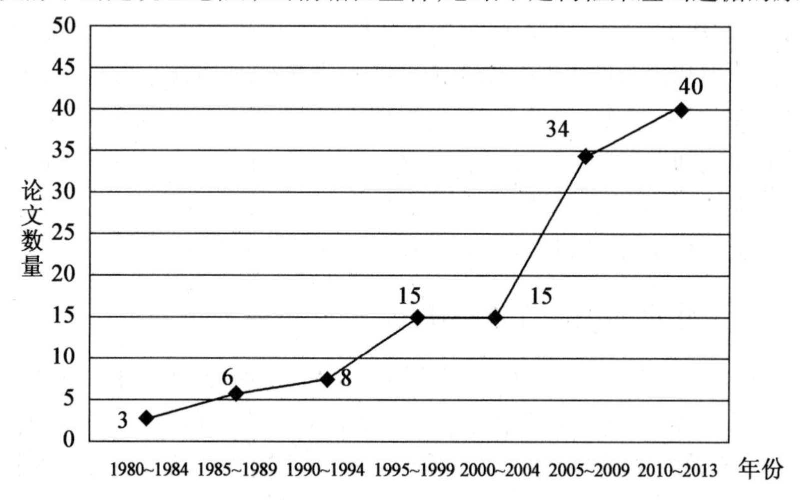

图 1.6 “中国建筑民族性”相关论文搜索统计数据

其次,关于日本建筑民族性理论的研究,日本在 20 世纪初就已经开始了两次大规模的讨论。伊东忠太主张建筑进化主义,他认为在西洋样式基础上再加以日本化,无法创造优秀的建筑,而必须基于日本固有建筑中的精神和趣味,再利用当代的技术,这是唯一的方法。它充分表现了日本建筑师在思想上逐步走向独立思考时的自信,也表现了由明治向大正、昭和转换时新建筑方向的变换。当代日本建筑的民族趣味已得到国际建筑界的广泛认同,在日本建筑师的作品里无论是形式还是内容,无一例外地体现了民族精神。例如,普利兹克建筑奖评委会给安藤忠雄的评语:“他的设计理念和材料表达将现代主义与日本的传统美学结合了起来,他的贡献和对技术的深刻理解使他成为一名出色的建筑师。”

中国与日本的建筑民族化认识对比见表1.1。

表1.1 中国与日本的建筑民族化认识对比

	中国	日本		
时间	20世纪80年代	20世纪初	20世纪80年代	21世纪
建筑师	傅志诚、侯幼彬	伊东忠太	安藤忠雄	隈研吾
观点	建筑表现民族精神	日本精神+当代技术	建筑表现东方文化意蕴	传统+地域+开创+全球
肯定建筑具有民族性				

关于建筑民族性理论的研究在日本还有一类是结合建筑历史与当代建筑探讨传统继承方式的议题,见表1.2。如建筑师堀口舍己的《現代建築に表われたる日本趣味について》主要是从日本传统茶室角度分析了日本建筑与当代建筑之间融合的可能。岸田日出刀出版的相册《過去の構成》是用近代的视野观察日本传统建筑构成美的资料集。建筑评论家浜口隆一的《日本国民建築様式の問題》从日本和西方传统建筑的创作思维异同的角度提出了日本建筑的主旨和对当代建筑的影响。伊东忠太在《日本建築の実相》中提出关于日本传统建筑的形式与当代建筑折中的设计方式。

表1.2 日本建筑师关于建筑历史与当代建筑主要著作年表

年代	特征	时间	作者	著作
1900~1945年	对建筑的民族性从排斥到极力鼓吹,但充分肯定了传统	1910年	辰野金吾	《我国將來の建築様式を如何にすべきや》
		1928年	下田菊太郎	《思想と建築》
		1929年	岸田日出刀	《過去の構成》
		1932年	堀口舍己	《現代建築に表われたる日本趣味について》
		1934年	堀口舍己	《建築における日本的なもの》
		1935年	伊东忠太	《名建築論》
		1944年	浜口隆一	《日本国民建築様式の問題》
		1944年	伊东忠太	《日本建築の実相》

续表 1.2

年代	特征	时间	作者	著　作
1945～2000 年	日本当代建筑特征形成阶段，肯定建筑应具有民族性，但应是新表现形式	1960 年	丹下健三	《桂——日本建築における伝統と創造》
		1978 年	堀口舎己	《現代建築と数寄屋について》
		1968 年	太田博太郎	《日本の建築——歴史と伝統》
		1962 年	丹下健三	《日本建築の原形——伊勢》
		1978 年	矶崎新	《間——日本の時空間》
		1994 年	伊东丰雄	《透層する建築》《风の变様体》
		1976 年	黑川纪章	《機械の時代から生命の時代へ》
		1994 年	山本理显	《建築の可能性——山本理顕的想像力》
		1999 年	安藤忠雄	《建築を語る》
2000～2014 年	在民族精神的指导下开创新的日本趣味建筑	2001 年	安藤忠雄	《光・材料・空间》
		2001 年	川上典李子	《素材になつたmateriality/immateriality 光の境界を超えたLEDの可能性》
		2004 年	矶崎新	《未建成/反建筑》
		2006 年	菊竹清训	《「永久」と「更新」の文化新統合めざせ》
		2008 年	限研吾	《負ける建築》《自然な建築》
		2010 年	矶崎新	《建築における日本的なもの》
		2011 年	布野修司	《建築少年たちの夢》
		2014 年	藤冈洋保	《20 世纪 30 年代到 40 年代日本建筑中关于“传统”的想法与实践——通过现代建筑的滤镜转译日本建筑传统》

日本当代建筑的传统继承问题在日本近代史上曾有过两次大讨论，其中一次是在 1910 年的建筑杂志上刊登的《我国将来の建築様式を如何にすべきや》，记述了辰野金吾、伊东忠太、长野宇治平三位主要讨论者的观点，但没有达成任何共识。2010 年，矶崎新的《建築における日本的なもの》通过对日本当代建筑发展民族传统之路、日本传统空间和构制的系统介绍，指出当代日本建筑的传统继承是日本建筑发展的根本，不应是形式的简单继承，更应是空间和精神的继承。2014 年，藤冈洋保的《20 世纪 30 年代到 40 年代日本建筑中关于“传统”的想法与实践——通过现代建筑的滤镜转译日本建筑传统》系统论述了日本建筑师对建筑民族性的探索之路。

1.2.2 日本传统建筑特点研究

这方面的著作在日本非常多,角度也很广泛。近代率先对日本传统建筑进行系统研究的是建筑史学家伊东忠太,他发表的《法隆寺建築論》和《古代建築の研究》系统地阐述了日本建筑传统美的内涵,但由于将日本建筑与西方传统建筑进行硬性对比,所以带有很强的主观色彩。石元泰博(拍摄)、丹下健三的《桂——日本建築における伝統と創造》以及《日本建築の原形——伊勢》全面系统地介绍了日本古代经典建筑桂离宫和伊势神宫的创作思维,探索传统建筑的民族性表达。日本建筑史学家藤森照信的《日本の近代建築》涉及从幕府末年开始到第二次世界大战结束期间的日本建筑发展史,介绍了当时建筑的形式与所处的社会环境及日本建筑师诞生的过程。穗积和夫的《日本建築のかたち》、平井圣的《図説日本住宅の歴史》、河津优司的《よくわかる古建築の見方》等著作全面系统地介绍了古代日本建筑的创作思维和表达形式。以详尽的绘图方式介绍日本传统建筑的是宫元健次的《日本建築のみかた》,书中以不同建筑类型介绍了建筑的平面图、立面图、剖面图和复原图及照片,是目前介绍日本古建筑最新、最详细的书籍。

现代主义建筑大师弗兰克·劳埃德·赖特极其喜爱日本传统建筑,并曾经系统地研究过。他认为,日本的传统建筑具有有机性,它表现出的形态与自然调和、材料本性体现、空间戏剧性展示都是其有机性的具体表达,这与当代建筑创作理念具有相同之处。德国建筑学家布鲁诺·托特的《日本美的重新发现》及美国美术史家阿奈斯特·费诺岁萨的《东洋美术史纲》都论述了日本人的传统建筑审美意识中所包含的禅宗的影响。

1.2.3 日本当代建筑特点研究

我国对日本当代建筑的研究主要集中在改革开放以后,特别注重日本当代建筑师的理论和作品研究,其相关研究的论文数量逐年上升,如图1.7所示。马国馨的《日本建筑论稿》一书中以大量的日本当代建筑师的理论和作品为研究对象,对日本建筑当代步伐和新时代新发展有着精彩的论述。全文的主要观点有三个:"一是研究和提炼日本的特点,然后用现代建筑的表现手法来加以实现;二是追求一种'无形'的普遍性,即如何把日本民族的精神用一种模糊的形式表现出来;三是一种新的和洋折中方法,有时一看完全是日本的风格,但又都只是表层内容。"

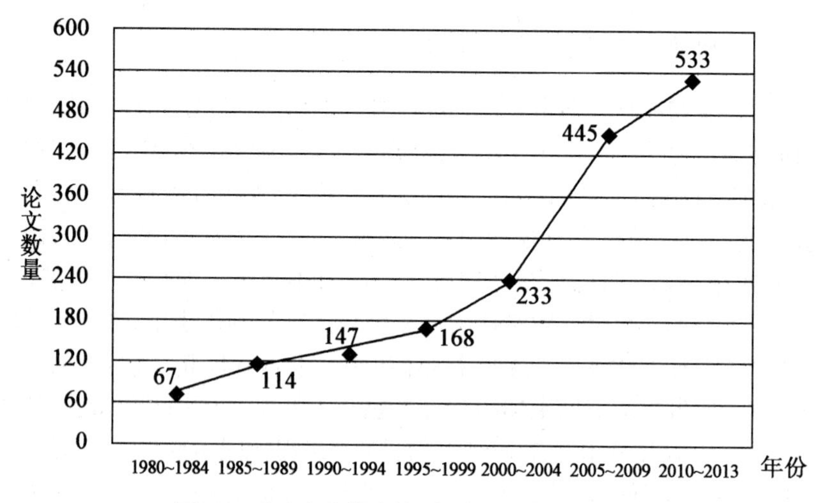

图 1.7 “日本当代建筑”相关论文搜索统计数据

吴耀东的《日本现代建筑》主要以第二次世界大战之后到 20 世纪末为研究范围,详尽地论述了以丹下健三为代表的日本现代建筑师的主要建筑创作活动。在研究过程中,吴耀东收集了大量的日本国内资料,这使得该书具有很强的客观性和可借鉴性。《日本现代建筑》共分为两部分:一部分介绍第二次世界大战之前日本现代建筑的发展状况;另一部分介绍第二次世界大战之后至 1990 年后现代主义时期日本建筑的发展状况。

哈尔滨工业大学博士生于戈的论文《日本现代建筑设计创新研究》是从建筑创新理论方面来研究日本现代建筑设计的,主要从主观和客观两方面对日本现代建筑创新的源泉与动力展开讨论,还有对创新主题——建筑师设计思想的研究,论文观点鲜明、例证充实。

还有对当代日本著名建筑师的评论性著作,如李大夏的《丹下健三》、于爽译的《黑川纪章》、邱秀文等译的《矶崎新》等都对建筑师的作品做了全面的阐释。于爽译的《黑川纪章》对“共生”建筑理论做了详尽的总结和概括,书中认为,黑川纪章以日本传统思想中的唯意识论、铃木大拙的“即非理论”、三浦梅园的“反观合一”辩证思想和大乘佛教的“诸行无常”等东方哲理为蓝本,同时又借鉴法国哲学家德勒兹的“生命结构”、凯斯特勒的“子整体结构”和庞帝的“多价哲学”,使共生思想上升为一种哲学理论。张晴在《长谷川逸子》一书中对“空无、空域”进行了独特的阐释,论述了日本禅宗思想与当代建筑的关系。

再有就是对日本当代建筑继承传统方面的论述,如矫苏平、井渌在论文《传统与创新——试析日本现代建筑传统继承的方式》中写道:“日本的现代建筑是在民族、地域文化与外来异质文化的碰撞中发展起来的……建立在高速发展的科技与经济基础上的传统和现代共生,使现代日本建筑走上一条特殊的发展道路。”论文用明确的语言归纳了日本当代建筑的发展特性。建筑师马卫东近期针对日本建筑集体表现出的“民族趣味”进行了大量的介绍:“日本建筑师口头上从来不讲传统,但他们的东西一看就是日本做的。这个对于现在的中国建筑师来讲,是更加需要思考的一件事情。”当代中国对日本当代建筑的研究是广泛而深刻的,这一方面是因为日本在当代建筑上已趋于成熟,更深层次的原因是中日两国在传统文化上有着许多相似性。

在日文资料方面,主要以日本当代建筑与民族传统的关系为研究方向。这与本书的研究有着密切的关系,这里以建筑师的观点为主,主要有以下两类:一类是对建筑师自己的建筑观点的介绍。如:黑川纪章的文章《機械の時代から生命の時代へ》介绍了他依据日本传统建筑自然观的认知提出的“共生”建筑理论的内容,文中体现了建筑民族性对作者的建筑理论有巨大的指导意义。菊竹清训的《「永久」と「更新」の文化新統合めざせ》针对日本传统木构架建筑可更新的属性与欧洲的砖石建筑进行对比,提出了日本传统木构架建筑可更新在当代建筑中的应用方式。伊东丰雄有两本重要的著作,分别为《风の变様体》与《透層する建築》,这两本书全面阐释了这个时期他的短暂建筑理论。铃木博之的《現代建築の見方》在建筑理论方面总结了日本当代建筑。山本理显的《建築の可能性——山本理顕的想像力》通过多个建筑实例描述了设计师开展的工作,提出了思想的建议。矶崎新的《間——日本の時空間》通过对日本传统空间的理解总结了对当代建筑空间的认识。藤森照信的《人類と建築の歷史》认为西方建筑对日本建筑的文脉具有一定的破坏作用,深及建筑与人类的关系。书中试图追寻人类发展的线索,重新梳理建筑发展的脉络。隈研吾的《新建築入門——思想と歷史》通过对建筑产生及发展的梳理表达出日本建筑师特有的、带有强烈传统色彩的思考方式。五十岚太郎的《現代建築に関する16 章(空間、時間、そして世界)》主要从一些现代建筑的重要概念重新加以解读,以 16 个关键字作为线索进行考察,更好地介绍了日本现代建筑的发展背景。

另一类是对当代建筑师的作品及思想的介绍。如:日本著名的 GA 杂志先后出版的介绍日本当代建筑师设计方法的系列著作——《GA 建筑师》;分别在 1983,1989,1993 年出版的《現代建築大师——安藤忠雄》(鹿岛出版社);2012 年日本建筑学会编辑、徐苏宁译的《建筑论与大师思想》等著作。日本早稻田大学建筑史研究室博士生仓方俊辅的论文《关于伊東忠太的建築理念和设计活动の研究》全面介绍了伊东忠太关于现代建筑继承传统建筑的方式。中村泰一的论文《针对60年代建築家意识の考察》较为全面、系统地介绍了日本近现代建筑的发展过程和遇到的问题。矶崎新的《20世纪の現代建築を検証する》详细记录了20世纪以来日本多个建筑实例，并对建筑师的建筑思想进行了分析。布野修司的《建築少年たちの夢》介绍了8位建筑师和一个设计团队的建筑历程和设计思想。

1.2.4 日本文化与民族性研究

对于日本民族文化的研究在我国由来已久，由于两国是近邻，在我国古代的典籍里就有对日本文化的介绍。近代关于这方面的文章也越来越多，并呈逐年上升趋势，如图1.8所示。

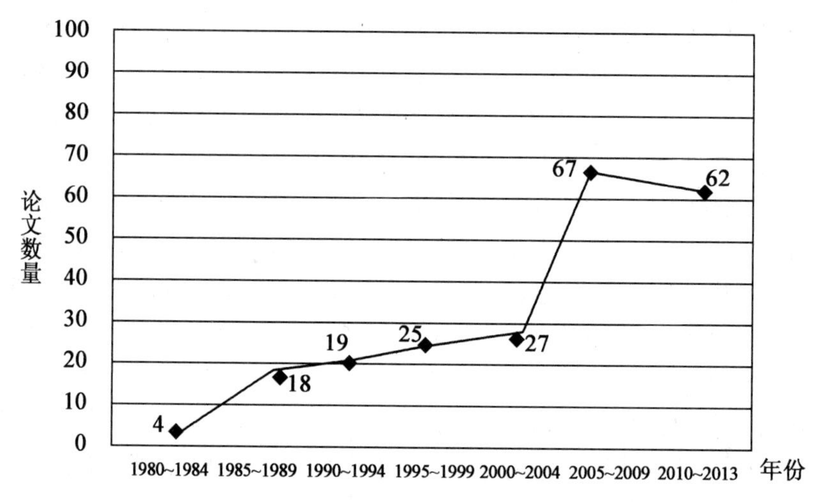

图1.8 “日本文化与民族性”相关论文搜索统计数据

彭修银的《东方美学》对日本的审美发展做了比较系统的研究，从神话传说到明治维新的美学思想变革逐一介绍。叶渭渠的《日本书明》一书阐述了作者对日本书明的评价：“世界上再也没有一种文明像日本书明那样，既强烈执着于本土传统文明，又积极广泛地摄取外来文明元素。独特的日本现象，源自日本独有的宗教文化和自然风土，以及由此而生的民族独特性格。”杨薇的《日本文化模式与社会变迁》阐释了日本文化模式的变迁形式和特点。尤其是第十五讲：关于“日本模式”的新思考，对当代日本模式提出了独特的见解。卞崇道的《日本哲学与现代化》则阐述了哲学与现代化的关系，并从日本哲学与传统儒学和外来的西学等关系中揭示了日本现代化的模式和主要特征——“东西方文化融突论”，认为日本资本主义不是全盘西化的产物，也不是传统思想的现代翻版，而是东西方融合所产生的独特日本现代民族精神。另外，相关的理论著作还有邱紫华、王文戈的《日本美学范畴的文化阐释》，文中论述了日本美学范畴所具有的形象性、象征性、情感性等特点，揭示了日本美学范畴生成和发展的内在逻辑历程，阐述了日本自然美范畴序列及生成的文化原因。

在日本有很多关于日本文化和民族性方面的著作，日本人对自己民族的独特性一直持有很高的研究兴趣，这方面的研究者众多，在这里我们仅选择与本书有关的方面做介绍。对于日本人的民族性是什么，早在1908年芳贺矢一就在他的论文《国民性十论》中有所介绍，他认为，日本人具有忠君爱国、崇祖爱家、现实而实在、喜爱大自然、豁达洒脱等民族性，这里主要是从一个日本人的角度赞扬民族精神，带有很强的主观性。坂口安吉的《日本文化私観》剖析了日本独特的岛国文化。谷崎润一郎在《阴翳礼赞》一书中对日本传统建筑空间进行了大量分析，指出阴翳性的神秘、官能的愉悦与民族的风情是日本建筑空间的精神底色。日本心理学家南博较为客观地评价了日本人的民族自我意识，他在《日本人の心理》一书中将心理学的方法引入对日本民族的构造研究中，探讨了日本人的特征。还有针对日本民族美学的研究，如栗田勇的《日本美の原像》，系统地介绍了日本民族传统美学的根源、内涵和日本人特有的感性等。

最为人们所熟知也被日本人认可的，反映日本人民族性的西方著作应属美国文化人类学家鲁思·本尼迪克特写的《菊与刀》，书中从极为客观的角度分析了日本人好斗而又温和、黩武而又爱美、倨傲而又有礼、冥顽而又善变、驯服而又叛逆、忠贞而又背弃、勇敢而又怯懦、保守而又求新的民族特点。

本书结合以上国内外的研究成果，试图从一个全新的角度，以当今日本社会为背景，以日本民族的根生性为出发点，全面地解读日本当代建筑创作之路。目前，关于日本当代建筑的研究已经有很多成果和著作，但是利用建筑民族学、文化哲学论来研究当代日本建筑民族根生性的研究成果还未发现，所以本书设定以民族根生性为研究视域、以日本当代建筑创作为研究对象、以探索其发展规律和建立研究框架为目的展开研究。

1.3 主要研究内容

1.3.1 研究对象和研究范围

在介绍本书的主要研究内容之前，首先要明确本书的研究对象和研究范围，即日本当代建筑的时间范围和日本建筑民族根生性的指涉。

1. 日本当代建筑的时间范围

根据相关资料的论述,通常意义上所说的"当代"是指"第三次世界科技革命为标志以后的时期……其大体时间界定为20世纪50年代以后的时期"。日本建筑界对"当代"的时间段界定分为两种:一种是以西方世界的"当代"历史阶段界定的方式,在日本建筑界以建筑师丹下健三在1964年设计的东京奥运会主会场代代木国立综合体育馆为标志开始了日本当代建筑纪元;另一种是以1995年"Windows 95"开启的"网络元年"为日本的"当代"界定,在日本的建筑界"伊东丰雄的'仙台媒体中心方案'……另外,70后的日本建筑师本着自己对计算机的掌握展现出在信息化时代里建筑具有的可能性。这一切因素都可以将1995年锁定为日本当代建筑的开始年份"。这两种对"当代"的界定时间跨度很大,因为本书提出的"建筑的民族根生性"并不单指日本建筑,它在世界范围内具有普遍性,为了今后完善"建筑的民族根生性"的概念需要,本书以国际上普遍认可的"当代"时间段界定为标准,即20世纪50年代以后的时期为本书"日本当代建筑"时间指涉范围。

2. 日本当代建筑的民族根生性与传统建筑、近代传统复兴建筑的区别

这里主要是将日本传统建筑、近代日本传统复兴建筑及现代地方主义、民族主义、乡土建筑与本书提出的建筑民族根生性指涉范围加以区分。日本传统建筑主要是指以神社、佛教寺院、离宫、城郭、茶室为主的木构架建筑,它以最直接的方式表达着日本建筑的民族特性。但这种木构架的建筑形式已无法适应当代社会对建筑的使用要求,它所体现的"民族の根元"不能直接诠释当代建筑的民族根生性。日本近代建筑的民族传统复兴带有反"西方"化、拥护本国固有文化的民族主义心态,主观意图比较明显,建筑虽也带有民族根生性的表达,但建筑师强烈的主体意识不能准确地诠释民族根生性的无意识、本能性的核心内容。而现代地方主义、民族主义、乡土建筑同样具有鲜明的主观意识行为。但当代的日本建筑界对这种主观性的民族主义建筑已无兴趣,很少触及纯粹的仿造风格,很多建筑师并不承认自己的建筑与民族性有关,但我们一看就知道是日本的,这其中深刻的因素是民族根生性在起作用。所以,日本当代建筑的民族根生性区别于日本传统建筑和近代建筑的传统复兴,它没有强烈的主观意识行为,是一种本能的、根植于建筑师的"先天"民族基因的表达。本书就是将这种基因作为研究对象。

1.3.2 研究的要点

本书的研究要点主要是将日本的当代建筑与民族根生性理论相结合,并引

用建筑民族学、文化哲学理论进行论证,提出形成日本当代建筑创作特色的内核基因是日本民族的根生性,由此形成以下三个研究要点:

1. 日本当代建筑具有民族根生性

本书将重点针对建筑创作主体意识进行探讨。建筑的主体创作意识源于最初的主体无意识性创作,这种无意识通过建筑思维遗传的方式继承下来,逐渐积淀为一种建筑创作动因。它超出了个体生命的特殊性和民族集体意识的原初性,在建筑创作思维形成中具有普遍性。它是一个建筑的精神和文化的内在基因,由于它的存在又形成了称之为建筑民族性的外在表征。建筑的民族根生性所反映的是一个民族的群体建筑创作的原始动因和稳定的原则。

2. 日本当代建筑的成功是民族根生性使然

本书将论证日本强烈的民族自我认同意识,细腻、暧昧、热爱自然的民族情感和混沌的时空认知、模糊的环境认知、悲悯的文化认知。空灵的民族理想是形成众多日本当代建筑作品和理论的原始动因,并在建筑的形态、空间、审美方面表达着暧昧、崇尚原始神道等民族根生性。

3. 日本当代建筑中具有鲜明的民族根生性表达

本书将主要从建筑形态的几何结构化、纤细观念化和相对复杂化,建筑空间的短暂而流动、灰度和自然要素,建筑创作审美思维原生性的构造审美观念、含蓄性的机能审美体验和自然的生态素材审美转向三方面展开论述;并通过对日本建筑师思维意识的概括和提炼,形成新陈代谢、短暂建筑理论、消解建筑、“灰”空间、“阴翳”空间、超平面等具有鲜明民族趣味的当代建筑理论。

基于以上要点,本书共分为5章,除第1章绪论外,其余4章主要分为两个部分:

第一部分为理论建构:日本当代建筑创作的民族根生性理论建构,即本书的第2章,也是本书的理论核心部分,主要阐述民族根生性的学理溯源、内涵概念、生成机制、内容与形式、本质特征等方面的一般性规定,以及日本民族根生性形成的背景和特点。

第二部分为表现形式:从建筑民族根生性视域分析日本当代建筑实例,论证这些建筑的创作思维与日本民族根生性之间的深层联系,包括本书的第3章、第4章和第5章。第3章从民族情感角度分析日本当代建筑形态,包括建筑的构成形态、色彩、材料、比例尺度等。第4章通过民族认知特征分析日本当代建筑空间,包括空间场所、空间行为、空间意象等。第5章介绍民族理想与日本当代建筑审美中的深层联系,包括建筑构造美、机能美和素材美等。

最后是结论部分，总结了本书的创新性结论和研究价值以及今后研究的方向和内容，并运用研究当代日本建筑民族根生性的分析方法，探讨中国当代建筑民族化的未来发展方向。

1.3.3 研究的创新点

1. 期待建构以民族根生性为视域的日本当代建筑创作研究体系

任何一个民族群体都会在长期的共同生活实践中，本能地、无意识地形成某种物理和精神的倾向，这种物理和精神的倾向就是民族根生性。民族根生性是建筑的一种本能基因，是以建筑创造者主体无意识行为和“默会知识”体现作为创新点，以“民族根生性”为切入点，建构出日本当代建筑创作研究的理论支撑体系。

2. 计划提出日本当代建筑创作研究的民族区域创作原理新思维

民族根生性在民族特性中具有普遍性，这也是一个与建筑有着密切关系的概念。研究当代建筑形式与内涵的生成关系，是不能忽视建筑所属地区的民族根生意识的，而建筑所属地区的民族根生意识恰恰是对研究建筑的形式与内涵生成的关键之一。本书将从日本当代建筑的形式、空间和审美等方面对建筑的民族根生性进行讨论，如图 1.9 所示，从而得出日本当代建筑成功的创作因素是民族的根生性所致的结论。

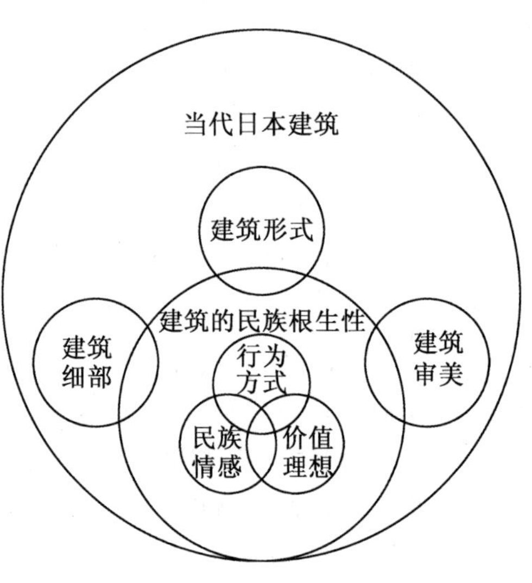

图 1.9 当代建筑形态构成示意图

3. 预计获得具有“意识原初性”特征的建筑创作研究方法

目前各国对当代建筑的研究涵盖很广，方法众多，主要是针对何种思潮影响、形成何种新的建筑形式等关于现象的研究，对于建筑所在地的精神文化的研究较为混乱，没有抓住建筑形式之所以形成的内核，这主要是源于没有更加深入和完善的研究方法。

本书尝试以具有“意识原初性”特征的建筑创作研究方法来论证日本当代建筑形态形成是民族根生性所致，并将日本的当代建筑分为两大部分：建筑形式与建筑精神，二者的决定性因素是建筑所在地——日本的宗教、艺术、伦理、道德和历史哲学。正是以这种民族本位思想对建筑的影响过程与程度,并通过对民族情感、民族认知、民族理想与日本当代建筑形态、空间、审美创作关系的辨析,确定当代日本建筑发展趋势的研究方法。

1.4 相关概念厘定

本书中多次出现民族性、建筑的民族性和民族根生性等诸多学术性概念,厘清这些概念的内涵和相互的从属关系以及它们的关联和区别是本书理论构建的基础。

1.4.1 相关概念

1. 民族性

民族性一词在当代的运用范围相当广泛。许多社会学科都在借用这个词。目前的民族性研究存在相当程度的交叉,主要集中于民族学、社会学、哲学等学科。

民族性在当代也是一个比较敏感的词语,对于是否提倡民族性,学术界存在着较大的争论,但无论人们给出什么样的概念界定,它都真实地在当代各国社会中存在着。如何看待民族性在人类历史发展中的地位,不仅对社会发展进程有重要意义,而且对人类的建筑活动发展和走向也具有重要影响。那么民族性的概念指向有何种意义呢? 人们直观的印象是各民族区别的基本标志,如语言、思维方式、社会文化、行为习惯等,但是,当我们明确地、规范地指出其概念时就会发现有很多种不同的立场。

一般来说,我国现在所使用的民族性(国民性)一词主要来源于日本明治时期将西方社会民族国家中的 national character 译为民族性(国民性)。关于民族性的研究西方开展得较早并且成就显著。

18 世纪,德国与法国的哲学家就曾讨论过民族性(国民性)的问题。例如,德国哲学家伊曼努尔·康德谈论过法国人的优雅、英国人的浮躁、西班牙人的傲慢、德国人的秩序和勤勉。法国哲学家孟德斯鸠的《论法的精神》具有相当大的影响力。值得注意的是他把气候、历史、政府形态、宗教、法律、习惯、习俗等外在要素作为民族的普遍精神形成的要素,而没有把遗传的要素放入考虑之中。孟德斯鸠认为人从根本上是相同的。文化人类学对于民族性的解释更显示出理论建构的成就。美国文化人类学家鲁思·本尼迪克特等提出的“文化模式”观点具有较强的逻辑性,她认为:“在文化中我们也应该设想出这样一个巨大的弧……作为某种文化,它的同一性依靠对这个巨大的弧上的一些片段的选择上。每个地域的每个人类社会都在它自己的风俗文化中做出相关的选择。”民族的历史演进是一个融突的过程,在民族发展过程中,一些物质被选择、吸收,渐渐制度化、合理化、规范化,并被强化为人的行为特征和心理特征,而另一些物质则被压制、扬弃、排除,丢失了整体价值和意义。民族的这种整合和内聚就渐渐形成了一种理想、一种风格、一种行为和心理模式,如图 1.10 所示。英国社会学家米勒在《论民族性》一书中提出,民族性形成必须具备五个条件:“①在历史中绵延;②由共享信念和相互承诺构成;③与特定的地域相连;④通过其特有的公共文化与其他共同体相区别;⑤通过特征进行积极表达。”而且认为这五点是确认族群身份的尺度。

在我国,对于民族性的定义主要来自民族学和人类社会学。它们对民族性的解释着重于从民族性的根源和表现,认为民族性显示出族群的人文精神的主体意识,显示出心理特性、行为方式、传统习俗、思维方式以至文化取向等诸多方面的差异,而且这种差异还随着民族、国家的演进呈现出自身固有特性的执着延续与文化交往中的冲突、融合所导致的某种变异类型的独特性,即“民族文化”。学者猛谋对民族性的解释比较全面和客观,他是在民族差异性的基础上研究突出民族独特性的,他认为:“民族性是指某一族群在其共同的地域、语言,共同的经济生活,区别于其他民族的独特思维方式,共同心理素质及共同文化基础上,形成的该民族特有的行为方式、情感和习俗,是一个长期存在的民族差别。”从民族共性方面进行研究的当代学者简涛认为:“民族性是群体人格或集体性格的扩大化,是该社会成员在认知、感知、行为和思维等方面所具有的普遍特点。”综上所述,关于民族性概念的研究角度不同,观点则有所差异。

对于民族性的概念我们要明确几个要点:一是在一个地域内,民族性之所以形成,与民族所处的地域环境、历史渊源等息息相关。出生在不同地域内的同民族的成员表现出的民族性并不相同,如我们和在新加坡出生、长大的华人所表现出的民族性有部分叠加,但他们表现出的还有新加坡民族的民族性。二是需要通过特定的社会行为方式来表现,它超出了民族集体意识的原初性,带有主体自觉性,并且不是随时显现的,而是在需要与其他民族相区别的时候,利用社会行为方式作为外在表征。三是生活习俗、思维方式与行为、心理素质和情感体验之和,这既是社会学问题又是哲学问题,它是由于自然环境、生活习俗、心理素质和情感体验等的不同而不同于其他民族的“积淀”,这是一种社会遗传的传承方式,是社会学的共识。民族性又展现了民族生存的内在意蕴,具有独立的运动规律,是对人的思维和行为方式的差异及生命统一体的表征,所以它又是哲学问题。四是社会成员的团结形式，因为民族具有相同的地域、相同的文化、相同的语言、相同的心理和相同的经济生活，它最能调动成员的热情，形成一种力量。

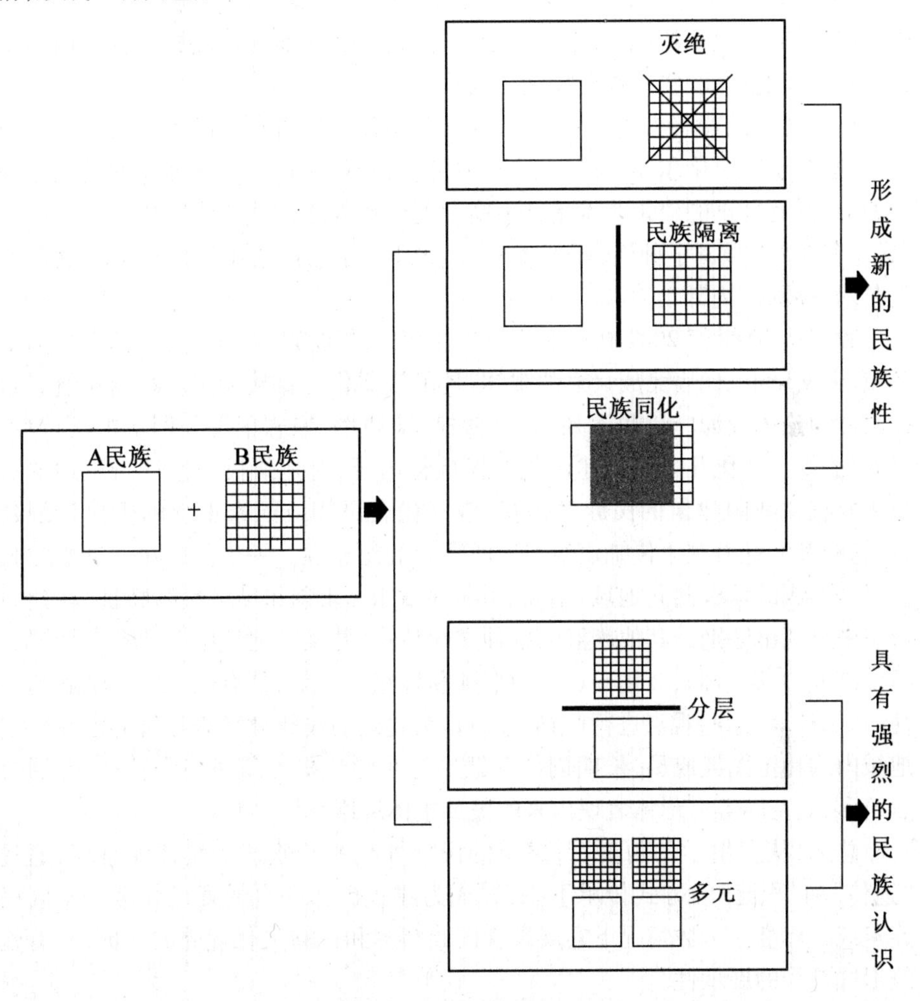

图1.10 民族融突的结果

本书总结以上要点，把民族性表述为：界定在一个地域内的某个民族，在长期生活和实践中逐步形成的，并通过特定的社会行为方式表现出来的生活习俗、思维方式与行为、心理素质和情感体验。它在当代语境中被认为是社会成员的团结形式。

2. **建筑的民族性**

建筑中所谓的“民族性”是指基于文化上的民族化,即建筑的传统性,用以维持和发展本民族建筑文化为基本的价值取向。在面对外来强势文化的压力时,通过有目的地选择、最大限度地融合外来文化,从而在本民族文化的内核上赋予建筑新的形式,实现本民族文化的重生。

世界各国的学者对建筑的民族性研究都有较为精彩的论述,早在19世纪初,德国哲学家黑格尔就曾深入地讨论过建筑的民族性。他认为艺术是民族精神的标记,而真正的建筑艺术是这种精神的纯然外在方式。法国史学家丹纳在《艺术哲学》中强调了种族、环境、时代三个因素对艺术的制约作用,并认为种族是艺术发展的“内部动力”。

我国从20世纪20年代开始广泛关注建筑的民族性问题,并将其定义为受环境、人文影响,代表民族兴衰的载体,是民族文化的直接表现。我国建筑界对民族性的论述较为广泛和深入,如张钦楠、侯幼彬、陈志华等分别从中国特色、民族化、乡土文化几方面阐述建筑的民族性内涵,对建筑民族性进行论述的观点主要有:“我国建筑的民族性是指,曾经代表民族或国家正统的古典传统建筑,它的最大魅力在于传统建筑艺术所富含的纪念性。一个民族在发展史中长久以来形成的具有共同地域、语言,共同的文化、社会和经济生活特征,在建筑形态中显现出区别于其他族群的各种文化特点,并且在建筑中反映特定族群的习俗制度、宗教信仰、文化心理行为准则和理想追求等,具有相对稳定性和历史性的状态。”将这些观点进行归纳,可以认为建筑的民族性是将建筑界定在特定地域内的特定民族成员、长期创作实践中逐步形成的建筑风格和特征,并通过建筑形态、空间等有形体表现出来的民族集体思维意识之和。

总之,从发生学的角度看,建筑的民族性起源于族群的集体无意识,通过“遗传”和“积淀”的方式传承下来,并成为建筑创作的自觉意识和区分不同民族建筑的标准。多数情况下它展现着民族精神和民族文化优秀的一面,具有建筑形式符号的展示性。

3. **民族根生性**

如果说民族性是人类族群人文精神的主体意识体现,那么民族根生性就是人类族群的一种本能基因,是主体的无意识行为和“默会知识”的体现。民族性是这种基因的表层产物,是区分不同民族的标准,对民族根生性的研究在当代社会体现新的意义。

民族根生性在日本学术界的研究开展得较早,日文中将其写为“民族の根元”。与民族根生性概念相对应的西方学术性语言主要有:族性、种族性、民族原生性、民族精神等，主要是从哲学的本体论角度论述的。例如，美国学者罗宾·科恩等民族原生论学者认为："族性是先天的，存在于语言、地域、共同的民族心理以及可资识别的民族身份等客观实体中。"瑞士心理学家荣格认为："种族是无论我们主观上承认与否，我们祖先积累起来的经验仍潜在于我们的记忆痕迹库中，并不时地影响着我们。"英国学者斯蒂夫·芬顿认为："族性是指相同文化与血统的社会成员的社会建构和环绕他们构筑起来的分类系统的逻辑含义。"

西方学术界对"民族精神"概念的解释更加接近于本书中所提出的"民族根生性"概念。法国哲学家孟德斯鸠在1748年的专著《论法的精神》中曾写道："人类受气候、法律、宗教、风俗习惯、施政准则等多种事物支配，其结果就是形成了一般精神。"他所说的"一般精神"是西方早期对"民族性核心问题"内涵的总结，虽然还不太明确，但已经指向了民族根生性。在思想和学术的意义上真正提出了"民族精神"概念的是德国哲学家赫尔德，他认为："每个民族都有自己独特的精神，这种精神是一种本能，是与生俱来的，是形成民族所有事物的根源所在。民族精神是共同生活在一个团体中的人，因其地理环境、种族血统、历史传统相同，并享有相同的语言和教育制度以及艺术文化，而形成的并能代代相传的集体意识，它是文化和思想的内核。"赫尔德明确主张，民族精神是各个民族形成民族性的生命基因，而民族性不过是民族精神的表层产物而已。

对民族精神进行深入研究的另一位学者是德国古典哲学家黑格尔，他以民族精神为历史哲学研究体系的核心，建立起有关民族性的逻辑解释。黑格尔认为："民族精神是'有着严格规定的一种独特的精神，它把自身建构在一个客观条件的环境里，它的持续与存在在一种特殊的信仰、风俗、政治与宪法法律内以及许多历史的事变与行动中'。'只有这样的具体精神，才能推动某一个民族的一切方向和行动'。'在某一个民族的发展过程中，最高处便是它对于自己的生活和状态已经获得的一种思想……它已经将它的道德、法律、正义归合为科学，因为在主观和客观的统一里含有精神自身所能到达的最深刻的统一'。"黑格尔虽然明确地提出了形成民族的根源是人的生存，但由于其民族精神直接脱胎于他的绝对精神和世界精神理论，它的发展遵循精神自身的运动规律，使得黑格尔对民族精神的概念解释带有时代的历史局限性。目前，西方学术界对民族根生性的分析研究主要集中在民族的本体与客体的影响因子上。

"民族根生性"一词在我国传统哲学中早已出现，为具有族群本性和本质的意思。所谓根生就是靠根生长。中国早在《书·皋陶谟》中就有："暨稷播，奏庶艰食。"孙星衍注引马融（汉）曰："难作根，曰根生之食，谓百穀。"到近代，"根生性”一词在我国学术界的各个领域都是较难理解的词语之一，因为它可以指示多种不同的现象，多用于国民的品质、素质上，并多数是批评的，如民族学中的“国民劣根性”。我国当代学术界认为，实际上“根生性”应是个中性词，它不是出于理性上的思考，而是民族中每个成员血液中的物质和成员表现出来的本能无意识行为，具有无比坚韧的草根性。由于它的存在，在不同民族之间才形成了不同的民族性，即不同的心理特性、思维方式、传统习俗、文化取向、行为方式以及理想追求。

在当代哲学中“民族根生性”不再是形而上学的理性主义概念，现在它又面临着后当代思潮的冲击，相对主义在消解着“绝对价值”和“普遍价值”的同时，也在消解着“民族根生性”的“根性”维度。“民族根生性”释义如图 1.11 所示。

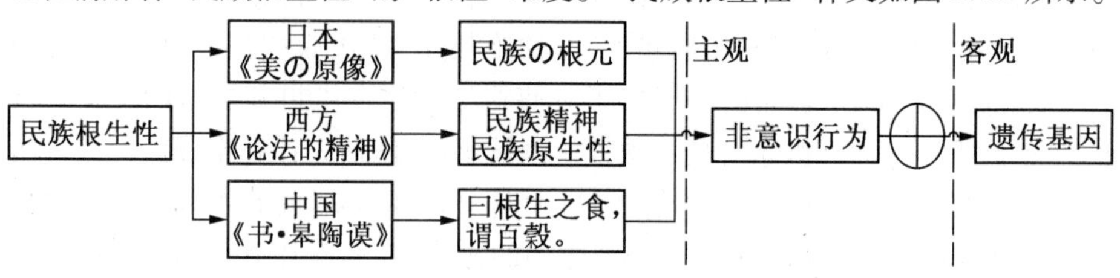

图 1.11 “民族根生性”释义

1.4.2 概念关系辨析

1. 民族根生性与相关词语的关联与区分

本书的立意是“民族根生性”，之所以采用“民族根生性”而没有使用“民族根性、国民性或民族性”，是基于以下几点考虑：

(1)《汉语大词典》中关于“根生”和“根性”的解释具有明显的差异。“根生”的解释为：依靠根生长或事物的本源、根源等。可见《书·皋陶谟》“暨稷播，奏庶艰食。”孙星衍注引马融(汉)曰：“难作根，曰根生之食，谓百穀。”《淮南子·原道训》中：“万物有所生，而独守其根。”“根性”的解释为：人的本性和本质，俗语谓之“根性”。如矛盾在《子夜》中写道：“他的希望，他的未尽磨灭的羞耻心，还有他的患得患失的根性，都在这一刹那间爆发。”[①]由此可见，二者的差异主要是：“根生”倾向于事物的本源，不仅仅指向人，包括万事万物，而“根性”是指人的本性和本质。本书的立意“民族根生性”不仅指向日本人的本性，日本

① 参见：中国汉语大词典编辑委员会. 汉语大词典：第四卷[M]. 上海：汉语大词典出版社，1994：1012-1013.

民族的客观环境也有本源,即“万物有所生,而独守其根”。

(2)我国现代汉语中“根性”大多习惯用于负面论述,如“民族劣根性、自我劣根性”等。而本书需要一个中性词语诠释其立意,所以作者认为“民族根生性”更适合于本书。

(3)对于“国民性”,百度百科中的解释为:“指国民共有与反复出现的精神特质、性格特点、情感内蕴、价值观念、思维方式和行为方式等的总和,是一种较为稳定的心理-行为结构。国民性是一国大多数人的文化心理特征,即在价值体系基础上形成的稳定的性格特征,是国民素质的核心因素。”这里同样强调了国家中的“国民性”。而本书的立意主要是在日本的客观环境中根生土长的日本人对建筑创作思维的影响,所以没有采用“国民性”一词。

(4)无疑,民族根生性与民族性之间的关联与区分也是本书无法回避的一个问题。可以说民族性是抽象的,但由于思维与认知的约定俗成,我们还是能够意识到这里的民族性是指受所在族群的自然环境和历史沿革而来的风俗习惯、社会心理、道德规范等影响而产生的形态、空间等相对而言看得见的东西。因此,如果说民族性是树干,那么,民族根生性就是深埋地下,看不见却又在支撑着这棵大树存在的根,如图1.12所示。

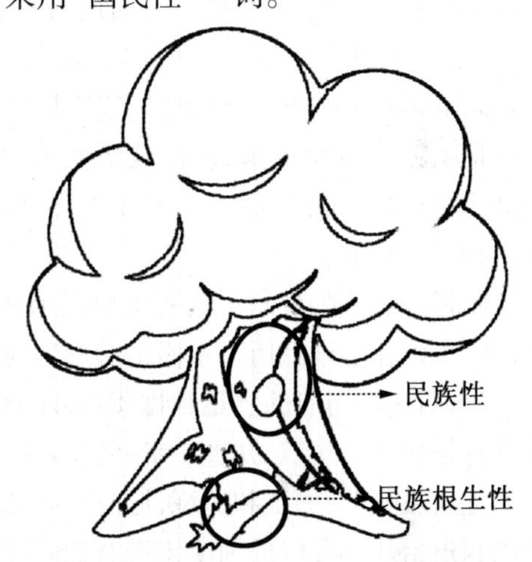

图1.12　“民族性”与“民族根生性”关联图示

一般来说,“根生性”是一种本能的基因,是主体的无意识行为。“民族性”则是这种基因的表层产物,是族群的人文精神的主体意识体现。因而,要理解“民族性”,就要进入生成它的基因之中,而这种基因正是“民族根生性”的直接寓所。“民族根生性”也可以说是一个结构体,构成它的因素有本体的和附加的。本体的结构主要包括自然、血统、语言、人口等,是民族存在和发展的物质基础,显示出物理性。附加的结构主要包括思维、心理、行为、审美等人的主观意识性质,是族群成为民族的精神基础,显示出人文性,影响附加于民族之上的艺术、政治、宗教等社会属性。一般而言,任何一个民族群体都会在长期共同生活中,本能地、无意识地形成某种物理和精神的倾向,当这种倾向凭借民族成员的主观意识和在相互联系过程中产生的有形符号,进一步形成有关对世界与群体以及自身的大致上接近的意识思维时，这些思维意识又被有意识地概括与提炼，反过来教化民族成员并使之普遍性地接受，并进一步成为全体民族的共同认识时，“民族根生性”就显现为“民族性”。这是一个“自下而上”，又“自上而下”，“从无意识到有意识”，再“从有意识到无意识”的精神提升和教化的过程。

2. 建筑的民族根生性与民族性的关系

下面从建筑方面来讨论民族根生性和民族性的关系。建筑创作意识具有“本能”和“有意识”两种方式。就其本能性而言，是表现建筑存在方式和环境的直接信号。任何一个建筑都有一定的制约因素，如地理、气候、种族等，这些因素不因设计者的主体意识倾向而转移，在这个层面上，我们称其为建筑的根生性，它处于建筑师本能和原初意识的阶段，没有上升到精神上的“有意识”。在建筑的形成和发展过程中，一些在建筑原始创作时期生成的符号和特征以族群意识的方式保存下来，进而成为具有文化和社会意蕴的建筑民族意识时，我们称之为“建筑的民族性”。它带有创作意识的主观性，是民族传统与历史有意识的把握与反映。

因每个民族的建筑形式在历史长河中不断地反复“内化”和“外化”，建筑师的创作意识和心理经历了不断的分化与整合，其创作心理逐渐变得清晰、能动与自主，从而超越当前的感觉和物我难分的相互渗透状态，凭借想象、记忆和预期完成具有象征性的建筑，并进一步将其转化为符号和规范，原来自发的、本能的创作意识逐渐被筛选、加工和提炼，形成明确的观念，成为建筑的民族性，这样，无意识的民族根生性会发展成为主体有意识的民族性。在这个层面上，建筑的民族根生性可以理解为建筑传统得以传承并能够不断推陈出新的生命基因。

所以建筑的民族根生性就是直接显现民族性的具有自觉性的、本能性的、普遍性的物理与精神共存的生命基因，这是建筑民族性的真理与核心所在，因为它的存在，建筑才有了民族性、地域性、社会性等表层个性体现。

3. 民族根生性与全球化的关系

在当代，民族根生性最大的问题是面临着全球化对民族根生性认同的冲击与挑战。这主要表现在两个方面：一是全球化呼唤着一种普世性的文化精神和价值规范来支撑“全部人类”的生存权利；二是全球经济一体化所带来的“个体本位”的理念以及新自由主义的“个人自由”的思想对传统的“民族本位”和民族主义的批判，这两方面的冲击对民族根生性是致命的。但是，这种全球化对于民族根生性的挑战，并没能消解当代根生性的存在和作用，反而激发了各国对民族问题的广泛关注和讨论，这正是民族根生性的作用。

首先,“民族根生性”是自人类族群出现以来就已经存在的,从人类进入文明史开始,即各民族国家形成和互动开始,更加凸显出来。到了当代,社会的一体化没有造成民族国家的消失,而是成为各族人民生存的有效共同体,这主要是因为经济的一体化消除不了各民族的本能无意识行为,反而凸显出维护自身利益的紧迫意识行为,而维系这种民族利益的就是各民族自身的“根生性”。

其次,全球化虽然是当代社会生活的主导模式,但它并不能完全替代地域性。相反,它甚至呼唤着“地域性”的明确化。当代人的生活空间和自由度固然日益扩大,但与古人一样,他们也只能在特定的自然和历史环境中出生和成长,这种自然和历史已先天地把“根”“源”的意识植入人们的心灵深处。并且,人的身体总要生存在一个有限的地方,他的思想总要承袭着一种特定的思想,它的感情诉诸他所倾向的特定对象。虽然全球化崇尚“个体本位”和“普世社会”,但“人”终究需要一个确定的自我认同,而且我们在全球化的交往中也不能有意识地消除自己无意识的民族根生性,对于民族根生性的认同蕴含着当代人的自我认同、自我超越的精神基因。所以,无论是现在还是将来,“全球化”与“地方化”仍然是相互依存、相互转化的,这就决定了各民族的“根生性”不会因全球化的洗礼而消解。

再者,在当前经济全球化和科技同质化的浪潮下,人们更需要文化多样性来激发自己的思想和情趣,从而保持和发展自己的独特个性,保持思维创新的兴趣和活力。趋同与趋异,是人类两种相反相成的价值取向。“趋同”在于打破国家和民族之间的各种界限,使文化、经济、科技等人类文明成果能够在世界范围内相互交流,普遍地发挥作用,从而极大地节约人类的劳动时间和劳动成本,提高活动效率。“趋异”则在于突破统一或单一性的思维和行为,探索、彰显各种不同的可能性,营造文化的多样性、异质性,使人类自身的思想和生活方式各有特色、丰富多彩,并在相互的对话和竞赛中,取长补短,推陈出新。不同类型的文化与各个民族的精神生命内在相关,反映着他们的特殊历史际遇、实践经验、生存智慧和生命感悟,都有其不可替代的特点。

因而,对于民族根生性的理论探究与哲学理解,既要立足于前人的相关思想与论述,又要结合时代的精神取向与价值观念来阐述其社会内涵与历史意蕴,尤其要注意从人的生命活动的实存性和人类生命的共同感出发,论述民族根生性生成与超越的特性。

1.5 研究方法和框架

1.5.1 研究方法

1. 形式逻辑推理方法

任何一个正确的理论都符合逻辑规律，同样，利用逻辑规律也能推出理论的正确性。形式逻辑是研究思维的方法，是一个提出概念、进行判断、推理观点的过程，这符合本书的研究思维模式，如图1.13所示。

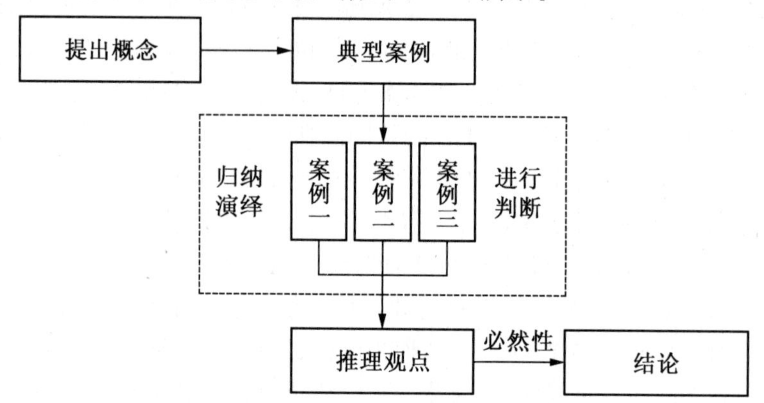

图1.13 形式逻辑推理方法示意图

例如，本书提出当代建筑具有民族根生性的概念，结合日本当代建筑的形态、空间、审美等创作设计因素与日本民族情感、认知、理想等民族根生性表达方面进行联合判断，并对二者的关系进行推理，得出日本当代建筑创作特有的“日本趣味”是民族心理无意识的积淀，是一种自觉与非自觉、逐渐形成的动态过程。本书运用这种研究方法对提出的相关概念进行推理，并最终得出结论。

2. 社会历史规律研究方法

社会历史规律研究方法是建筑创作研究较为常用的方法之一，即运用历史资料，按照历史发展的顺序对事件进行研究的方法。一般是追根求源，追溯事物发展的轨迹，探究发展轨迹中某些规律性的东西，通常采用纵向比较研究方式。当代，随着社会科学的发展，越来越多的社会历史规律为人们所认识和掌握，出现了大量针对建筑历史变化规律的研究，尤其是在当代西方建筑思维变化规律方面提出了很多新的创作思维概念。但针对当代东方建筑创作方面的研究却没有很好地被利用,在研究日本当代建筑时借鉴并引用历史哲学和社会学的研究成果作为本书概念的基础,是一种科学的研究方法。

3. 典型案例研究方法

典型案例研究方法是以典型案例为素材,并通过具体分析、解剖问题,再进行关联而获得解决方案的研究方法。本书从日本当代建筑师的作品案例中,采取归纳、分类比较、分析典型作品的方法展开研究,从而对日本当代建筑有全面的认识,并对主要建筑的创作进行案例分析。本书选取了1960~1980年的建筑作品48件,1981~2000年的建筑作品112件,2001~2014年的建筑作品201件。从统计数据可以看出,主要案例集中于2001~2014年,这些也是最新的建筑作品,从中反映出的民族根生性更加具有研究的前沿价值。

1.5.2 研究的框架

本书以"概念构建—内涵分析—内容和形式—日本民族根生性表现—日本当代建筑民族根生性表达视域"为研究脉络,首先探究了建筑民族根生性的学理溯源、概念内涵、生成机制、内容和形式、本质特征等方面的一般规定性;其次论述了日本民族根生性的成因和表现形式等,从理论维度和表达形式方面分析了日本当代建筑民族根生性的基本要义,阐明了民族根生性在日本当代建筑中的鲜明特色;最后落脚到日本民族情感、认知、理想,结合日本当代建筑的形态、空间、审美进行研究,总结了日本当代建筑的民族趣味特点,反思了在建筑民族化过程中存在的问题,并提出了对当代建筑民族根生性理论研究的前瞻思考。

总体来说,本书从理论建构、表现形式、研究价值三个层面对建筑的民族根生性问题进行了深入分析与探讨。第一,理论建构层面:从学理溯源、一般规定性、内容范畴和表现形式等各方面全景分析建筑民族根生性,以建立在理论层面的建筑民族根生性学理框架。第二,表现形式层面:通过对日本当代建筑民族化的经验、建筑的表现形式和建筑理论研究,引出对当代日本建筑创作民族根生性的形成原因、概念内涵以及发展趋势等若干问题的思考,用以推导判断建构理论的正确性。第三,研究价值层面:当代建筑面对信息时代的全球化、时代化和民族主义的时空境遇,应该如何表达建筑特色并有持续的生命力,依据民族的根生性思维,以独具个性化的民族特色价值诉求建筑的发展是一条可行的道路。本书的研究框架如图1.14所示。

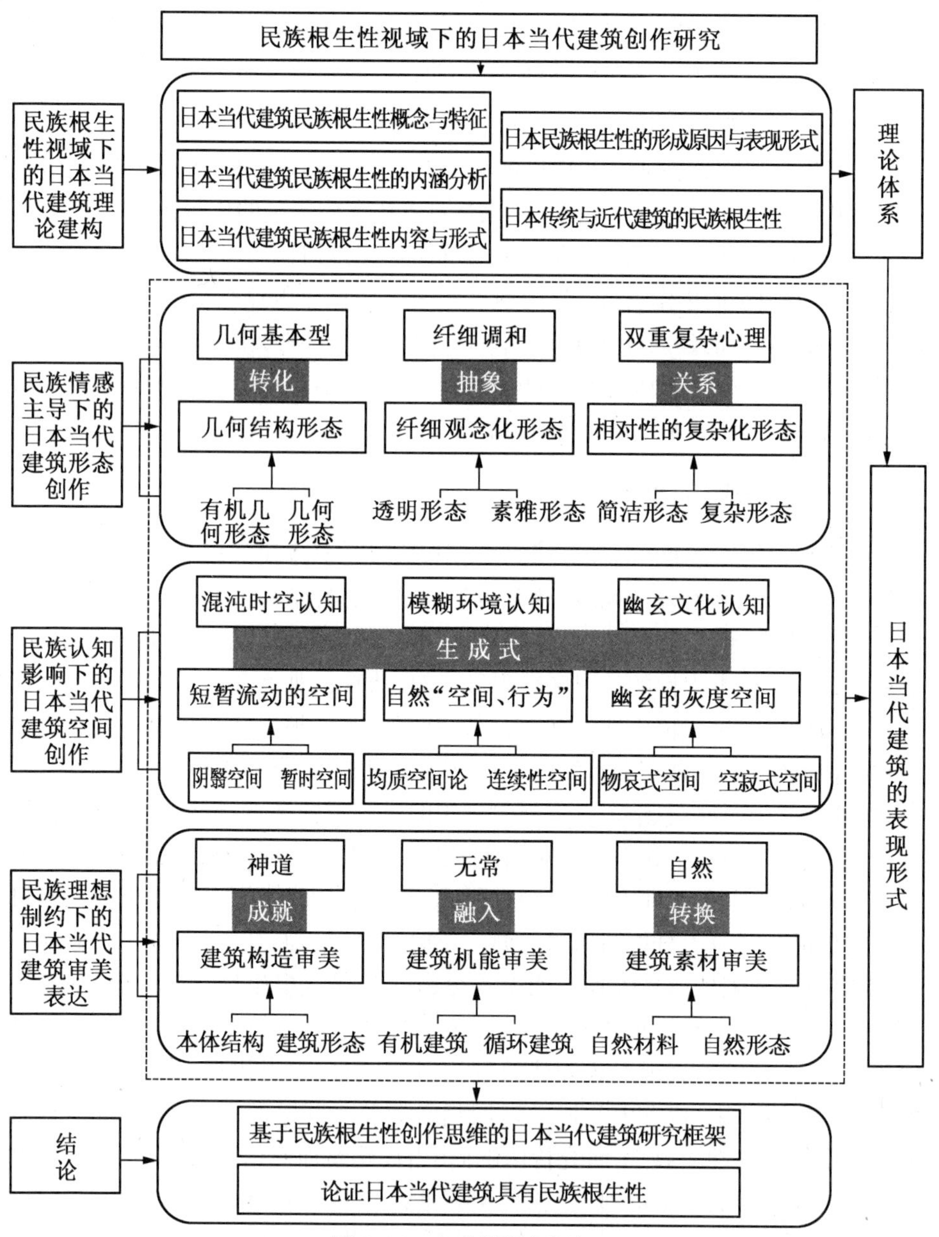

图 1.14　本书的研究框架

第 2 章　日本当代建筑创作的民族根生性理论建构

对于当代建筑的民族性问题，我们在讨论方法上一直存在一个误区，多数研究者一直停留在当代建筑是否具有民族性以及有什么样的民族性上。解决这个问题的根本方法应是理解建筑为什么具有民族性，当代建筑为何与民族性无法分离。这就要谈到建筑民族性的形成基因——以民族为本位的根生性，它使得当代建筑及今后任何时代的建筑都无法真正地与民族性相分离。

当代建筑具有民族根生性。如果说民族性是建造者人文精神的主体意识体现，那么民族根生性就是这种主体意识的一种本能基因，是建造者主体的无意识行为和“默会知识”的体现。民族性是这种基因的表层产物，具有建筑形式符号的展示性；而建筑的民族根生性所反映的是一个民族群体创作的原始动因和稳定的思维原则。

日本的当代建筑被称为“日本建筑”，不同于西方的当代建筑，也不是日本传统建筑的继承。这得益于日本特殊的民族根生性，在推进“现代化”和保留传统文化这两个方面，做到了二者兼顾并保持适度平衡，这是当代建筑的一个成功例子。

2.1　当代建筑民族根生性的概念与特征

当代建筑中的民族根生性是指民族内核中特殊的物质，它不是通过人的主观意识体现的，而是来源于民族生成之初的原生态的某种物理性的物质并保留到民族每个成员的血液中，它展现着每个民族的自然环境、族群血统、人口、语言等，使其区别于其他民族。

本书根据民族根生性与建筑创作思维的制约因素提出“建筑的民族根生性”概念，即所谓的建筑原生性传统。它影响建筑形态、建筑空间、建筑审美、建筑结构等方面，使建筑在面对外来强势文化侵入时，总能自觉地回到本民族最初的文化状态,具有本能的、无意识性行为,如图2.1所示。出于对自己族群及共同文化上的依恋、认同与归属感,建筑的民族根生性具有无比强韧的草根性。从人类文化的发展史看,民族性往往凸显在面对外来强大的异族文明使自己民族文化出现生存危机时,是应激性的本能反应,而不是出于理性思维上的考虑。因而,具备主体无意识的思想倾向。必须说明的是,建筑的民族根生性也不完全排斥外来建筑文化中合理的东西,只是必须以符合本民族的原生文化为前提。

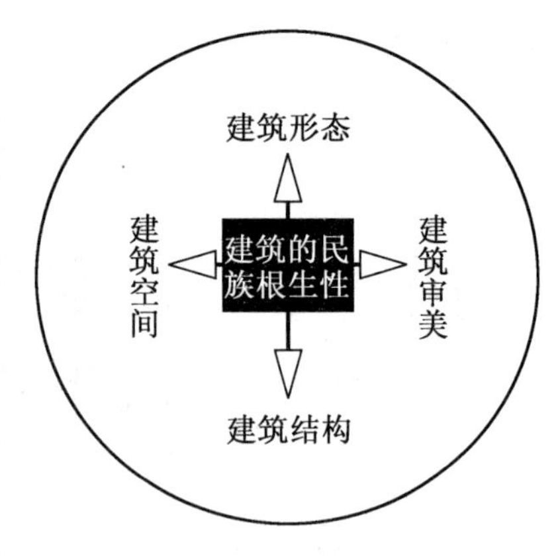

图2.1　建筑创作思维的制约因素

总体来说,建筑的民族根生性在当代建筑理论著作或论文中作为一个概念出现还是不多见的。其较为常见的形式有两种:第一种是在研究当代建筑的多样性时讨论全球意识和寻根意识;第二种是在研究建筑的民族化时讨论形成的意识形态。

2.1.1　当代建筑的民族根生性

当代建筑的民族根生性是针对建筑创作主体意识范围进行探讨的。建筑的主体创作意识或称建筑民族性意识源于最初的建筑主体无意识性创作。首先,这种无意识通过建筑思维遗传的方式继承下来,逐渐积淀为一种建筑创作动因。它超出了个体生命的特殊性和民族集体意识的原初性,是建筑创作思维形成的最根本、最普遍的本原、依据和基石。它是一个建筑的精神和文化的内在基核,由于它的存在又形成了建筑民族性的外在表征。当代建筑的民族根生性所反映的是一个民族群体建筑创作的原始动因和稳定的原则,如图2.2所示。

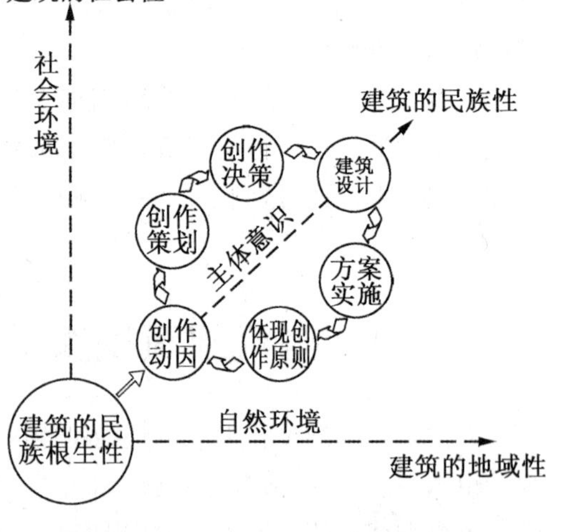

图2.2　当代建筑的民族根生性图示

总体来说,当代建筑的这种民族根生性属于集体或群体无意识,它来自于群体的自然环境和文化环境,以及由此形成的族类体验和"默会知识";也可以说是一种建筑创作的本能和无意识行为。因为它已经不仅仅是来源于建筑创作者的个体冲动和欲求,而且是创作者所在族群的传统和习惯在长期的积淀过程中对于建筑创作意识的浸染。它会使建筑创作者在千百年的建筑实践中形成一种稳定的创作心理态势,这种心理态势在建筑的传承中逐渐成为一个区别于其他民族的创作思维方式、价值观念和理想追求上的"先见"和"潜能",也因此制约着所在族群的建筑创作实践活动和价值取向。

从一定意义上说,这种自我生成、自我超越的建筑创作意识是一种建筑类型得以生存发展的本质所在。建筑师个人创造力的激发和创作境界的提升,首先来源于对自身民族精神的认同与尊崇,当建筑师无法超越建筑创作的局限来实现自我时,他就必须融入普遍的民族文化和精神之中来肯定自己,从而获得情感的归属和精神的支撑。

2.1.2　普遍性与特殊性

当代建筑的民族根生性具有普遍性特点,主要通过两方面来表达:一方面,作为一种遗传基因,民族根生性是这一民族建筑产生的核心,并通过建筑特定的形态与审美显现出来,建筑的创作思维得到民族成员的共同认可,是民族认同和归属的本源所在。另一方面,每个建筑都因自身的自然环境和历史际遇不同而拥有不同于其他建筑的根生性,这种根生性与生俱来,是与建造者的民族根生性血脉相连的,它不因建造者生于异地或建筑建于异地而改变。例如,华裔建筑师贝聿铭设计的日本美秀美术馆、法国建筑师保罗·安德鲁设计的中国国家大剧院、日本建筑师安藤忠雄设计的兰根基金会美术馆等虽然为异国设计,需要充分考虑该国的民族文化,但在他们的建筑中还是体现了建筑师对本民族、对自己生活的那个"共同体"本质的、深刻而独特的把握和升华,见表2.1。

表2.1　不同民族的建筑师在异民族地区的建筑作品

"它的构思来自《桃花源记》" ——贝聿铭	"超椭圆形纯粹严谨的 浪漫美感"——安德鲁	"空寂空间的体现" ——安藤忠雄

日本美秀美术馆	中国国家大剧院	兰根基金会美术馆

图片来源:http://www.google.com.hk/imghp? hl=zh-CN&tab=wi/.

当代建筑民族根生性的特殊性是指不同建筑的民族根性特征，不仅是不可替代、绝无仅有的，而且是不能任意变更、随意抹杀和简单复制的。世界上的每个民族因其独特的自然环境、血统、语言、人口等不同而生成了自己的文化基因，所以具有特立独行的个性，有着独特的优势和缺陷，有着自身独特的价值。以这样的民族根生性为基因，它所创作的建筑也是不可替代的，这在传统建筑上尤其明显。现代建筑被认为是工业文明的产物，很多人不承认它具有民族性，更谈不上具有根生性。但是，我们可以回顾一下现代建筑产生初期，德国的现代建筑与美国的现代建筑的区别。以现代主义建筑大师为例，密斯·凡·德·罗的建筑作品显示出骨架分明和整洁的外观，灵活多变的空间以及简练但制作精致的细部，其建筑产生的动因是发展了一种具有德国古典式的均衡和极端简洁的风格，表现着德国人特有的严谨与理性创作原则。美国现代主义建筑大师弗兰克·劳埃德·赖特的草原式住宅和有机建筑理念都试图创造基地与自然的调和，体现材料本性、戏剧性的空间，体现了美利坚民族民主自由、实用理性的根性特点。他们虽同属现代主义建筑，但相互的区别还是比较明显的，这就是建筑民族根生性的特殊性。

2.1.3 稳定性和持久性

在建筑的发展过程中，民族根生性以其自身的稳定性和持久性贯穿始终，一经形成就难以改变，它不会因创造者的迁移或不同、社会形态的更替、时代的变迁、外在地域的变化而轻易改变、衰退或消亡。但是，建筑民族根生性的这种稳定性和持久性也不是一成不变的，通过岁月的洗礼和世代"积淀"也会发生改变，但不会是明显的变化，宛如一棵根深叶茂的大树，虽历经沧桑，其生命之根仍在。

建筑的民族根生性之所以具有相对稳定和持久的特征，是因为形成建筑主观意识的客观世界，自然、血统、语言、人口等需要历经数千年的积淀才能形成，具有相对的稳定性和持久性。从结构上说，建筑的创作动因和原则是建筑设计的最深层和轴心层，是建筑文化的内核因素，决定着建筑的形成、变化和传承，它与建筑文化的中间层——民族性和建筑文化的表层——建筑形态、建筑形式相比，更加具有稳定性和持久性。如果建筑形式的变化不触及创作动因和原则，那么，这种形式就仍然可以延续和传承。因此，民族根生性作为建筑的创作动因和原则，以其稳定、强健的结构性成为建筑文化的内核和终极依据。

建筑民族根生性的这种稳定性和持久性，往往对内表现为建筑传统潜移默化的传承性和延续性，对外显现为建筑形式交织中的相对独立性。作为主体意识的先在之物,其无意识形态早已潜移默化地渗透到建筑的形态、空间、审美当中。但同时也应该看到,任何一个民族建筑的传统既有精华也有糟粕,在建筑创作中我们应该取其精华、去其糟粕。

2.2 当代建筑民族根生性的内涵分析

通过对当代建筑民族根生性概念的研究,本书认为,当代建筑之所以具有持续的活力,与建造它的建筑师及所处地域的民族根生性有必然联系;论证民族根生性是建筑的存在方式,同时也是建筑的根本属性及建筑精神的精华等,并以此为依据论证建筑本质是作为隶属于某族群、具有固定根生性的人类实践活动,它势必影响当代建筑评价标准的转变。

2.2.1 建筑的存在方式

本书认为,建筑或建筑艺术一直以来都是以民族为存在方式的。任何时期的建筑之所以能成为艺术,是因为其体现所在族群的意识和理想。而任何一个人在出生之前,就已经有一种根植于民族的传统先于他而存在,而传统的核心是这个民族的根生性。所以,无论何种类型的建筑都必须以民族根生性为其持续存在的唯一方式。没有民族根生性的建筑只能是一堆有形的堆砌物或显示时代科技的展示品,建筑的艺术性是根本不可能存在的。世界上出现过的任何一个真正有影响力和生命力的建筑形式,无一例外都是以建成它的民族生命实践为根基,形成于该民族特有的自然环境、主客观条件和种族血统等并深刻显现该民族独特的思维方式。正像罗马时代著名建筑师维特鲁威说的:“建筑反映着人的本性。”

从建筑形成的根基来看,民族成员独有的自然环境、种族血统所形成的根生性为建筑奠定了形式根基和生命源泉,正是在长久持续的建筑实践中,每一个民族都形成了自己独有的建筑创作观点和思维方式,因而形成了独具个性风格的民族建筑。到了近现代,随着西方工业文明的发展,建筑面临着是机器还是艺术的新思考。现代主义建筑的普世化,使得建筑的民族问题成为迂腐、固执、教条的论题,但是这种过时的论题却从现代主义生成之日起,直到今天一直围绕着建筑创作思维的发展,当代更是肯定了民族对建筑的作用。从纵向上看,在人类建筑活动浩瀚的历史长河中对民族提出质疑的只是繁星一点;从横向上看,建筑各时期形态的发展从未与民族分离过。每一种建筑形式在特定历史时期、特定地域的时空境遇都是不一样的,这就决定了建筑不可能一成不变,但人类建筑活动的发展却是一个完整的、在统一能量指导之下的系统，变化只是这个系统的分支，如果把建筑活动比喻成一棵大树，那么各个时代的建筑形式就是这棵大树的枝叶，民族性就是这棵大树的主干，而民族根生性就是深藏于地下的根茎。因此，民族根生性是建筑的根本存在方式。

从建筑的内容和形式来看，虽然建筑的内容具有超越民族的共同性、普遍性和物理性，但通常来说，无民族则无建筑形式，民族文化成就了建筑的艺术性，或者说建筑之所以成为艺术，与民族文化的深刻互动和关联是其根本原因。同时，每个民族对建筑的形态、空间、审美等具体内容都会有符合自身的独特理解和理论概括。因此形成了千差万别的思维方式，没有民族根生性，建筑的内容和形式也是根本不存在的。从建筑的建造者来看，设计者总是具有一定民族属性和国籍的人，总要生活于他所属和所依托的民族和国家之中，他的所思、所行、所依恋以及存在的形式无不深深刻上了该民族和国家的烙印，这也是他进行建筑创作的养料和源泉。因此，民族根生性是建筑师创作灵感的源泉。无此，建筑师将寸步难行，如图 2.3 所示。

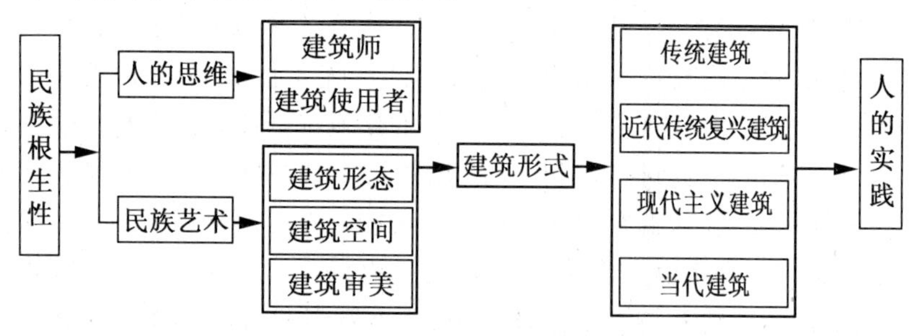

图 2.3　建筑的民族根生性与人的实践的关系示意图

任何建筑都有个性化的民族性格和属于自身的民族归宿感，即使是在全球化的当代，民族个性在一定程度上被否认和抹杀，取而代之的是普世性和某些共同性，但要真正理解建筑的创作思想与建筑的形态，建造者的民族根生性始终是第一需要考虑的条件和前提。

2.2.2　建筑的根本属性

民族根生性是建筑的基本特征和根本属性。任意翻开一本建筑创作书籍，民族性、全球性、时代性等词跃然纸上，而其中民族性是最有争议的一个词，它也经常被地域性、传统性、本土性等语言代替，但无论人们如何争论，它始终伴随着建筑的发展，显示出建筑最根本的特征。建筑因其具有的民族根生性而成为人类寄托精神和灵魂的集中体现，并赋予建筑类型、建筑理想、建筑心理、建筑行为、建筑风格等创作源泉和理论依据。当今的建筑世界是多元化的，建筑创作在形态和理念上的根本差异就是民族的差异。同时，它也是人类把握和认识民族文化、民族精神、民族性格的重要物质条件和感性因素。

纵观当代建筑产生之日起至今，建筑发生了以往几千年都没有过的变化，因信息技术、新能源技术、新材料技术、生物技术、空间技术等诸多领域的技术革命而产生了一系列新的建筑形式、建筑创作思想等。几乎一切都没有定式和法则，一切都无法预料和控制，甚至建筑师个人的癖好都可以决定建筑的风格。但是，在这种纷乱的现象中，整体和所有的个体几乎都顽强地存在着一种自我的同一性，柯布西耶的"五点句法"和"乡土神秘性"、密斯·凡·德·罗的"精神价值"、弗兰克·劳埃德·赖特的"有机建筑"等，还有在建筑发展总体趋势中呈现的走向地方性、民族性等，在这些多样化的同一性中总有一种"人的意识"始终占据主要位置。人的意识先天地、全面地反映着建筑系统的活动，在建筑中人与客观物质不同的是人的主观能动性发挥着巨大的作用，它可以选择自己主体意识靠近本质同一性的程度以自身决定自身，呈现优化上升的态势。所以说人对于建筑而言是其本质的根本属性，而人作为一个群体，又具有群体属性，民族的根生性是人作为群体的根本属性。从这个角度上说，建筑的根本属性就是民族的根生性。由现象回归本质、由表象过渡到同一，这是建筑发展的规律，也是建筑师不断创新的根本动力。

2.2.3　建筑精神的精华

从古至今，建筑从来就不是"居住的机器"。它所呈现的并不只是表达出的形态与空间，而是一定时代、一定族群的精神凝聚，这种精神通过具体的建筑形式表现出来而被人感知。建筑的外形由于材料、结构、功能的限制，很难做到纯粹的具象模仿，多数情况下是抽象的形式表达，经过建筑师的创作传达出建筑的精神与特殊含义，唤起深层核心文化的形式，这种形式不仅"具有内在联想的力量"，也不只是对对象精神、情感、本质的提炼概括，而且凝聚着民族特征和时代精神。

建筑作为一种造型艺术并非是消极被动的自然形态，而是作为人主动的认识和理解而被积极地接受。而且，它们的变化和变形是同这样的艺术处理相适应的。也就是说，这些因素已经不只是现实的抽象，而且具有相对的自然结构和精神意义的独特性。所有这些因素都具有一定的含义，是人精神的体现，虽然这些精神有时很难用概念来表现，现实就是通过有意义的创作从结构、形式、空间来反映,这便是建筑拥有的精神。

当代建筑一直以来都是以西方建筑的发展为主线的,但是从现代主义诞生到今天已经过去了百年,它始终呈现技术性、审美性、地方性、场所精神等观念。没有达到“深层结构”与“神会”这种高级阶段,或是仅仅将它们降低为审美或其他同级别的精神价值层次。他们是将手段充当了意识的主导和目的。反而,起步较慢的日本现代建筑却呈现出典型的以日本趣味为主导的建筑精神,究其原因就是对建筑精神的领悟不同,西方建筑界总是将建筑的精神化为物质文明,信奉建筑的实用主义,而鲜有一种先验的目的性的“天人合一”。这种“天人合一”的精神出于东方,日本民族将它运用到传统建筑上,当然也运用到当代建筑上,使他们的建筑呈现出虽学习于西方,但独立于其他而自成体系,究其根源是“天人合一”这种先天的民族根生性始终是日本建筑的精神所在。

民族根生性是建筑精神的精华,是建筑的重要特征。任何一种建筑形式都是在特定地域、特定时代、特定民族中孕育生成的,它离不开这些特定因素所给予建筑实践的现实世界和时代主题。每一种存在的建筑形式都是时代精神和民族精神充分结合的精华,民族和时代最精华、最宝贵、最核心的东西一定反映在建筑上。

2.2.4 建筑民族根生性的本质

对于建筑的本质是什么,学术界一直有很多观点,如建构说、艺术说、文化说等,这些都是基于建筑的一般形态而下的定义,还有一种建筑的人本说,这是从建筑的哲学角度对建筑本质的探讨。

建筑形象——这是人对现实理性掌握的结果和事实,人是建筑的本质所在。杨新民在《原始建筑的本质及其现代启示》中指出:“建筑是人有目的的活动过程,它并非自然行为,而是一种文化行为……具有相当丰富的情感内涵与浪漫主义的特征,是原始人类的本质力量体现,当然这也是原始建筑的本质体现……原始建筑的浪漫主义与情感内涵特征,是人类建筑创作思维重要的组成部分,它既是人类建筑的源泉,又是人类建筑之初始……把这种建筑最根本、最深刻的部分同今天建筑的发展相结合,使今天的人们从‘冷硬的房子’走向文化的回归、人性的回归,必将成为新时代的建筑创作倾向。”这里谈到人和原始性是建筑的本质,而人是有群体属性的,这个群体属性就是族群的民族根生性,同时它也是原始建筑的根生性显现。

经过人主体意识的作用,即认知、思维、意图创造,建筑作品实现了自然面貌的“变形”,这就是一种经过积极改造而赋予建筑表现力的掌握。例如,建筑空间的创作明显地说明建筑作品是人创造性地掌握现实,建筑具有创造性与思维意识的掌握空间的特性。人会以符合自己的思维惯性、精神标准以及价值取向的方式,通过规划布局来安排已有的建筑空间,并赋予它们一定的寓意,也就是从人的思维惯性、精神标准以及价值取向出发,把这些空间精神化、人性化,以造成希望达到的某种情感与思想气氛。

杨华在《建筑——作为释义学的对象》一文中指出:"建筑在经历了无视精神的纯粹功能主义之后,渐渐地回到了人类的意识世界,回到了意义。"并且经过对建筑本质的还原,人们更加深刻地明确了"建筑是人化的空间,其根本的特征在于满足人类的物质与精神需求,并蕴含着人类活动的意义"。从另外一个方面来说,任何一个人在出生之前,就已经有一种根植于民族的传统先于他而存在。德国思想家舍勒说过:"只要一个人是某个社会的成员,那么他所掌握的知识就绝非经验性知识,而是一种'先天'性知识。这种知识的起源说明,它先于人的自我意识与自我评价而存在。假如没有'我们'也就没有了'我','我们'中充满了先于'我'而存在的众多内容。"因此,这种"先天"的知识即民族根生性,是人的本质。那么,它也同时是建筑的本质。

德国哲学家马丁·海德格尔曾说:"人能够存在就必定有种让现象显现本质的特殊本性,就是能让万物回归到本位。"对于建筑的本质,海德格尔总结道:"建筑的本质是居住,人类必须有一个可供栖居的家,才能够真正立足于社会上。"建筑的本意就是为了使人能够回"家",这里的"家"一方面是指居所,另一方面是指精神。

2.3　当代建筑民族根生性的内容与形式

民族根生性不仅在建筑民族学系统内部形成自己的内容,而且在外部通过民族根生性在族群社会各个方面的表现作用于客观世界,在建筑中以形态、空间、审美的形式显现出来。

2.3.1　民族根生性的内容

1. 自然环境中的根生性

《淮南子·原道训》中对"根"的解释是:"万物有所生,而独知守其根。"一语道破了"根"的蕴含内容。"万物"产生了"根"。因此,民族的"根生性"绝不仅仅只是人的因素,它一定包含着产生这个民族的地理、气候等自然因素,这不仅是每个民族发展至今的依据,也影响到其未来的走向。依于自然的地理,源于生命的泉涌,复归存在的根生。这是人类与自然环境"和谐共存"的大前提。无论我们拥有多么先进的科技与多么高超的理论,都不应该背离这一前提。这同时也是在当代建筑创作中,人与建筑真正确立存在关系的重要前提。

关于地理环境所产生的民族根生性的研究在西方早已经开展,18 世纪德国哲学家康德就以环境决定论谈论过法国人的优雅、英国人的浮躁、西班牙人的傲慢、德国人的勤勉与各自的地理环境有密切的联系。英国历史学家巴克尔在19 世纪中叶又提出地理环境是影响民族发展的重要外部因素,并认为亚洲、非洲的贫穷落后是地理环境的自然法则所决定的。马克思认为,在人类文明初期,地理环境对于成长在其中的那个民族的特征产生具有决定性的影响,并进而决定那个人类文明的类型及其发展进程。马克思得出这样一个结论:地理环境决定人的物质生产活动方式,人的物质生产活动方式决定社会、政治及精神生活。也就是说,地理环境决定着作为人类族群存在的民族的物质、精神社会的一切,即民族根生土长的源泉所在。

例如,日本是个地理环境非常特殊的国家,作为一个资源匮乏的东亚孤悬岛国,气候和地理环境都非常复杂,那里森林覆盖率极高、气候温和,所以风景宜人但火山众多、地震不断又使得灾害接二连三地发生。这样的地理环境使得日本民族具有很强的危机意识,也使得民族具有极强的自我意识和独我意识,他们在性格上也表现出很强的岛国性,具有矛盾的、双重的特点,狂妄自大又自感渺小、喜爱“精微”又追求“巨大”。

所以,我们对日本民族的印象像对日本岛国的气候一样,总是感觉之间隔着一层什么东西,朦胧模糊,“一方水土养一方人”应该指的就是这个意思吧。自然环境虽然不是决定人类族群精神的根本因素,但却是极其重要的物质因素。

2. 民族情感中的根生性

民族情感是一个民族存在和发展状态的最外在、最表层的体现,具有民族原初的特性,在某一民族生存及其发展的过程中,民族的成员产生了一定的喜怒哀乐、憎恨厌恶以及振奋与消沉等民族情感或民族情绪,此时他们的感觉即是民族情感,它是民族在相同地域、相同经济生活、社会生活及历史发展的基础上形成的情感认同和“默会的感觉”,它与宗教和文化有着密切关系。在文化产生、发展的过程中,文化的要素会内变为个体的心理、情感结构,如文化中的诗歌、绘画、建筑等具体形态,不仅构成了形式的延续和发展,还构成了所在民族成员的情感体验。情感体验的共同性使民族成员能更容易沟通,作为一种无意识的行为和氛围,它一般限定于固定群体内部,情感体验的相同性是民族成员最敏感的神经,一个民族的情感直接反映或折射着他们的“民族根生性”,如图2.4所示。

任何事物都有两方面,民族情感也一样,它既具有积极的能动功能,也有相应的消极作用。在人类的建筑活动中,民族情感这种外在的民族根生性对建筑最初的、外表的形态有直接的指导意义。

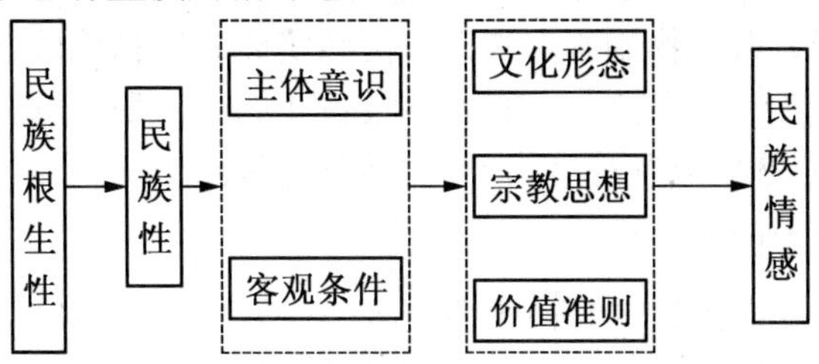

图2.4 民族根生性与民族情感关系示意图

3. 民族认知中的根生性

民族指的是有着血缘关系的人类固定群体,它是人类族群物质与意识结合的产物,拥有坚固的组织能动性。这种能动性来源于民族对事物发展变化而产生的心理的认知过程。而民族关于万事万物的所有认识方法和实践方法都取决于民族根生的认知观。这种认知观就是人类以人的主体意识与客观物质世界多次磨合的结果,人类创造的任何事物都不是独立存在的,它必然处于某种系统的规律之中。例如,创造建筑的人类族群所拥有的特性,是建筑获得运动规律的重要条件,这种特性正是族群的根性特质,而认知意识是这种特质的表层体现。但是对于建筑系统而言,这种认知意识处于创作的中心位置,建筑活动只有适应、统一这种认识才能有效地完成构筑与发展,由此人类族群的认知意识将自身能动性通过建筑表现出来并赋予建筑。同时,民族认知是一种积极主动的感觉对象有所选择地去认知、完整与统合的心理组织过程,它取决于特定审美客体所表现或传达的感情性质,具有完整性、主动性、情感性,如图2.5所示。

图2.5 民族根生性与民族认知关系示意图

民族认知是民族对世界本质、各种事物之间的联系、人与世界的关系、人在世界的地位和作用等方面的民族整体看法,具有主体意识行为,它是民族性的具体体现。但形成它的深层因子却来自民族的根生性。因为,这里的民族指的是有着血缘关系的,拥有相同的地域环境、语言、可资识别的民族身份的人类固定群体,它是人类族群物质与意识结合的产物,拥有坚固的组织能动性。这种能动性来源于民族本能、与生俱来的对事物发展变化而产生的心理的认知过程。而民族关于万事万物的所有认识方法和实践方法都取决于民族根生的、主体的“遗传”认知观。民族在一定的认知支配下,会按照自身根生性的动因和原则处理各种问题,从而对各种事物形成相应意识表层的民族性。

4. 民族理想中的根生性

民族理想是一个民族的最高价值追求,它是民族情感和民族认知的共同目的,属于意识形式的最高层次。任何一个民族都有自己普遍的、一般的理想,它是民族本质力量的核心要素,具有其他力量不可取代的地位和价值。民族理想是民族先天的纯形式,同时也是民族客观资料形式在人的意识中的显现,是由此形成的族类体验和“默会知识”。它是民族内心深处对实践活动的统摄和提升,是超越普通科学和逻辑的思维形式,具有本能性和无意识的根生性。它能洞察民族更加真实的本性,蕴含着对客观世界必然规律和发展趋势的理性认知,是符合规律又符合目的的创造性活动成果,如图 2.6 所示。它的基本特征有主客一体性、和谐自由性、未来图示性、创新超越性、实现可能性等。每个民族都有自己的最高理想,并且他们的一切意识形态都受民族理想的支配。

图 2.6 意识形式的层次

2.3.2 建筑中的民族根生性表现

世界上不同民族的建筑,各自具有符合本民族根生性的表现形式,并且存在着较大差异,归纳来看主要表现在建筑的形态、空间、审美等方面。

1. 建筑形态中的民族根生性表现

“形态”一词在《中华词典》里的解释为:外表、样子、形体;在《辞海》中的解释为:姿容、体态、情态、风致。而在建筑学科中,形态被理解为建筑呈现出来的气质、品质。形是形状、形体,是实际存在的;态是建筑的神态、情态,是人脑反映出来的情感、神态。它包括体、面、线、点基本元素和形、色、质、量基本要素。我国建筑学家齐康对建筑中的形态有三种解释:“一是指一种外部形式;二是指一种动势或一种态势;三是指人在主观能动作用下和在多因素形式下的分析研究。”而建筑形态与民族情感的影响过程是被民族个体感知的过程,是人们通过观察、欣赏建筑及在建筑中活动,从而感受建筑形态诸元素给人们的刺激,接收到信息后在大脑里进行综合整理，再经过联想、对照、比较，进而感悟到建筑形态，形成感观，产生相应的情绪，最终形成固定的某形态或某情感模式。完成这个过程并成为指导建筑形态的创作原则就必须满足所在人类族群的精神倾向，这种倾向来源于民族的根生性。

建筑形态不仅要满足人们的精神需求，还要与民族普遍认同的该建筑应具有的姿容相吻合。否则，它不会被大众认同，而不同的人、不同的民族对同一物体的感受是不同的，所以建筑形态具有民族根生性，建筑形态是体现民族根生性的形式之一。

2. 建筑空间中的民族根生性表现

在漫长的建筑发展过程中，不同的民族基于各自的生存环境、历史传统、文化底蕴等多种因素的影响，对建筑创作各自有着独特的感悟，尤其对建筑的空间形态进行着不同的探索，形成了独具民族特色的空间趣味和空间特质，成为区分不同建筑类别的标志性特征。

民族根生性对当代建筑空间创作有直接影响。例如，中华民族对建筑空间一直有种“天人合一”“有无相生”的根生性认知，认为空间与主体、空间与人是内在的、有机的统一，是看不见摸不着的、无规定性的“无”同具有一定形态的实体事物的“有”相互作用着的、连续运动着的统一体，并且用阴阳论加以论述。而西方的当代建筑理论认为建筑空间从物质性上讲是与时间相对的一种物质存在形式，表现为长度、宽度、高度的四方上下。他们的观点深刻思辨，注重纯粹理性、经验和实践。这与“我们”区别甚大，如图2.7所示，这是各自不同的民族认知导致的结果，它根植于各自的民族根生性。这种民族根生性促使他们对空间生成了不同的认知，这种认知在建筑中主要以空间的形式体现出来。

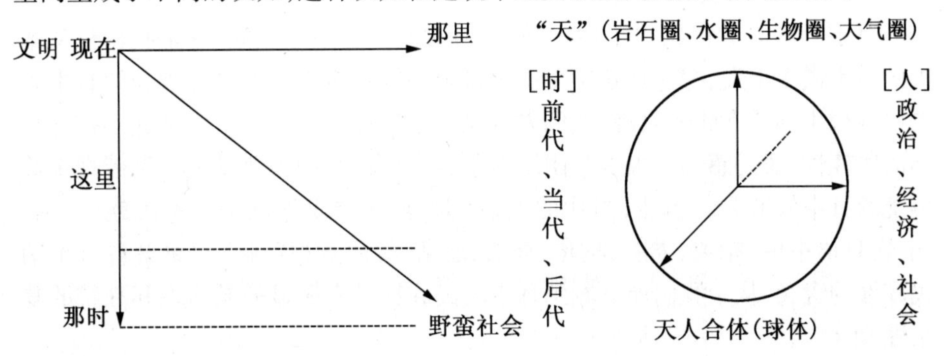

图2.7　西方“天人分离”与中国“天人合一”

3. 建筑审美中的民族根生性表现

审美是如何产生的？这是一个在外界因素影响下的民族心理一般进化的问题。即审美的发展取决于作用于主体的外界因素，这个外界因素来自于自然、族群、社会，从属于一定范围的这些典型特点历史地发展成为一种独立自觉的审美能动性，也就上升到了主体意识维度的审美。

建筑的审美是民族根生性上升到创作思维意识层次的、经过有目的的提炼和整理的有形意识表达，是主客体对立统一的理性关系的感性显现，建筑的审美与民族的基本属性与特征很多方面是相一致的。在这种理想关系借助物质化形式或物态化形式的外化过程中，不仅民族本来的根性特征得到了进一步强化，而且因为有特定感性形式作为转化媒介而具有了新的表现形式。这种新的表现形式经过积累和沉淀成为族群判断优劣的标尺，在建筑中这种表现形式是与由外在形式表现出的审美意识联系在一起的，它也是建筑成为艺术的精神寄托，它的最深层次就是民族根生性。

2.4 日本民族根生性的形成原因与表现

日语中的“民族”有时作为英语中的 ethnic community、ethnicity、nation 的概念使用。在日语中，一般使用的“民族”是包含有族群性社群（ethnic community）、民族（nation）甚至“人种”等意味的广义概念。根据《日本语大辞典》，民族是“在人种、语言、文化、宗教等方面具有众多共同点的社会集团，共有领土、经济、命运，构成国家形式的社会集团、国民”。民族根生性在日文中被写作“民族の根元”。

对于日本人的民族根生性，不同学科对其解释不尽相同，这里我们仅从本书的学术需求出发，探讨建筑学角度的日本民族根生性。首先必须介绍日本人的民族根生性具有哪些表现，我们先从民族根生性的表层民族性谈起。提起日本的民族性，我们感知的大多是团结奋争、自负自大、顽固狭隘但又勤劳规矩等传统的日本人形象。当然，当代的电器、动漫、新干线等也是日本民族的代名词，在日语中用“精致、委婉、暧昧、朴素、恩情、集团意识”等形容词解释日本的民族性的含义，从中我们能够看到日本的民族性具有明显的同质性和独特的复杂性。

日本哲学家和辻哲郎在《风土：人间学的考察》中认为“日本的国民性”融合了“悲伤式的激情与战斗式的恬淡”。日本人的忍耐性也是季节性的、突发的，“突然变得隐忍、很快做决断、忘情于恬淡等都是日本人的美德”。换句话说，“樱花被认为是日本人气质的象征，大多和这种突发的忍耐性有关”。根据以上论述，我们能够看到，在日本对于民族性的表述是围绕着主观意识论述的，这些主观意识中具有鲜明的同质性基因，也就是民族的根生性，它反映在日本民族的自我认同意识、行为规范、性格结构、理想价值之中。

日本人的民族根生性最突出的表现主要有以下两点：“第一，绝大多数的日本人对于事物都很暧昧，不太会去明确地表达自我主张，普遍偏向于采取以他人为重的态度。正如日本谚语‘棒打强出头’所说的，性格鲜明的人在日本人当中算是很稀有的。第二，在面对外国人时，日本人有强烈的民族归属感，常常存在着‘和外国人比起来，日本人是……’这种强烈的比较意识，这是日本人过于意识到自我的岛国根性使然，也就是说，日本人有‘太多的本国意识’。”

日本伦理学家小野正康以“日本学”之名探讨日本民族根生性，他在《日本学与其思维：日本精神史序说》一书中定义“日本学”：“利用概念方式认识、掌握日本人思维的学问。日本人原本就从创造的模仿出发，是善于独创的国民。”例如，日常生活中展现朴拙、谦逊、趣味、风情等感觉，从重视空白的日本画以及浑然天成的庭院中，都可看到日本的独创性。

那么，这样的民族性的根源是什么呢？这就要讨论日本民族的根生性。一般提到“日本民族根生性”就会想到“岛国劣根性”“妄自尊大的独我性”“暧昧、虚伪、残忍”等负面的印象，也会想到尚礼、恭顺、勤劳等正面印象。的确，日本民族根生性是同时具有负面以及正面特征的共同体。山崎谦在《国民精神新论》中分析了日本人岛国根生性形成的原因：第一，“锁国”的影响，让日本自外于世界潮流；第二，岛国根性的使然，日本人认为外国的东西都很奇怪，不可能当成自己的东西，所以要固守祖先的传统。

那么，我们认为日本人之所以具有这样的民族性源自“岛国根性”，这主要是自然环境和民族血统等客观因素造成的，当它积累到一定程度就形成了具有主体意识的民族性。我们也试图通过这几方面来展示全面的日本，系统地了解日本的民族根生性。

2.4.1　自然条件与社会背景

1. 岛国的自然条件

任何民族的传统无疑都与它所在的自然环境有着莫大的联系，人类的文明创造历程表明，民族传统是由所在地区的、有着相同血液与文化的人类族群创造的。日本更是如此，分析它特定的自然条件有助于我们了解日本的民族根生性和建筑传统的形成因素。

日本列岛位于亚洲大陆东部太平洋上，由北海道、四国、本州、九州四个大岛和3 900多个小岛组成，东濒太平洋，东北隔日本海与俄罗斯相望，西北隔黄海、东海与中国、朝鲜、韩国相邻，领土总面积为377 835 km²，如图2.8所示，从地理位置上看日本是典型的岛国环境。

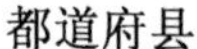

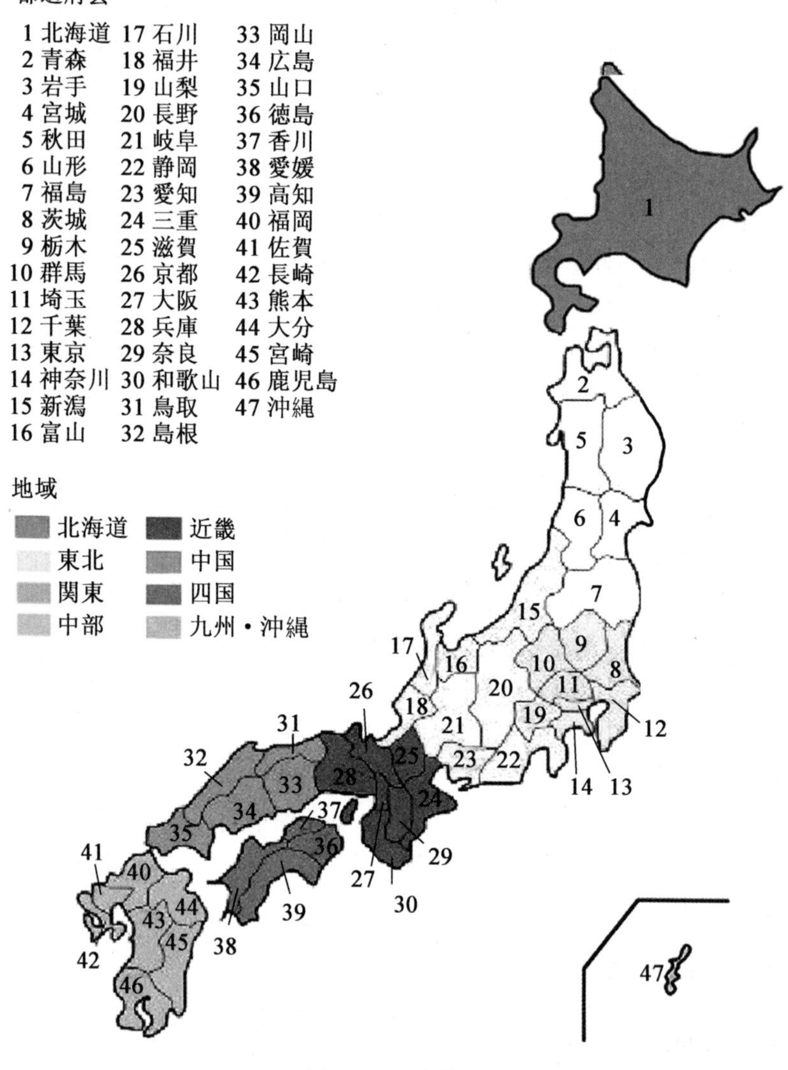

图2.8　日本简图

图片来源：百度图片

日本岛境内山多，日本的中央成脊状分布着山地，这些山地将日本的国土分为太平洋一侧和日本海一侧,山地与丘陵占总面积的71%,全国森林覆盖率高达67%。富士山是日本的最高峰,海拔3 776 m,它本身是一座火山,山顶终年积雪,有温泉、瀑布,风景优美,它是日本圆满清纯之美的象征体。

日本平原面积狭小,耕地十分有限,自古就是人口密集的地区,但自然环境从未被破坏,尤其是植被,日本人总是小心翼翼地对待每一颗树木,认为它们是有灵魂的,而充足的雨水有利于树木的生长,所以日本从不缺乏作为建筑原材料的木材。

日本地处温带,气候温和,四季分明。樱花是日本的国花,每到春季,青山绿水间樱花烂漫,蔚为壮观。而雾气和潮气缓和了世间的一切事物,使它们的轮廓变得模糊、柔和。因此在日语中有大量的词语来描述这些气候,如:有春霞、五月雨等。这也形成了日本以模糊、柔和为美的原则。这里四季气候变化明显,造就了日本民族感觉敏锐而富有艺术性。

在日本的国土上,海滨、平原、森林、丘陵相互交错,美不胜收,如图2.9所示,使得这里的人对自然美有着与众不同的强烈认识。日本人喜爱自然,并把自己看作是其中的一分子,对自然的感觉也十分敏锐,崇尚和顺从自然界的本来面貌,追求与自然融合为一,于是选择了开放的、尽量在自然中的空间,他们创造了自然形态的建筑。所以有人说,"日本人对自然的态度,不是理性的,而是感性的;不是科学的,而是直观的"。

图2.9　日本优美的自然环境

图片来源:http://image. baidu. com/.

日本同时也是灾害频发的国家,日本国土刚好横跨台风风径,几乎每年都有强台风,并且又是一个多地震的国家,火山活动频繁,素有"火山之国"之称。据调查,日本约有各类火山270座,占世界火山总数的10%,是地球表面最大的火山带——环太平洋火山带的重要组成部分。从地理分布特征来看,日本火山广布全国,但又相对集中,呈现出明显的地带性。270座火山,主要分布于日本列岛的本州、九州、北海道等大岛以及伊豆诸岛、南西诸岛和千岛群岛等较大的岛屿带或岛链上。火山频发的同时,也带来众多的温泉,日本共有温泉1 200处,熊熊吐烟的火山和连片的温泉,成了日本人流连的好去处。地震、台风、火山喷发等频繁的自然灾害,赋予了日本人积极奋进、吃苦耐劳但同时又狭隘自负的品德。

日本民族正是在这样的自然环境中生存的,自然赋予它有利与不利条件,也是在这样的条件下,日本的民族根生性开始形成并发展。

2. 日本的历史背景

从历史上看,日本文明起步较晚,日本列岛上被确认过的人类历史,大约可以追溯到10万年乃至3万年前。大约1.2万年前,全岛进入绳文时代。这个时期的人们制作绳文式陶器,早期以后迈向定居化,大部分住在半地穴式房屋里。采用弓箭狩猎、采集植物等经营生活,使用打制石器、磨制石器、骨角器等,也进行栽培,后期到晚期种植稻米。

公元前3世纪前后的期间被称为弥生时代。该名称的由来是这个时期被视为代表特征性的弥生式陶器,以种植稻米为中心成立的农耕社会,由北部九州至日本列岛各地快速蔓延。

公元300年至公元600年称为古坟时代。前方后圆的大小古坟,以奈良县为中心散布在北起福岛县、南至熊本县和大分县的广大地区,5世纪又从宫城县扩展到鹿儿岛县。古坟只埋葬部族首长,由部族成员共同修筑。

从原始时期到古坟时期,因为没有受到大陆文化的影响,被称为日本文化的原生时期,也是日本民族根生性形成的核心时期。

在此之后进入飞鸟时代,这得名于奈良县的飞鸟地方。这时佛教通过百济传来并得到推广。政治上由于受到中国唐文化的影响,日本开始了大化革新,这也是日本历史上一个重要转折点。这时大批的汉人、朝鲜人移居日本,同时带去了先进的养蚕、制陶、炼铁技术,在文化方面则带去了儒家思想,日本通过大量吸收大陆文化,迅速进入了封建时代,建立了统一的中央集权国家。

公元710年元明天皇迁都平城京,飞鸟时代结束,开始了奈良时代。自710年定都平城京至784年迁都长冈京,共计75年。这个时期社会出现了前所未有的繁荣稳定局面,表现在政治经济制度、阶级关系、文化等方面。尤其是狂热追求中国的唐文化,达到高潮,因而忽略了本民族的原生文化。

公元794年,以平安京为都城的历史时代开始了,史称平安时代,历经400年,分为三个时期:前期为律令制松懈但继续运用时期;中期为摄关政治确立与全盛时期;后期为院政与平氏政权时期。在平安时代朝廷失去了对地方豪族的统治能力,出现了贵族之间的争权夺利,终止了遣唐使,文化也由唐风转向“国风”,主张发挥自己的创造力,把引入的汉文化消化成日本文化。这一时期也是利用民族原生性来重新修筑民族文化的时期，是进一步发展民族性的时期。

公元 1185 年是镰仓时代，以镰仓为全国政治中心的武家政权时代，历经 149 年。在这个时期日本重新开启与中国宋朝的贸易往来且十分频繁。在政治上天皇的统治已成为一种象征，武士开始登上历史舞台，征战连连。但这时却刮起了宗教热潮，禅宗横扫日本，并和日本文化生活的众多领域逐一发生关联。这时的文化也逐渐脱离中国文化的影响，开始形成自己的特色。

公元 1336 年至公元 1392 年是日本的南北朝时代，后醍醐天皇消灭了镰仓幕府后推行新政，史称建武新政。由于新政未能满足武士的要求，引来武士的不满，结果足利尊氏迫后醍醐天皇退位。新天皇光明天皇继位，是为北朝。而后醍醐天皇退位，退往大和的吉野，是为南朝，至此南北朝形成。

足利尊氏在京都的室町开设幕府，是为室町幕府。由此日本进入了战国时代，史称室町时代。这个时期虽然战乱持续但内外通商繁盛，农业、工业技术也有所提高。在传统公家文化的基础上，武家文化独树一帜。此外，国人、农民乃至町众地位日益上升，由此而催生出了丰富多彩的庶民文化。

公元 1568 年日本进入安土桃山时代，这一时期在日本出现了以织田信长、丰臣秀吉、德川家康为首的强大军事势力，他们击败了诸大名，统一了日本。但这个时代也是一个乱世，先是军阀混战，而后丰臣秀吉发动了历时 7 年的侵略朝鲜战争。这是一个精彩的时代，是统治者显示实力的时代，是禅宗得以推广的时代。在文化上，日本的茶道开始形成，早在室町时代末期村田珠光吸取禅的精神，创造了“寂静茶”的饮茶方式，注重简朴、淡雅、幽静。之后，千利休集茶道之大成，创立了力求简朴、讲究精神内涵的“空寂茶”茶道。与茶道同生的还有茶室，它大多与庭院联系在一起，与茶道一样，茶室追求的也是简朴而高雅，外表不加任何装饰，除了木、草、石等原料，再没有其他材料的加入。

1603 ~ 1868 年间被称为江户时代，于江户设置了江户幕府，是日本最后一个封建时代。德川家族经过多年经营，完成了以幕府为核心、以诸藩为支柱的幕藩体制，开始了一段较为和平的时期。在这个时期，自然科学、文学艺术都取得了丰硕的成果，在思想上，发展儒学，艺术上出现歌舞伎、浮世绘等对近世影响较深远的艺术形式。

1868 ~ 1912 年称为明治时代。经过王政复古大号令及戊辰战争，拥戴明治天皇，建立新政府，开始了日本近代著名的明治维新，日本也由此进入近代史。此外，日本又在甲午战争及日俄战争中取得胜利，成为列强中的一角，1910 年吞并朝鲜。文化上，日本从欧美传入了新的文化、艺术，新的文学也开始出现。宗教上，改变了以往神佛合流的现象，出现了打压佛教等运动。

1937 年日本发动了侵华战争，开始了军国主义之路，到 1945 年战败期间，日本消耗了明治维新以来所有的物质积累，在经济、文化、艺术方面没有建树。第二次世界大战结束后，经过 5 年的恢复期，日本在 1952 年左右，主要的工业产值已经超越战前，又经历了“神武景气”等几个经济繁荣阶段，日本迈向了强盛大国之路，1968 年经济总量位居世界第二直到当代，这也被称为日本奇迹。

3. 当代天皇制的社会背景

日本社会一直宣称是“万世一系”的天皇制社会，这既是日本社会文化的核心因素，也是日本政治传统的特殊所在。天皇制社会是日本文化软实力的重要组成部分，它对于日本社会的政治功能与文化功能都具有无可替代的作用。这种将“天皇”神明化的社会制度是日本民族文化优越感的重要思想根源，日本人常常以“神国”自醉，这种制度因其在世界政治史上的独一无二性，更加彰显了日本民族不同于其他民族的民族根生性。当代的日本在制度上虽然是一个民主社会，并且天皇的君主立宪制也已演化为“象征天皇制”，但是天皇制对他们的“民主”制影响非常大，这主要体现在文化继承和传统的维系上，并被大多数日本民众所接收，正因为这种特殊的社会体系，才使得今天的日本表现出强烈的民族色彩。

天皇不仅是一种君主立宪制的象征，长久以来它以等级次序的方式统治着日本社会，虽然当代的日本体现的是西方民主社会制度意义上的自由、平等，但日本传统以来的社会等级制度和对传统的维护致使当代的日本人个人空间被规定得很明确，束缚是看不见的。这种社会背景影响着日本民族的方方面面，也影响着建筑的创作思维，尤其是日本建筑界在师生传承上更加显示出等级制度森严。

2.4.2 自然主义下的环境观

人与自然特别和谐，人对自然非常亲切，这正是日本民族环境观的最大特征。与自然交往，与自然对话，回归自然，在日本是令人愉悦的事情，是高雅的情趣，甚至被视为一种美德。

日本河流交错，没有荒漠，山岭绵延，地面覆盖着茂密的森林，两端虽然存在着寒带和热带，但日本主要国土处在温带，所以整体来说雨量充沛、气候湿润，四季变化缓慢而有规律，基本上没有受到经常性的大自然的严酷灾害。平和丰饶的自然环境培育了人们亲和自然的感情，它是形成日本人独特环境观的重要条件。在岛国的自然环境中，日本人接触最多的是树木，他们赞美树木强大的生命力，感激树木给人的恩惠，近代以来，日本工业高速发展，耕地面积扩大,城市化步伐加快,但现在全国仍覆盖着60%的森林,而且其中50%是天然林,这与日本人的环境观不无关系。大自然有时也会给日本带来灾难,特别是突发性的台风、大地震等,但日本人却认为那是自己有错、有罪激怒了神,或是神"充满慈爱"的考验,日本人对自然岂止是爱好、亲和,实际上已经达到了崇拜乃至神化的程度。

对自然的亲和感情,风土气候特征,加之万物有灵的宗教观念,使日本人产生了很强的季节感,对四季循环变化有着极其纤细而敏锐的情感,这是日本人环境观的另一个重要特征。

日本的传统建筑讲究自然形态,如出云大社、伊势神宫等神社的神殿,几乎不用色彩和装饰,而仅仅利用直线形白色原木来显示其结构美和自然美。日本的园林艺术也很能体现他们的环境观。就庭院来看,并不像西方那样显示征服自然的意志,这种庭院非常讲究自然情趣,如京都的龙安寺,那里有山、有海,有神的世界、有人的世界,有生、有死,是世界本身的象征性表现,换言之,它就是微观的大自然。

在日本人的审美意识中,四季自然美占有突出位置。自古以来,日本民族以自然为友,即拥有自然的灵性。他们能敏感地掌握四季时令变化的微妙之处,抚摸到自然生命的韵律。在日本,神社总是和森林联系在一起,其实日本的神社本来是没有神殿的,他们认为树木本身就是神,或者认为神是降落在林中大树上的。日本的神社还供奉据说是神的使者的动物,如稻荷神社的狐狸、三轮神社的蛇等,这说明在日本动物本身也是神道信仰。

2.4.3 自我认同与行为取向

1. 自我认同

自我认同意识是具有一定理智和逻辑性思维来了解自己及与之相关的外界事物,如图2.10所示。同时能形成积极向上、奋发图强、明确人生目标的生活,不会因外界而产生消极、悲叹的思想。并且需要在接近目标时得到承认与赞许,即从这种认同感中巩固自信与自尊的情感。日本

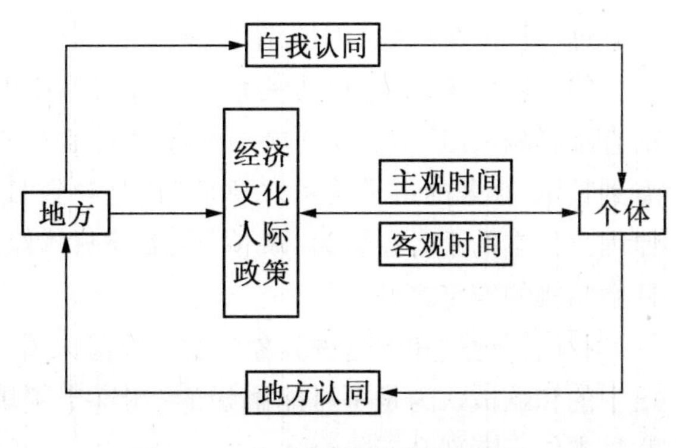

图2.10 自我认同逻辑关系图示

人的自我认同意识很强,这与岛国文化有很大的关系。日本人的自我认同意识表现在抽象与具象意识当中,既通过不可触摸的民族精神、国民性、行为思维方式这种抽象的内容来体现,也通过艺术、文学作品、习惯、礼仪、制度等具象的方式来表现。

首先,我们通过抽象的"国民性"看一下日本人的自我认同意识,具体来说,日本的"国民性"主要是与西方或古代中国这些先进国民的差异性而言的。这种差异性是以"我们"为测量尺度、以"他们"为参照物的思维方式。例如,在日本的知识分子中,与西方逻辑性的、语言的、理性的交流方式相比,频繁强调日本人的非逻辑性的、非语言的、感性的交流方式来突出差异性,证实"我们"与"他们"是不同的。而在日本频繁被论述,尤其被认为是"日本式"文化领域的有以下三个:

一个是论述语言文化论及交流方式的异文化。西式交流方式赋予雄辩、二元论式逻辑、原则性、合理性,而日本式的方式是沉默、两义性、非逻辑性以及感性。这一点使得外国人很难融入日本人的方式中,而日本人由于经过了多次全方位学习先进文明的阶段,具备了能快速融入其他文化的素质,能在快速学习后,引入日本人的方式,形成新的事物,而赋予"日本式"的含义。

另一个是论述日本式的社会结构及周边文化的社会文化论。在日本的社会中,强调人际关系中的合意、调和,赋予日本社会以集团主义、间人主义特征。在集团主义的概念中,滨口惠俊引入"间人主义"的概念,"日本人作为生活上的实践所抱有的、所谓日本式的集团主义……显然不同于集团主义。也就是说,其特性无法透彻说明成员对组织的融入与隶属……是对成员组成共同协力的立场,并尊重立场,若更形象地说,其也是寻求'个人'与'集团'共生的理念"。

还有一个是精神文化论领域。关于日本精神文化,在20世纪70年代,曾经有过一种流行理念,即所谓的"被动的爱情希求"的"娇情"才是把握日本人性格的本质概念,就是长幼关系在人际关系中的助长,这是受到东方儒家思想的直接影响,在日本被发展成一种母性依存式,例如在日本的公司、事务所都能看到长辈、小辈的亲子关系,"娇情"也是导致日本人的闭锁性与逻辑性缺陷的原因。日本的学者还认为"娇情"是支撑日本纵向社会的心理过程与维持这一社会结构的安定之源。

我们再通过和歌这种具象的文学作品来看一下日本人的自我认同意识,日语中的和歌被认为是不可能翻译的,在这个领域只有日本人才能理解,下面列举日本作家渡部升一的论述。

和歌中的"精神"只有日本人能理解,这里可以看到的是原始主义的民族观。他把《万叶集》中舒明天皇的赞美诗和歌与莎士比亚的《理查二世》中赞美英国的语言在翻译成外国语时的传达方式进行了对比,翻译莎士比亚的诗时能较为准确地表达出来,但天皇的和歌就失去了其意味。渡部升一认为,能够完整、正确地使用日语的欧洲人很多,在日本出生的外国人能书写漂亮的日语,得到文学奖的人也很多,但从来没有听说过擅长和歌的外国人,那是因为其构成不是依据语言的原理,而是依据知性的原理。他提出日本人是孤立于他者而在"我们"中间形成的、特殊历史形成过程的产物,甚至某种日本式的语言表现连锁反应般唤起的历史、文化、社会的记忆也是只有"我们"才能体验到的一种情感。

以上是从抽象与具象方面来了解日本人的自我认同意识,从中我们可以看到,日本独特性是贯穿二者的基石,日本在历史上曾大量学习外界的文明,但对自身的民族独特性从未放弃过,而是作为发展之源,融入外来文明,使其变成独特的"我们"。

2. 行为规范

日本社会是一个群体性社会,个体是作为群体中的一员而存在的,这种以群体行为为准则的标准是经过长期历史沉淀而形成的文化特征。日本这种重视群体的传统,在社会生活中表现出的行为规范体现在以下三方面:

(1)群体"圣化"性。就是群体利益高于一切,个体在任何时候都要维护群体的利益,活动中要求统一整齐并服从群体的要求,甚至有时个体要做出艰辛的自我控制和制约。从源头上讲,这种行为规范来源于远古时代的神灵信仰和先祖崇拜,由于生存的需要,神灵受到地域与血缘群体的尊崇,带有群体的神圣意义。群体化要求人们服从群体的统一,按照群体的意志行动,以求得群体的延续、昌盛和发展,群体圣化的原则导致日本文化强调和重视群体侧面的倾向明显。

(2)重视序列的原则。群体是一个神圣的集团,维系这个集团是极其重要的,它依靠的是群体内的序列和位次。日本是一个重视位次的民族,在江户时代就特别强调身份、地位。这种行为规范是日本民族重视整体性的一个结果,并且在日本最终形成一种社会公认的道德规范。在历史的进程中,由社会生活和经济关系反射而形成的观念形态的这种序列关系规定着人们对自身行为的规范。日本社会的纵向关系具有强烈的群体归属观念,上下有序,位有尊卑。

(3)暧昧迂回的表达。日本民族行为规范最明显的特征之一就是人们交往过程中存在的迂回表达,即暧昧表达,这直接反映了日本人的传统生活态度和行为方式。同时,也是日本文化个性特点的整体性反映,日本人的传统生活态度和行为方式在大多数情况下习惯于从对方的角度考虑问题,例如日语在表达方式上就尽量避免出现与他人直接冲突的词句,喜欢在模糊、暧昧中达到沟通的目的。日本民族在语言上更偏爱于体会和欣赏“弦外之音”“言外之意”,在句尾也尽量少地使用过于明确与强硬的表达方式。日本民族的暧昧表达还表现在对讲话者的意见和与客观事实的关系相比时,他们更加注意讲话者或听者的人际关系和感情需求。在日本,说话时开门见山地提出“是”或“否”等自己的观点,会被认为是粗鲁和没有修养的表现。不了解这种情况有时会遇到不必要的紧张和对抗气氛,甚至导致沟通和交流的失败。

日本人另一个行为模式是极具协调性。协调的行为原则是指日本人在社会生活中依据占据统治地位的价值定向和大多数人采取同样行动的行为方式,简单来说就是日本人喜欢随大流的特点,由于这种行为特点,日本人显得遵纪守法、乐于服从约束,从外表上看,表现为动作统一、步伐整齐。

简朴是日本人一个明显的行为模式,日本人可以说是非常朴素的,这与日本国土资源匮乏有直接关系,在古代又缺少外来的物资供给,使得日本民族不能浪费任何资源,从而养成民族崇尚简朴的习惯,进而成为民族共同遵守的行为规范。

接触过日本人的外国人都能发现,日本人非常谦恭、极有礼貌。长谷川如是闲在《日本文化的特性》中曾论述过:“这是因为日本的岛国性质,在历史上既没有受到外族的侵袭,国内也没有过尖锐的矛盾,而且日本的地理位置处于中温地带,因而在地理方面,平原、山岳、河流等不像中国那样会给人压抑感,相反它给人的是温和、纤细、谨密的亲近感。所以养成了日本人天生的和气、谦恭的行为模式。以上原则相互交织,构成了日本文化特征的行为规范和日本人传统的行为模式。”

2.4.4 性格结构与理想价值

1. 性格结构

性格结构是人作为有机体的心理结构,它以民族根生性为基因载体,在人类族群诸制度下完成显现,如图 2.11 所示。日本民族在性格结构上是一个有多样性的民族,其中矛盾的双重性格、岛国性格是其独特性的具体表现。双重性格表现在扩大与缩小的对立统一、开放与封闭

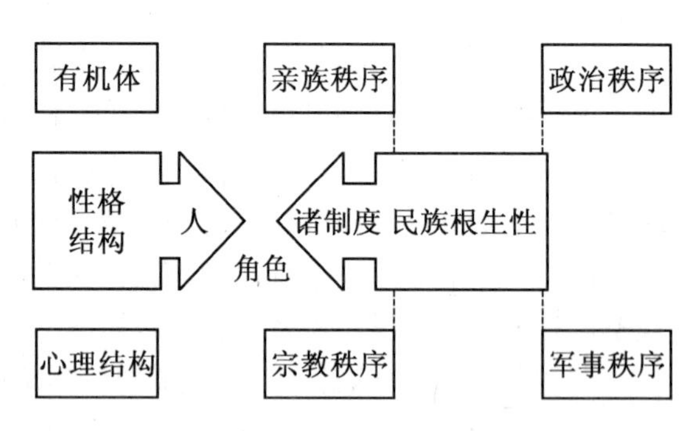

图 2.11　性格结构与民族根生性的关系

的和谐一致、自傲与自卑的同时存在。

(1)扩大与缩小的对立统一。长期以来，在日本民族的性格中，一直对“缩小”有着独特的感悟，也创造了很多与微小物体有关的制作技术，并取得了成功，形成了日本式的特色。然而，日本人虽然欣赏缩小，但始终没有放弃对扩大的追求，日本民族在建筑上的巨大成功与这种“扩大”“缩小”的民族性格有着密切的联系。

在日本至今保存着世界上最大的木构架建筑——东大寺的大佛殿，这种宗教建筑之所以这么巨大，其作用是使人产生崇敬和畏惧，如果说“扩大”是对自身弱小的抗争和激励的话，那么，“缩小”则是日本民族追求卓越、寻求生存与发展的另一种表现方式，由于受到日本相对有限的自然环境和精耕细作传统民族性格的影响，致使日本民族喜爱小型化、微观化、袖珍化。在日本民族性格中，始终有一种“小则优”的先天成分。

(2)开放与封闭的和谐一致。这一点主要体现在对外来文化的开放性与封闭性上，日本人既有积极开放自我、全面吸收外来先进文明的一面，又有自大高傲、排斥异族的封闭一面。这源于日本岛国的自然环境和天皇制度下的社会环境，导致了日本人既对外面的世界充满好奇又努力吸纳外来先进文明，这些文明也为单一的日本文明带来了新鲜的血液与生机。但同时，相对安定平静的岛国生活也使日本民族形成了某种特殊的民族心理和民族意识，在他们的思维与感情中，异民族与日本民族有着明显的分界线，他们认为异民族是不可信的，也就形成了与异民族“内外有别”的想法以及对异民族的排斥和不安的岛国心理。

(3)自傲与自卑的同时存在。日本民族性格中的自傲表现在世界上颇为有名，特别是在近代史的发展过程中表现得尤为突出。从明治维新到战后经济奇迹出现的百年时间里，日本人创造了一个又一个奇迹，“自傲”也始终伴随着日本的扩张和发展。特别是到了 20 世纪 80 年代，日本成为世界上最富有的国家。尤其是在亚洲诸国中，日本人认为自己是亚洲第一优等民族，尽管近些年日本人引以为傲的经济连续低迷。但是，其雄厚的经济积累助长了日本人从骨子里就存在的傲慢心理。

日本民族在先天的自然环境和资源条件等方面很难具有优势，甚至是处于劣势。但是，他们始终具有一种强烈的危机意识和不甘落后、不服弱小、争做一流大国的理想和目标。此外，历史上日本长期生活在安定和相对封闭的环境中，与外界沟通交流较少，对外部民族的了解欠缺，逐渐养成了较强烈的民族本位、唯我独尊，甚至是高傲自大的傲慢意识。他们的勤奋精神、危机意识、奋斗意识等令人钦佩，但同时他们的自傲意识也在不断地膨胀。

如果说日本民族性格中表现出的“自傲”是以经济和技术实力为基础而产生的，并且是为了掩饰自然资源贫瘠的逆反心理，那么特别崇拜强者的“自卑”意识才是其民族心理的根本。从日本历史的发展过程看，日本民族始终伴随着矛盾、悲情和自卑的情绪。从自然环境方面看，地理位置的孤独、岛国资源的匮乏、人多地少等自然环境原因和诸如地震、台风、海啸、火山爆发等自然灾害原因促成了日本民族的谨小慎微、封闭自卑、脆弱的民族性格。这些原因使他们的危机感更加强烈，要想成为一个有实力的“强国”，他们别无选择，必须付出最大的勤劳，团结一心去创建和发展自己的国家。

日本民族的岛国性格表现在精巧细腻和热爱自然。

（1）精巧细腻。在世界民族中，像日本人这样注重精微、追求细节、精雕细刻的性格较为少见。农民精耕细作的执着，城里匠人的认真，受到人们的赞赏和尊重。依靠这一性格日本人创造了诸多的世界级品牌，打造了一批顶级的企业队伍。日本人被西方人称为精微东方之国，微型英雄辈出的国度。精细的性格加精细的管理带来了过硬的产品质量，这一点通过日本的房屋设计和日常用品设计等方面可见一斑。

（2）热爱自然。日本的国土养育了日本民族，同时日本民族又在自己的土地上创造了独特的日本文明。日本人对于养育并给予自己恩惠的自然表现出极大的热爱与感激之情，对神秘宽广的大自然也常伴有敬畏之情，因此形成了日本民族与自然和谐共处、独特的自然观。自古以来，日本民族一直深信，自然界具有神灵。大自然是自己生存的根本，它默默地庇护、支持和祝福着日本人，大自然的超长力量支配着日本民族繁衍生息、变化发展。因此，爱护大自然实际上也是爱护自己，基于这样的认识，日本民族对富饶美丽的国土、周围的江河湖海和藏于自然中的种种资源，始终带有眷恋之情和虔诚的感恩之心。

日本国土虽然南北狭长，山脉纵贯中央，但它所处的纬度适宜、四季分明、空气湿润，植物种类多且生长茂盛。此外，还有十分丰富的水资源和海洋资源。日本的自然环境非常优美，这一得天独厚的地理环境，使得自古以农耕生活为基础的日本民族对大自然有着格外深切的感激之情和强烈的回归生存意识，同时形成了日本人强调与大自然浑然一体的自然观。日本人的这种自然观与西方人的自然观具有鲜明的不同。西方人认为自然与人类是相互对立的，大自然是人类所征服的对象，而日本人始终认为人是自然的一部分，应该顺应自然。这种与自然同呼吸、共生存的自然观在日本人的生活中无处不在，这种与大自然的一体感和亲近感表现在日本社会各个方面。

在日本人的自然观中，人们对大自然不仅仅是热爱，同时也存在着不同程度的敬畏之感。这种敬畏之感,主要来源于长期的农耕社会和频繁的自然灾害。他们常常把自然中的植物以及某些动物奉为“神灵”加以保护和崇拜,例如,日本人将古老的樱花树、古樟木视为神木,并把能捕鼠的狐狸当作稻荷大农神来祭拜。

2. 理想价值

理想被认为是人以观念形态存在的对于未来的想象和设计,具备合理性与现实性。理想又可分为个人理想和社会理想,社会理想即社会全体成员在一定的历史环境中占主导地位的奋斗目标。我们在研究日本民族性时主要是探讨日本的社会理想,这种社会理想与民族根生性的关系如图 2.12 所示。

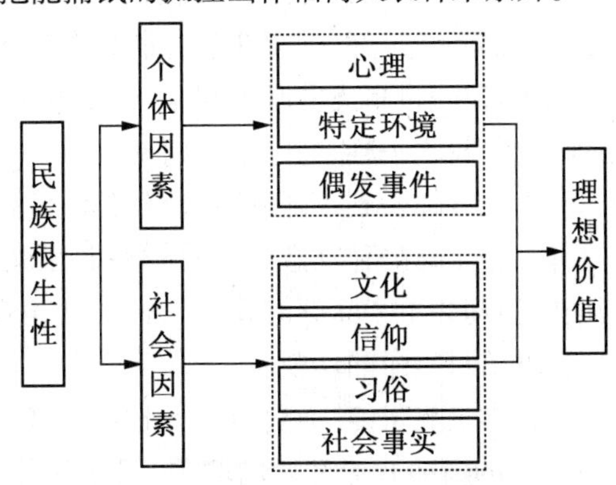

图 2.12　民族理想与民族根生性的关系

在日本古书《古事记》中有一个词“清明”,被认为是古代日本人的理想之物。在日本的古代神话中就有很多关于这方面的描写,例如天照大神就是集水和日月之光的神,没有“清明”就无法完成对神明的祭礼,那么,什么是“清明”的代表呢?在物质世界里,透明轻盈的流水、明亮耀眼的太阳白光都是“清明”之物,太阳的光芒也被看成是天照大神的威光,所以,日本人把太阳看作理想之物,光芒、清透、明亮、洁白都是至美的,是日本人理想价值的目标。

日本人把这种“清明”的理想解释为“空寂”。“空寂”是日本民族独特的理想价值,“空寂”根据日语的语义理解就是贫困、孤寂、幽闭。“空寂”的本质构成是“贫困”,“空寂”是以“贫困”作为根本底蕴的。而所谓“贫困”就是不随世俗,不执着于分辨生与死、美与丑、荣与辱、善与恶,就是无拘无束、顺其自然、随缘任运以及无所执着。“空寂”的根本特征就是通过“无”而实现对“无”的突破。日本人认为无相、和静、枯淡的境界正是“空寂”的充分体现。形成这一观念的因素是受到日本民族生存的自然条件、社会意识形态以及传统“清明”理想的影响。而且,“空寂”也是受中国禅宗思想影响之后形成的。关于日本的自然条件,上文已经充分论述过,我们可以看到日本国土处在一个高纬度之上。日本地形狭长,岛中脊背骨状山脉纵贯南北。山体经常是山顶常年积雪,山的中部红叶覆盖,山脚下却是一片绿色的海洋,并且日本列岛空气湿润、雾气较重、气候温和。日本国土经常闭锁在朦胧的雾霭之中,很容易造成变幻莫测的景象。

“空寂”的理想离不开日本的“自然即美”“樱花情结”“物哀情怀”。日本人认为自然本身就是美的,不需要矫揉造作,即使是寒冷的冬季,植物由秋到冬的状态也是美的，因此产生静寂、余情、冷寂等情怀。“寂”作为日本民族的一种理想，最根本的精神就是“自然”与“真实”。“樱花情结”是大和民族对生命的理想，日本列岛从南到北遍布樱花，也被视为生命的象征，樱花的花骨朵很小，开花时节热烈而灿烂，但樱花的花期只有7天，易开易落。所以，日本人总是把它与人生苦短、世事无常联系起来，在日本民族的生命体验里，人和自然的关系就像树叶与树干一样，树叶常落树却常生，一个短暂即逝，一个却地久天长。这使得日本民族体验到了那种孤寂与无常之感，这种孤寂，虽源于对自然的感悟，却直指人类生命的存在意义。日本民族虽然从大自然的随季荣枯中伤感生命的短暂，但却并不一味感时伤逝。他们从生命的短暂中感悟到了生存的快乐，进一步得出对生命的珍视。

日本民族坚信“万物有灵”，这种灵性存在于每个人的心中。人的生命与这种“灵”的清净有着密切的联系，日本民族认为本心或自性的基本特征就是清净，清净即空无。“空寂”的艺术理想在日本各个领域都有所体现，在水墨画中表现为余白，在诗歌中表现为余情，在枯山水中表现为“空相”，在茶道中更是表现为彻底化的“无”。

以枯山水为例，日本所谓的枯山水其实就是在平地上，用石头和白沙造成山峦、大海等模样。枯山水起源于室町时代禅宗精神的传播，是从禅宗冥想的精神中创作出来，并在“空寂”理想的指导下，表达出日本民族所向往的“空相”或者“无相”，是最具象征性的庭园创作模式。枯山水充分发挥石头的形状、色泽、纹理、硬度，抽象成为自然中的林、岛、海，进而产生出另一种世界。

综上所述，日本的民族性在特殊的自然环境和民族历史中逐渐形成，其间虽然经历外来先进民族文明的影响，但其在原始社会就已经形成的民族根生性始终牵制着日本民族发展的路径，并最终形成了个性鲜明的民族自我认同意识，极具统一和朴素简洁的行为规范，矛盾的双重性格和暧昧迂回、精巧细腻、热爱大自然的岛国性格，清明、空寂以及万物有灵的民族理想价值，这些特征使得日本民族鲜明地区别于其他民族而存在。

2.5 日本传统与近代建筑民族根生性传承

2.5.1 日本建筑的形成初始

日本的原始建筑形成期大约在绳文、弥生、古坟三个时代。尤其是在绳文时期，日本列岛上外来文明植入较少，被认为是日本的正统文化，是民族根生性的形成时期,这一时期的建筑样式也是日本传统建筑的祖形。

在日本,关于最初这片土地上的建筑是什么形式的,从大正时代以来都是以一种叫作“天地根元宫造”样式呈现的,如图2.13所示,就是在地上挖半穴、直壁,属半穴居,顶盖为人字形,由中柱支承,架椽成锥形构架,椽木表面抹草泥的形式。这种形式伊东忠太在《日本神社建筑的发展》中和关野贞在《日本建筑史》里有过记述,成为当时日本关于原始住宅的主流论断。但也有提出反对意见的,如关野克,他认为原始的住宅应是四柱支承,铺有地板,上架四根叉手的锥形屋顶的高台建筑,类似于我国古代南方的干阑建筑,其来源于江户时代的一本《铁山秘书》中关于一个称作“高殿”的图示,如图2.14所示。

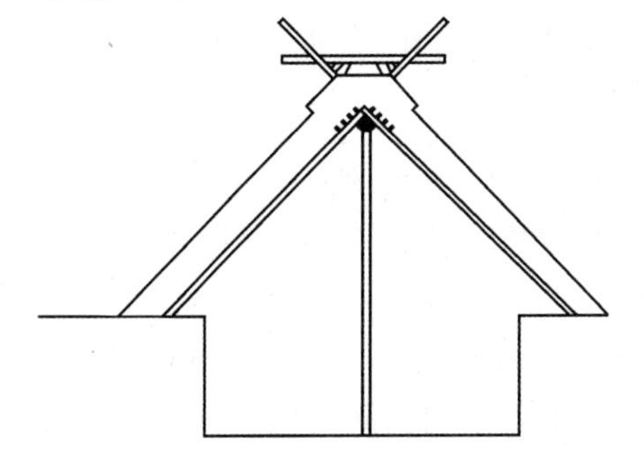

图2.13　天地根元宫造

图2.14　《铁山秘书》中的“高殿”图示

那么,关于日本原始建筑的形式是什么样式,目前基本采取一种主张,即竖穴式和高台式都存在过,在出土的一些铜镜、陶器上我们仍可以看到有关高台式建筑的描绘,如图2.15所示。而能使用这些物品的大多是贵族阶级,从而可以推断出当时贵族可能在使用这种高台式建筑,平民使用竖穴式建筑。

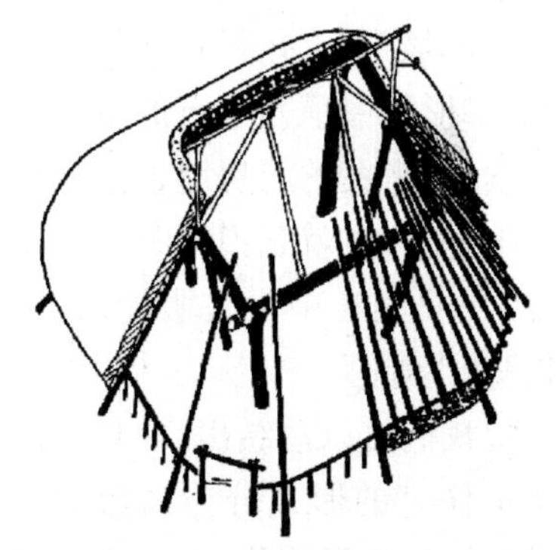

图2.15　镜中的高台式建筑

1. 土穴和高台

关于原始社会建筑到底是土穴还是木制的高台,我们可以从依然保留着原始样式的神明造和大社造来研究,因为在日本有“二十年一重建”的风俗,所以可以长久保留建筑样式,但目前在日本最早的神明造建筑——伊势神宫是奈良时代传下来的,这时候从中国已经传来了建筑样式,所以不能证明它的形式一定是日本原始时期传下来的,不少学者认为日本的原始建筑实际上是经历“竖穴一平地土房—高台”的发展形式，并认为高台式建筑是日本住宅的祖形，主要用于神社建筑和贵族的住宅，平地土房被日本平民阶级一直沿用，直到江户时代依然是较为普遍的住宅形式。

那么高台建筑是如何产生的呢？日本学者认为，这与避免地面潮湿有很大的关系，对于为什么神明造和大社造也采用这种形式，普遍认为是早期的粮仓形式。在以农业生产为主的原始社会，祈祷丰收、谷物入仓是很神圣的事情，这一时期宗教开始产生，神社建筑得到发展，建筑的样式自然而然地选择了粮仓的形式。而贵族阶级需要更加气派的住宅，选择与神明一样的住宅形式当然是最好的，同时也可以起到显示权威的作用。需要说明的是，在平民的土房内地面上也铺有地板，这可能是受高台建筑的影响，也是日本原始社会建筑区别于其他国家的重要方面。

2. **屋顶形式**

关于日本原始建筑屋顶的样式，奈良时代的文献记载有“真屋”和“东屋”两种形式，“真屋”是人字形的屋顶，也称作“切妻式”，“东屋”是四面坡型的屋顶，也称作“寄栋式”，类似于我国的“四阿顶”。还有一种介于二者之间，上层是人字形、下层是四角伸出的双层屋顶，称作“入母屋式”，类似于我国的“歇山顶”。“东屋”用于级别较高的建筑，“真屋”用于级别较低的建筑。但是在古坟时代，重要建筑的屋顶却是人字形的，这从神明造、大社造、八幡造、流造的样式就能看出。“真屋”和“东屋”的屋顶形式不仅是外观的不同，还包含着构造的差异。四面坡形的屋顶是放射状的垂木，而人字形的屋顶是平行的垂木。在考古中发现，平民的土房屋顶的构造是放射状的垂木，也就是说当时土房屋顶是“东屋”，只是在中国文明传入后“东屋”才高于“真屋”。

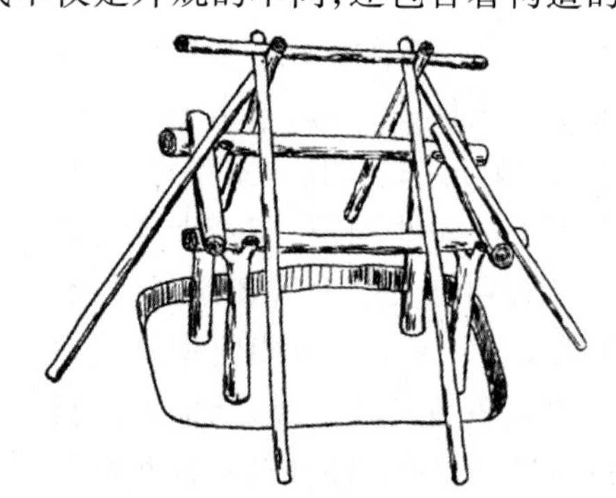

图 2.16　平民住宅的构造

由此我们可以总结出，在日本的原始社会里住宅的形式分为高台加人字形屋顶的神社与贵族住宅、竖穴或平地土房加四面坡形屋顶的平民住宅（图 2.16）两个系统。

日本原始社会的建筑是在原生民族性直接影响下产生的，在日本的原始社会，建筑创造的指导性原则是自身的生存和对神灵的祭祀，这一点在世界各国的原始时期都是相同的，但由于各民族的自然环境和民族性不同，建筑形式是绝不相同的。例如，神社建筑在建造时受祭祀仪式的限制，日本的土地上充满了不可视的灵,而灵居住的空间在漫长岁月里被日常化的聚集行为所污染,应该重新清理,这样灵的场所就是不固定的,我们今天所知的日本最具正统性的伊势神宫的迁宫制度正是原始祭祀仪式的要求。日本原始时期祭祀的神又大多数是自然神,自然界中任何现象都被认为是与神有关的,四季轮替、生死交织是自然中最常见的现象,所以出现了这种祭祀仪式。这是日本原始先民朴素的理想价值和行为取向,而神社建筑的形式与粮仓相似,也体现了对自我劳作的认同意识。

2.5.2　日本传统建筑的形式

日本传统建筑样式的形成源于古坟、飞鸟时代,并在以后的岁月里长久保存下去,形成了以神社、寺院、宫殿、贵族住宅、城郭为主的建筑形式,在长期发展的同时形成了日本民族的建筑样式,也被称为"和风样式",并最终完成了独特的民族传统建筑样式的历史使命。

1. 住宅建筑

在原始社会里,日本民居住宅是由平民居住的竖穴土房和贵族居住的高台住宅两个系统组成的。随着社会的发展,贵族阶级的建筑形式开始有了变化,在飞鸟时代,已出现大规模的建筑群。但实物建筑现在并不存在,只能从文献中了解得知"意柴沙加宫"可能是最早的贵族住宅。到了奈良、平安时代,由于与中国文化进行了交流,唐样引入日本,贵族住宅开始出现了"寝殿造"①的样式,这时贵族的住宅一般面积都在 4 500 m^2 左右,正规的做法是寝殿在住宅的中心,设有东西殿和北殿、东北殿、西北殿等,从东西殿通过东西中门廊延伸至南北。南边有庭院,过中门,建有池塘,筑有中岛,池畔建水阁,南边不开门,东西开门。这种建筑形式较为著名的是藤原氏的东三条殿。

东三条殿(图 2.17)是藤原氏的居住地,这座住宅气派非凡,东三条殿、掘河殿、枇粑殿,都极其华丽。经过复原,东三条殿的配置是中央寝殿,有东殿、北殿、东北殿,再经过各种各样的渡殿相连,是标准的"寝殿造"的样式。早先东三条殿的西侧也有配殿,在《中右记》中曾有记载,至于后来为什么西面没有配殿了,有可能是西侧涌出泉水,所以撤销了。从复原图上看,东三条殿的东侧由东

---

①　寝殿造:奈良、平安时代日本贵族住宅的形式,主人的居住空间一般设在面南而建的中央部分,称为寝殿,其左右和背后则设置家族其他人员的居住空间,寝殿与对屋之间以廊相连,寝殿的南面有庭院和水池、小岛,四周有墙,东西设门,门与庭院之间再设一门。参见:黄居正,王晓红. 大师作品分析[M]. 北京:中国建筑工业出版社,2009.

对、东北卯酉廊、东二渡廊、东侍廊、东中门廊、东中门、东随身所、东车宿组成。中央由寝殿、透渡殿、台盘所廊、东北渡殿、西北渡殿组成,西侧由西中门廊、西北渡殿、西随身所、西透廊、钓殿组成,从图上看,东西都伸出了透渡殿,合围庭院,是对称布局的意匠所在,这和唐风有很大的联系。屋顶形式东西是“入母屋造”,南北是“切妻造”,殿内布置有帐、畳、屏风、几帐、隔板等家具。

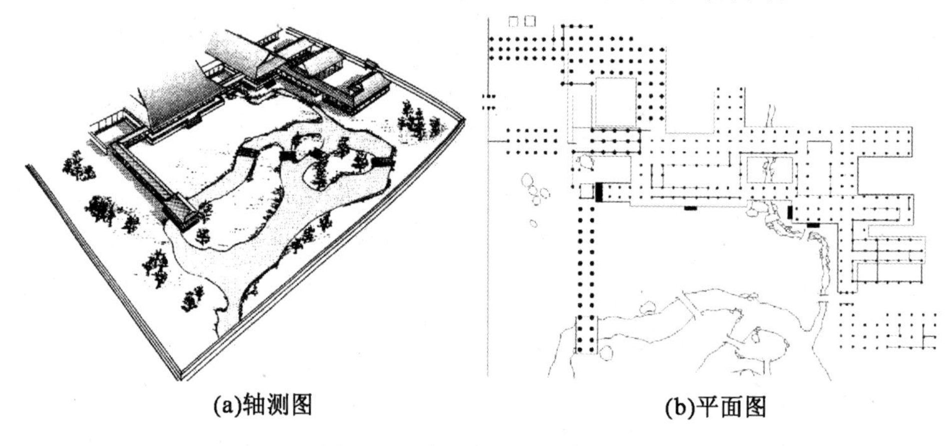

(a)轴测图　　(b)平面图

图 2.17　东三条殿复原平面图

东三条殿是早期的“寝殿造”的样式,到了平安时代中期以后,“寝殿造”开始发生变化,建筑物由最初的左右对称性,演变为非对称性。特别是到了平安时代末期、镰仓时代初期,由于中国宋代建筑模式的传入,住宅建筑开始发生转变,对“寝殿造”进行了简化,去除了东西建筑,只留有寝殿和中门廊。到了室町时代,盛行楼阁式住宅,是将楼阁的某一层作为住宅的形式,而这时的“寝殿造”逐渐演化为“书院造”①住宅。

“书院造”住宅集寝室、书斋、橱架、“上段间”于一体,在 14 世纪的日本就已经出现,并在 16 世纪基本定型。这一时期的书院造有二条城的二の丸书院(图 2.18),由车寄、远侍、大广间、小广间、御座等组成,还有一些设施并不清楚,所以当时住宅的完整结构今天无法得知。不过庆幸的是,江户时代的《匠明》中有一幅桃山时代的一般上流社会的住宅平面图,给了我们很大的启示。

这个住宅基地为面积约 120 m^2 的四方形地段,进入东面的御成门,经过一

① 书院造:日本室町时代中期至桃山时代武士住宅的一种建筑形式,是为接待客人设置的独立空间,装饰十分华丽。参见:黄居正,王晓红. 大师作品分析[M]. 北京:中国建筑工业出版社,2009.

番绕行,到达一间称为广间的房屋,相当于中门,也是后来发展成为“书院造”的房间,南面有一间称为“能舞台”的娱乐性房间,再往南设有茶室,在当时茶室是上流社会必不可少的设施。广间和西边的御成御殿是宾客的接待厅兼卧室,广间的西北面有一个称为“对面所”的主人的接待厅,“对面所”西面的御寝间是主人的居室,东面的“平栋门”是平时使用的,北部的“大台所”是厨房所在,还有其他的,如女官居住的称为“局”,家臣居住的长屋等房屋,在这幅图上显示出,接待宾客的房间和主人居住的房间是分开的,这在“寝殿造”中并不存在,是“书院造”的一个显著特色,将屋内最好的地方作为接待客人的地方,这与当代的和式住宅是相一致的。

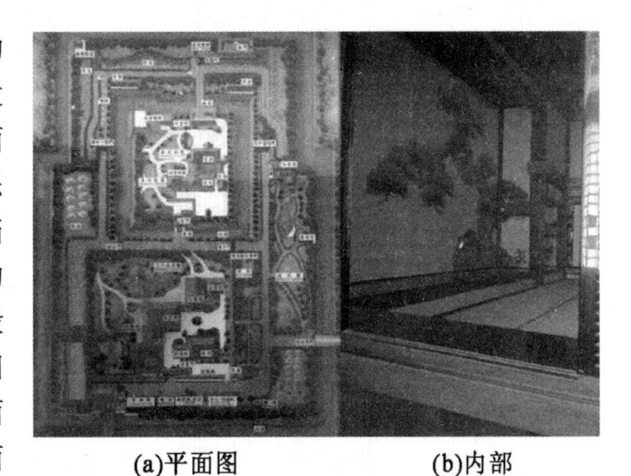

(a)平面图　　(b)内部

图2.18　现存二条城的二の丸书院

到室町时代,“寝殿造”由于在防盗等方面的不足,而不再作为日常生活使用,日常生活逐渐转移至常御所、小御所,会客转到会所、泉殿,寝殿作为公家办公的地方而使用。《匠明》中的另一幅书院造平面图显示出过渡期间的书院造,这时的格局已经基本完成,建筑模式是:显示出身份差异的上段间,上段间正面有床间,它是用来挂佛像的、有地台的空间,有时还有“付书院”即固定的几案,作为摆放书籍用,主要房间除上段间,还有寝室、书斋、橱架等,外侧有广缘、中门廊,贵族和武家、高僧的住宅都是这种样式。现存的书院造代表有二条城的二の丸书院、银阁东求堂东北的同仁斋、桂离宫书院、京都净土真宗西本愿寺书院等,在书院造发展后期,还有称作“客殿”或“阁”的,如京都西本愿寺内摘翠园的飞云阁、圆城寺光净院客殿(图2.19)等。“书院造”确立了和式住宅建筑的意匠,影响

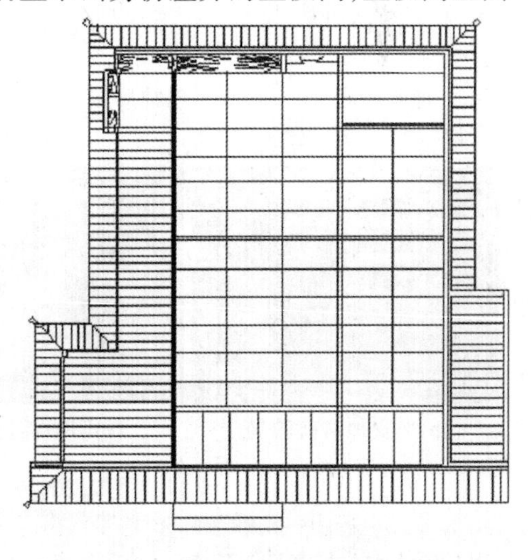

图2.19　圆城寺光净院客殿平面图

到今天的日本和式住宅建筑形式。

通过住宅建筑我们能够看到民族性在其发展中的作用。到飞鸟时代,中国的唐文化对日本的影响是巨大的,这从长安城对奈良城规划上的影响我们就能深切地感受到。但在住宅建筑里我们没能看到中国普遍采用的对称式布局,而是日本传统的雁形布局,这是日本民族根生性里的岛国自然认知所决定的,对称在自然界中是没有的,从发展之初日本人就排斥对称,逐渐放弃了这种布局形式,形成了普遍认同的日本式住宅布局。

2. 神社寺院建筑

日本神社起源于原始的民族信仰,早期的日本民族以太阳、树木为崇拜对象,并在守屋山设磐座,之后兴建鸟居(图 2.20),成为日本早期神社起源的重要标志。鸟居的构造与我国的牌坊相似,主要是两根竖柱,柱上间隔横放两根横柱,没有任何装饰,显得古朴、简明。到神社建起后,鸟居位于神社的入口处,成为门的象征,也成就了神社最原始的艺术美。

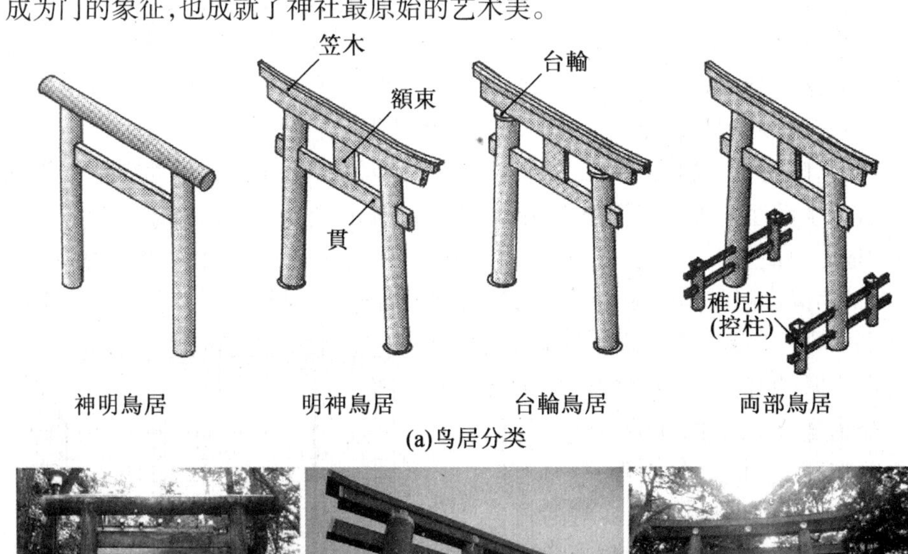

(a)鸟居分类

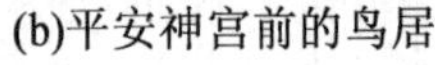
(b)平安神宫前的鸟居　(c)明治神宫前的鸟居　(d)八坂神社前的鸟居

图 2.20　日本的鸟居

据日本《古事记》记载:自垂仁天皇起将祀于宫中的天照大神迁至伊势别祭,就已经设立了伊势神宫,可以说伊势神宫是日本最古老的神社之一。现存的三重县伊势神宫依然是祭奠日本主神天照大神的，它由内宫、外宫、鸟居组成，内宫称“皇大神宫”，中央有主柱，象征天照大神；正殿是高台式木造建筑，屋顶是人字形，也称作“切妻式”屋顶，屋脊上有交叉的椽木，殿前设台阶。

内宫的后方配有对称的宝库，东宝殿和西宝殿，再围上内外两墙，南北开门，门外再辟出一个大祭场称“丰受大神宫”。内宫和外宫的入口都立有鸟居，所有建筑不涂颜色，保持自然朴素和清淡安详的感觉。这种形式成为日本民族审美正统性的代表，被日本现代建筑师称为“日本建筑的祖型”，如在丹下健三的《日本建筑的原形——伊势》、堀口舍己的《伊势神宫》等著作中都有所提及，伊势神宫的这种建筑模式在现代日本被称为“神明造”。

大阪的住吉大社是早期神社的另一种形式“住吉造”的载体。神社最大的特点是第一殿到第三殿都是相同的殿式，屋顶都是人字形的“切妻式”屋顶，并在屋脊上有五根交叉的长木和装饰的圆木，以门板来分隔前后二室，周围设有廊道和高栏，从远处看呈一排直线，简单明快。

岛根县大社町的出云大社被称为“大社造”，它由木鸟居和木结构神殿组成，神殿是正方形的高台式建筑，高96 m，气势宏大，其一大特点是木料选用没剥树皮的原木，墙体是板墙，芭茅草的“切妻式”屋顶，是非对称的结构，展现的是日本原始的自然、纯朴之美。神明造、住吉造、大社造成为已知的日本神社最早的形式，也是没有受中国建筑形式影响的绝对日本式的建筑形式。

当中国文化引入日本后，结合中式建筑又有流造、春日造、八幡造、祇园造等，特点显著的有入母屋造的御上神社本殿、双流造的严岛神社本殿、祇园造的八坂神社本殿。

御上神社本殿(图2.21)是受大陆佛教建筑影响的早期神社，从神社本殿的平面图上看，呈正方形的四面相同的平面，特别是缘侧的基石是莲花座，窗户是莲子窗，这些都能看出其与佛教的渊源。本殿的内部有门，这与传统神社和佛堂都不同，为何而设，并不得而知，殿内用隔板分隔为前后两个区域，相互不能通行，这种形式在以后的神社中也有出现，御上神社本殿的屋顶

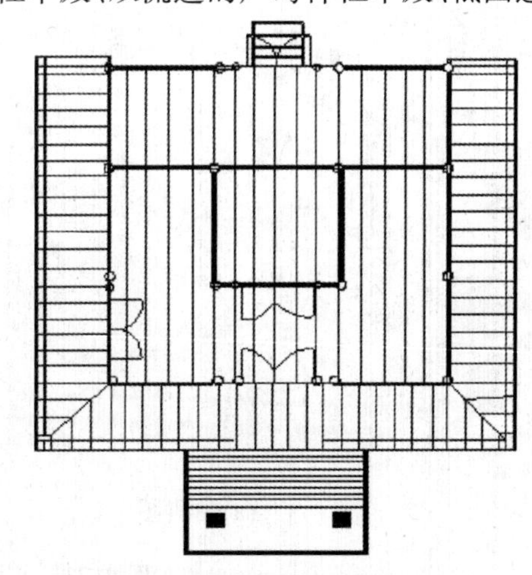

图2.21 御上神社本殿平面图

形式是“入母屋式”。

位于广岛西南的严岛神社(图 2.22)是日本最著名的神社之一,相传建于公元 811 年,是祭奠岛神的神殿,现存的建筑是平安时代所建,神社由本殿、鸟居、配殿、币殿、五重塔等组成,神社中的本社本殿和客人社本殿被称为双流造,它的特色是本殿正面没有门,背面有门,殿内前殿空间相通没有遮挡,后殿左右各有一个空间环抱,有出入口,并且中央两间相通和前后一间相通又构成另一空间。据说这种形式被称为“九间二面宝殿”。严岛神社的屋顶是扁柏树皮材料,殿堂涂朱丹,雕有金属装饰物,这显然受中国文化的影响。

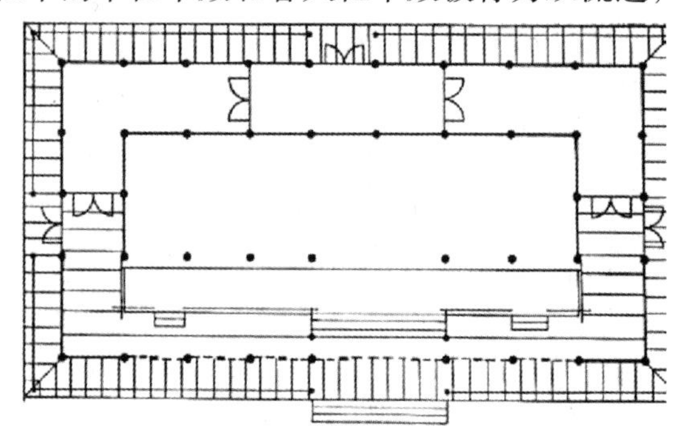

图 2.22　严岛神社本殿平面图

位于京都的八坂神社(图 2.23)是祭祀祇园守护神牛头天王的神社。现在的本殿是 1654 年重建的,神殿与礼堂由一个屋顶覆盖,称为“祇园造”。在日本,佛教是较早传入的外来宗教,建筑形式受中国文化影响较深,但在其后的岁月里与日本本土的建筑形式相结合,逐渐发展成和式风格。

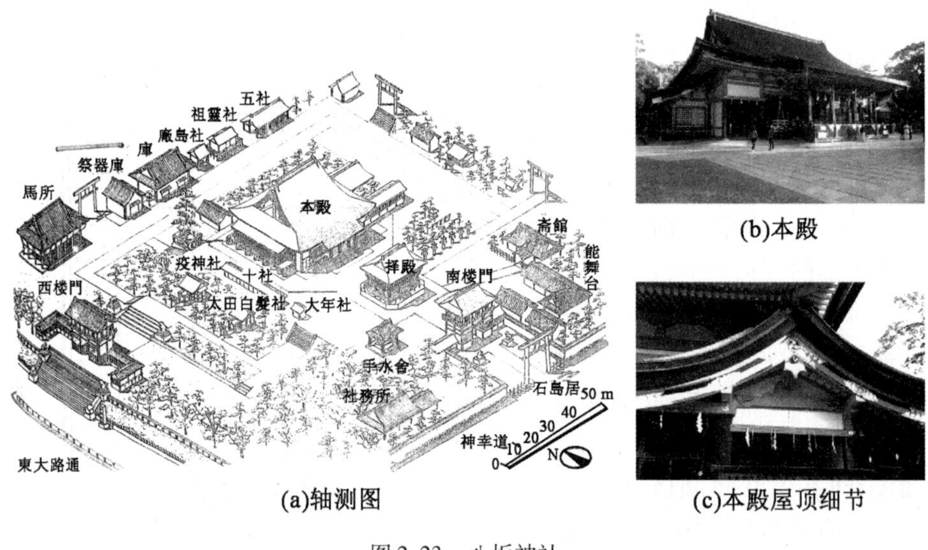

(a)轴测图　(b)本殿　(c)本殿屋顶细节

图 2.23　八坂神社

在佛教传入日本早期,著名的寺院建筑是奈良的法隆寺,创建于推古九年至十五年,现存的法隆寺在形式上保持了中国初唐的风格,在布局上采取的是伽蓝形式,即塔、殿左右并置的非对称布局形式。法隆寺由南门、中门、回廊、金堂、五重塔、西室、东室、钟楼、经藏、讲堂组成。其中又以金堂、五重塔最具代表性,它体现的更多是中国的建筑文化,与日本原有建筑形式差异较大,例如,金堂是面阔5间、进深4间,平面柱网类似《营造法式》的“金厢斗底槽”形式。上层面阔与进深各减一间,木料涂色,墙体是白色石灰墙,堂内细部多为镀金,屋顶为“入母屋式”,瓦屋顶,曲线造型。

1053年建造的京都府平等院凤凰堂是寺院建筑和风化的一个代表建筑,它将佛寺与神社、住宅建筑形式相结合,摆脱了中国模式,确立了日本模式。凤凰堂的形制是“寝殿造”。三面环水,正殿面阔3间、进深2间,周围一圈廊子,正殿5间、侧殿4间,屋顶为歇山顶,两侧廊是两层,前端是悬山式,在转角处造楼,攒尖顶,正殿突出,向西伸展7间廊,像一只飞翔的鸟,所以得名凤凰堂。凤凰堂装饰极为华丽,形式色彩力求辉煌绚丽,青瓦、粉墙、红柱、蓝绿棂子窗,它所展现的是贵族的现实世界乐土。

佛寺建筑东大寺、兴福寺是镰仓初期的佛寺代表建筑,现在残留的有东大寺南大门、开山堂、三月礼堂、钟楼、兴福寺北円堂、三重塔。两寺在再建的过程中,东大寺吸取了中国宋代南方的建筑样式,而兴福寺采取了传统神社建筑和中国唐代样式相结合的方式,在日本的建筑史上,东大寺的样式被称为“大佛样式”或“天竺样式”,兴福寺被称为“和样”。大佛样式的遗址现有东大寺南大门、开山堂等,它的特征是:使用很多穿斗式和穿入柱中的插肘木,两层檐口全用柱身上的插栱挑出,插栱是丁字栱,斗下面做皿斗,使用檐柱直接支承虹梁,上面立円束,门用推拉式格子门,设有飞檐椽,简素豪快、构造精美。在这里日本传统的和样并没有发挥,尽显的是中国浙江、福建的宋代建筑样式。“和样”的特点是:用架空的地板,檐下展出平台,外墙多用板壁,木板横向,屋顶用葺树皮、柱子较粗等。兴福寺在1180年的火灾后,第二年开始重建,最初建造的有食堂、东金堂、西金堂,1196年再建讲堂、南大门、南円堂、中金堂、回廊,13世纪中期再建北円堂、三重塔、春日东西塔、僧房等。比起东大寺12世纪建造得较多。采取“和样”的有北円堂、三重塔,但二者在形式上也有所不同,三重塔显示的是平安时代的建筑样式,木材细腻、纤细优美;北円堂立于基坛上,木料较三重塔的粗大,柱间三斗。二者因建筑建造的时代不同,反映的建筑样式也不同,这与当时的建筑审美有关。

14~16世纪的日本内战频繁,佛教建筑规模普遍较小,成就不大,这一时期较为著名的是京都清水寺本堂(图2.24)。现存的清水寺本堂建于1633年,临崖而建，与舞台相连，左右建有大乐室的艺廊，屋顶相交，本堂屋顶从正面看是一层，从侧面看是二层，四注式、桧皮葺，向外凸起的曲线，这种形式在日本一反常态，但很饱满。清水寺的舞台很宽，建在悬崖之间，由 139 根巨大的竖木支撑，是一座悬空木构架建筑，清水寺被认为是“江户初期的复古建筑”。

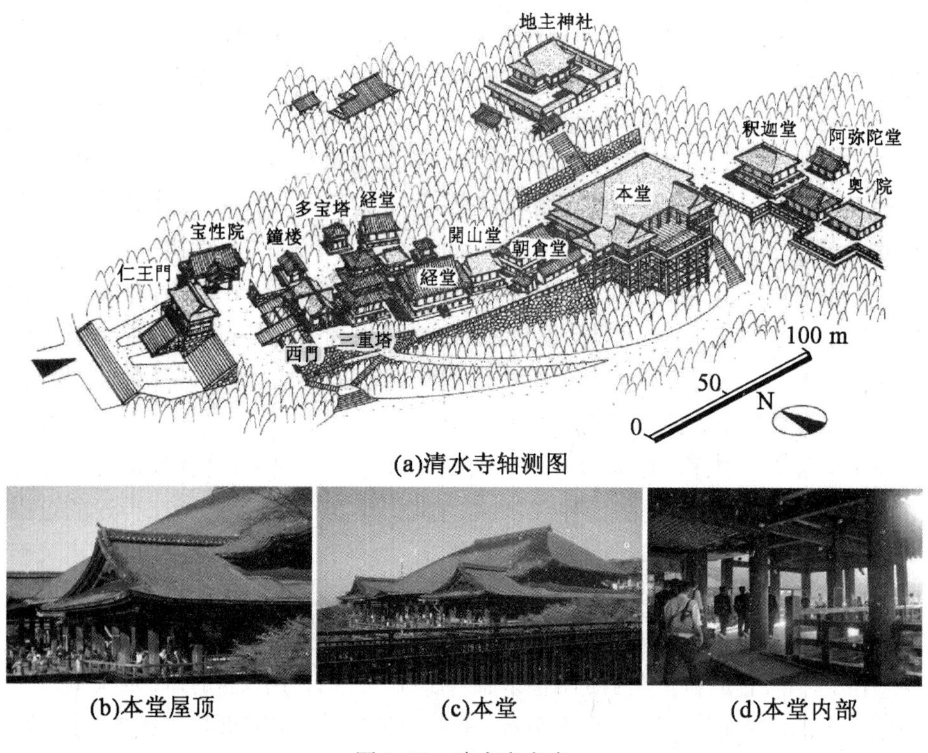

(a)清水寺轴测图

(b)本堂屋顶　(c)本堂　(d)本堂内部

图 2.24　清水寺本堂

日本古代最后一座大型的佛教建筑是奈良的东大寺大佛殿，于 1696 年重建，是为安放卢舍那大佛像而修建的。主殿也是日本现存最大的木构架建筑，它采用“大佛样式”，或称“天竺样式”，重檐庑殿顶，下层檐口明间断开，罩一弓形千鸟破风，庄重而华丽。

神社建筑是日本所独有的建筑形式，虽遭受过各种先进文明的威胁，但始终没有偏离过发展之初的轨道，以其独有的鸟居、参道、本殿、千木等构造形式体现着民族清明、空寂、万物有灵的理想价值，被视为日本建筑的祖形。与神社建筑不同，日本的寺院建筑深受外来文化的影响，是日本“吸其所需，为我所用”行为习惯的典范，也显示了对待强势文化适应自身文化的包容性，创造出适合民族自身的新形式的民族特色。无论这两种形式的初始是哪里，在日本建筑的进化中都被视作民族传统形式，在日本民族自卑与自大的双重性格下，它们多次被历史推崇与脱离，直到今天，是否效仿这种样式依然是日本当代建筑界争议的话题。

3. 宫殿建筑及金阁银阁

日本的宫殿建筑规模较神社、佛寺建筑规模和数量小得多，而且日本皇族非常提倡节俭，致使日本的宫殿大多朴实无华，但也更能体现出日本民族传统建筑的审美观。据记载，日本最早的宫殿是古坟时代的“忍坂宫”，但无任何建筑资料，从飞鸟时代到平安时代，关于宫殿的记载较多，现在也挖掘出了不少遗址，但目前均已不存在，平安京的宫城是记载较为详细的宫殿。

平安京宫城南北 1 400 m，东西 1 100 m，南半部是朝堂院（图 2.25）。朝堂院是理政的场所，正面为广天门，进入广天门后，左右是朝集殿，正前方是会昌门，进入后是一个大庭院，院内左右有十二堂，正面有一段高的龙尾坛，左右有苍龙、白虎楼，中央是太极殿。朝堂院在空间构成上是开放的罗列空间，这与中国的庭院式的空间构成形式有所不同，如图 2.25 所示。朝堂院的建筑风格是中国唐式风格，太极殿则是仿造中国唐朝大明宫含元殿建造的，朝堂院的西部是丰乐院、供宴会、礼射、舞乐等，朝堂院和丰乐院都是唐式建筑，皇宫在朝堂院的东北，是按日本传统样式建造的，有一圈围墙，内又有复廊，中轴线上依次排列紫宸殿、仁寿殿、承香殿，紫宸殿是皇宫的正殿。仁寿殿的西侧是清凉殿，是天皇起居理政的场所，前三殿的后面又有常宁殿、贞观殿，是皇后起居理政的场所。另外，在中轴的两侧还安排有其他的殿舍，一共有 17 殿 7 舍，都用廊连接。平安宫多次遭遇火灾后又重修，13 世纪后就没再修复。

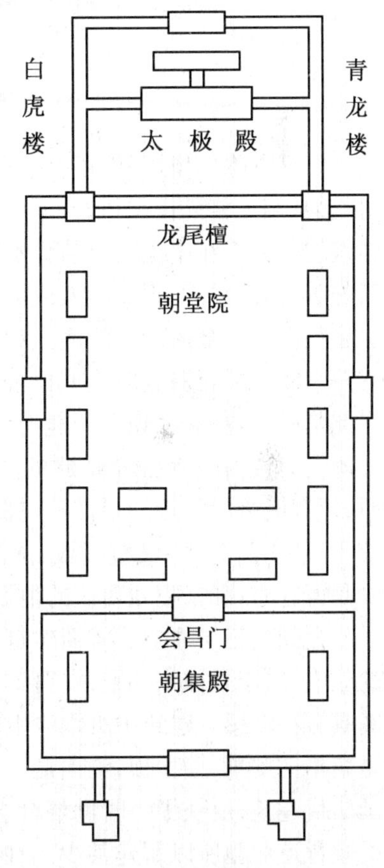

图 2.25　朝堂院平面图

现存的京都御所是 13 世纪另选址修建的，但内部建筑基本上都是完成于 19 世纪中叶的安政二年，目前占地总面积 912 000 m^2，外围石垣，内铺白沙。御所由紫宸殿（图 2.26）、清凉殿、宜阳殿、小御所、皇后御殿、御学问所、御庭园等组成,御所四周分建宜秋门、建春门、建礼门和朔平门。这一时期同样是紫宸殿为正殿,它的形式是“寝殿造”。高台式结构,面阔9间,东西各加一间披厦,使用斗拱、敷板、扁柏树皮葺的重檐屋顶。京都御所保持着日本建筑的简素性和典雅性,这也是由日本传统仰慕大自然的性格所决定的。

(a)平面 (b)立面 (c)细部

图2.26 紫宸殿

在日本除佛塔以外,还有一种楼阁建筑,称为“金阁”和“银阁”。这在室町时代的《洛中洛外图屏风》中就有描绘,是京都著名建筑之一,也是中世纪楼阁建筑的代表。在中世纪以前日本的楼阁建筑已经有很多,但大多数表现的是建筑外观,内部繁琐,很难上人或不能上人,但“金阁”和“银阁”不一样,即使最上层也很精致。金阁所在的鹿苑寺是足利义满修建的别庄北山殿,义满死后作为寺院。北山殿在镰仓时代就已经是京都名苑,是由西园寺公经修建的,后义满在此基础上建别庄,现在的鹿苑寺的北山殿是足利义满时修建的,庭院与池应是镰仓时代西园寺公经修建的。北山殿由义满所住的北御所、夫人住的南御所,还有南御所附近的崇贤门院御所组成,北御所在现在的金阁附近,是北山殿的中心,正门为东,又有寝殿、透渡殿、中门廊,寝殿应是平安时代的,透渡殿至少是镰仓时代的,寝殿西面的池塘对面就是金阁(图2.27)。

金阁是三层住宅式楼阁建筑,一层是法水院,二层是潮音洞,这两层是贵族的住宅,三层是禅宗佛殿,安置3尊阿尼陀和25尊菩萨,三层面积较小,使得楼阁具有稳定感。建筑中央镶嵌中国唐式门板,左右嵌有花形窗,内外镀金,屋顶是扁柏树皮葺,攒尖顶,宝顶是一只金铜凤凰,十分优雅。整个金阁完全模仿中国唐代建筑,反映了当时世俗社会对金银的崇拜,但因其与日本传统的建筑审美观背道而驰所以所建甚少。在金阁的北面是两层的天镜阁,再北有泉殿,据说再往北有陈列着唐代绘画和唐代器物的会所。北山殿的建筑物是平安时代以来以寝殿为主屋的,在这里又附属会所、金阁、天镜阁、泉殿等建筑。

(a)轴测图　　(b)景观

图2.27　金阁

阁里只有拉板，没有棚和付书院，但东北角有石山间，这在16世纪后成为书院造的模式。东山殿的会所和常御所现已不存在，现存的有银阁(图2.28)。银阁的形式介于金阁与草庵式茶室之间，既不简朴，又不辉煌，分上下两层，上层是潮音阁，安置观音像，下层是住宅式构架，为住所，设禅坛，建筑外镀银箔，屋顶为柿树皮葺攒尖顶，上安放银凤凰。它是室町时代禅宗文化的代表，拥有日本传统的"空寂"之美。

天皇除居住的皇宫以外，还建有别宫行院，其中著名的有桂离宫(图2.29)。桂离宫又称"无忧宫"，建于1620年的江户时代，是智仁亲王的别院，为住宅园林，占地面积约50 000 m^2，建筑的风格是最具日本特色的，代表了日本自绳文时代以来最正统的建筑审美标准。全部构件从建筑结构到室内装饰都很精细，围墙是竹篱笆，称"桂坛"。与大门相距约50 m是御幸门，草葺屋顶，入内中央有一片湖水，书院在湖的西岸，3栋书院造的房子曲折连在一起，依次是古书院、中书院、新御殿，在中书院和新御殿之间还有一栋乐器间，这些建筑矮小精巧，是清一色的原木结构、白色的格子门、白墙，地板为架空的而且特别高，柱基、散水、小径都是天然毛石制成的，建筑物排除一切装饰和多余物。古书院东南侧的广缘和乐器间西南侧的广缘，铺着纹理清晰的长木板，充分展现木质的美。

桂离宫所表现的正是原始的自然性，且布局简洁利落，一切顺其自然，将其推向朴素、简明之极。同时,每个建筑之间相辅相成,建筑物自由组合,已达到至真浑朴的美景。

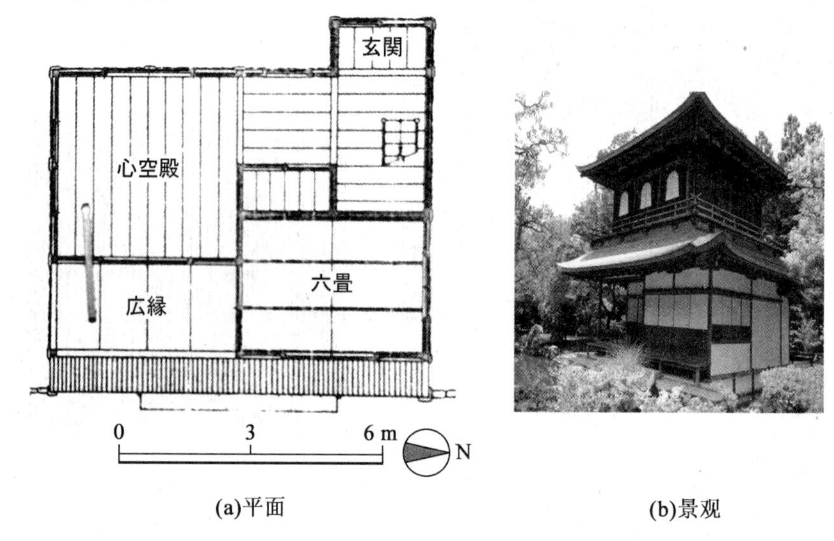

(a)平面　　(b)景观

图 2.28　银阁

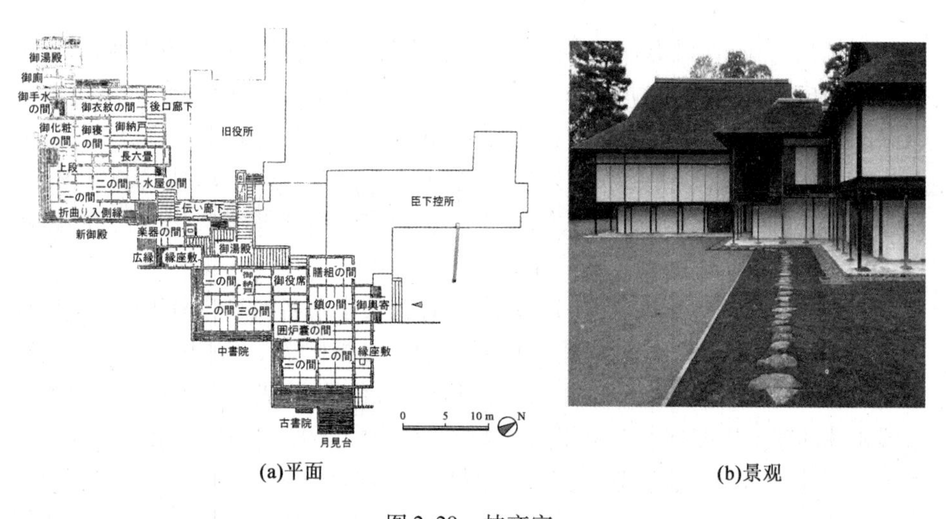

(a)平面　　(b)景观

图 2.29　桂离宫

4. 城郭建筑

城郭这种建筑形式是日本独有的,这与日本的政治社会有很大的关系。室町时代末期日本进入军阀混战的时代,原有的庭院式住宅已经不能满足将军的防御需要,于是各地大名开始建造城郭。城郭与社寺建筑有本质的不同,社寺建筑注重纪念性,在建造时精雕细刻,注重细节。但早期的城郭建筑主要是为了御敌,规格统一,建造者很多是农民,而非专业工匠。中世纪的城郭并不使用石垣,以空壕和土垒为主,再围上木栅。但是因战乱,城郭需要扩大,于是逐渐扩大了城郭的规模。

最具代表性的城郭是织田信长在安土桃山时代所建的安土城,并建有大型的多层天守阁。天守阁建在山丘上,内部 7 层,外观 5 层:1 层在石垣内,是府邸;2 层在石垣上;3 层有御座;5 层在 4 层的屋顶内;6、7 层是望楼,绘制了大量的佛、儒家的彩绘,高达 30 m;基础用大石砌石垣,东西 70 间,南北 20 间。军事设施很少,是殿阁模式,这可能与织田信长长期居住在此有关,它不光是军事设施,还是对领地上的人显示领主的权威性的纪念物。外层楼板涂白,金箔涂瓦,象征统治力量,内部装饰华丽,由名家绘制金碧障壁画,可惜现已无遗存,只是在《信长公记》里有关于安土城华丽的详细记载。

之后,织田信长的继任者丰臣秀吉在大阪又建造了天守阁、桃山城等城郭,这时的城郭加强了军事设施的建设,府邸另在本丸内建造。另外,诸大名也意识到城郭的军事意义,纷纷开始修筑,一时间全日本都在修建城郭,一年竟建造 20 多所。丰臣秀吉死后,各诸侯争霸,对城郭大肆进行装饰,军事防御的使命逐渐减退,取而代之的是显示权威的作用。

日本现存极具代表性的城郭是庆长年间德川家康建造的姬路城。它是日本城郭建造技术达到顶峰时期修建的,是当时城郭建筑辉煌的见证。姬路城城高 33 m,底层东西 22 ~ 23 m,南北 17 m,除天守阁(图 2.30)外,还有箭楼、门、土屏等设施,规模宏大、构造复杂、外观壮美。今天残留的姬路城,只剩下内郭,它的武备十分严密,除 7 层大天守外,还有 3 个小天守监护着大天守的门,层层相连,互为犄角,并且它们之间还有兵器库相连。这在庆长以前是不存在的,它们的白岩石基座高大,木造结构坚固,双重城墙,拥有中庭和众多的门,加上建筑物的高低参差、石垣的曲折,更增加了其变化性。

城郭建筑并不是日本传统建筑形式的体现,从其上能看到很多中国文化影响的因素,但它的形式又与中国有所不同,它是日本特殊的武家政治体系导致的,也是日本民族本源的一个体现。

5. 草庵茶室

在日本室町时代,开始流行茶道,作为饮茶的专有建筑,茶室被创造出来。村田珠光是茶道的始祖,他放弃了富贵华丽的贵族建筑,采用墙壁上只贴一种淡黄色的日本纸,没有任何装饰的朴素建筑作为茶室。武野绍鸥在他的基础上进一步将茶室简化为竹格子窗、土墙,更显其素雅,这就是草庵茶室的雏形,千利休最终完成了草庵茶室。

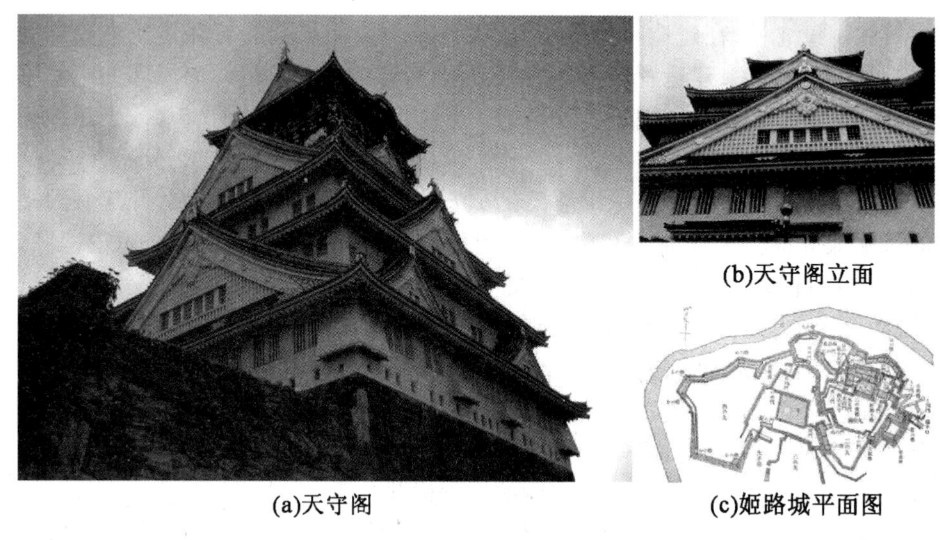

(a)天守阁　(b)天守阁立面　(c)姬路城平面图

图 2.30　大阪姬路城天守阁

千利休创造的草庵茶室的特征是:入口很小,即使将军进入也得弯腰解刀,土墙内室中央有中柱,上开小窗,糊白纸,窗框为竹或苇编,空间为二铺席或一铺半席,材料使用原木,草葺“切妻式”屋顶等。千利休的贡献还在于树立了“幽闲”的新艺术观,这对日本今天住宅的形式有很大的影响。今天日本富裕家庭和一般家庭住宅在结构上并没有太大的区别,但在以前区别还是很大的,例如日本住宅的开放性,这点在日本古代只是在贵族住宅中才有,平民的住宅是绝对没有的。平民住宅的墙壁大多是闭合的,窗户被设计成小窗,一方面为保温,另一方面为节约。和开放的日本贵族和式住宅相比,闭合墙壁的茶室,应是日本平民的住宅体系内的,但茶室的窗户与平民的住宅并不一样,是格子窗,应是受到寺院建筑的影响。茶室与平民住宅的联系很大,但茶室所追求的自然“幽闲”之美,却比平民住宅简单的美更上一层。草庵茶室创造了日本传统建筑新的审美标准,体现“空寂茶”枯淡的茶道精神,完成了精神修炼场所的创造。

千利休的草庵茶室至今仍存的代表是京都妙喜庵(图 2.31)。它的特点是原生材料,抹一层四五寸的稻草和泥土混合材料的土墙维护、“切妻式”的草葺、柱子外露、隔窗糊白纸,多种自然材料并用,茶室所表达的是与大自然的融合,再加上朴素的茶碗、茶壶、茶叶罐,配以素雅的花瓶、简洁的字幅,清新自然。草庵茶室的建筑艺术,对于“空寂茶”占据着这一时代茶道最重要的地位,起到不可或缺的作用。茶道和草庵茶室建筑,至今仍然是日本文化的一颗明珠。

日本茶道的奥妙源自佛家禅的心境,即“禅茶一味”。茶道的精神含义是“和、敬、清、寂”的理念。“和”意指主客之间没有隔阂、相处融洽;“敬”意味着主客之间的互相尊敬;“清”则是指主客各自内心的清净无垢;“寂”是二者的无为无相与周围的清静,如同身心脱落而超越动与静、内与外、有与无的二元对立。

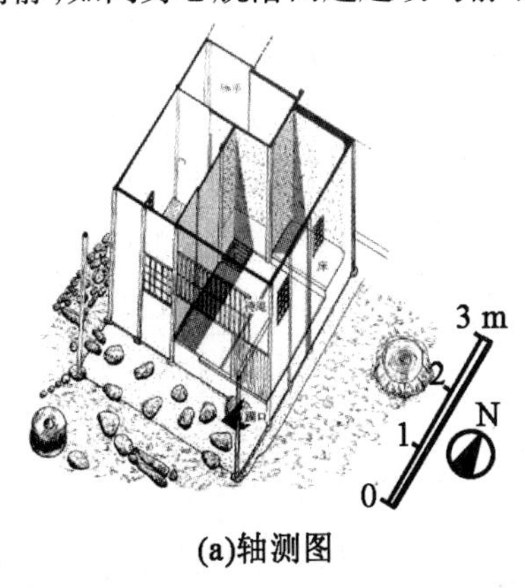

(a)轴测图

(b)内部

图2.31　妙喜庵

千利休所倡导的“空寂茶”茶室,强调的是追求简朴的情趣,提倡建筑去除一切人为的装饰。首先,他将茶室简化为草庵式的木结构,并将茶室面积减为二铺席甚至是一铺半席,在土墙壁上涂抹沉静的中间色。其次,在茶具上选择形状不均匀的粗糙茶碗和质朴色沉的茶壶,在室内的壁龛里挂上简洁的字幅或水墨画,摆放一个插着小花的花瓶,并在花上滴一滴水珠。其后,品茶时严格按照规范动作有序而缓慢地进行,营造一种静寂低回的氛围。在这样的空间中,品茶人在情绪上易进入淡寂之境,经过不断升华而产生一种悠久的情愫,进而引起某种难以表达的感动,并在思想上生起一种美的空寂感,品茶人也就达到了一种无杂纯一的心的交流。

由此,草庵茶室强调“寂静”“脱俗”“自然”的品格。所谓“寂静”表达镇定、安宁、平静、没有喧嚣、悠闲自在等含义,但并不是死板的清净,而是强调在嚣扰之中感受到的那份寂静,即我国诗人陶渊明所说的“结庐在人境,而无车马喧”。这里的“脱俗”,是指通过露地进入茶席,从“禅茶一味”的观念来看,即茶客去除一切凡尘烦恼而显露出最初的心地,即所谓忘却世俗妄念,不再受俗尘系缚,以禅与茶净化心灵。而所谓“自然”意味着无事无为、无有造作、无心无念。例如茶道使用的茶具讲究不均齐、非刻意制造的形状,而且要稍带锈味,以显示出自然的精神。而日本茶道“寂静”“脱俗”“自然”的品格,均来自“本无一物”的民族原始认知。日本民族的“无”理念是茶道文化精神的本原。可见日本民族“空寂”审美意识表现在茶道中的就是“无”的境界。

以上是对日本古代建筑传统形式的分类研究,见表2.2,加之日本民族的根生特点,总结日本传统建筑正统性的成立由三方面构成。

表 2.2 日本重要传统建筑列表

序号	建筑名称	建造年代	建筑特点	地理位置
1	现存伊势神宫	2013 年	“神明造”迁宫	三重伊势市
2	法隆寺	607 年	伽蓝配置法,唐式的建筑	奈良市
3	严岛神殿	593 年前后	“寝殿造”风格的神社	廿日市
4	石清水八幡宫	710 ~ 794 年	吸纳了佛寺建筑风格的神社	京都市
5	东大寺	728 年	世界最大的木结构建筑	奈良市
6	京都御所紫宸殿	794 ~ 1185 年	“寝殿式”的皇居	京都市
7	西行庵	1185 ~ 1333 年	恢复和式建筑	奈良吉野
8	桂离宫	1333 ~ 1600 年	书院造庭园,日本式的代表	京都市
9	姬路城	1333 ~ 1964 年	日本城郭建筑的代表	姬路市
10	妙喜庵待庵	1582 年	千利休草庵式茶室的代表	京都市
11	金阁寺	1398 年	受中国文化影响,崇尚金银	京都市
12	二条城二の丸	1602 年	雁行形布局的书院造建筑	京都市

第一,建筑的构成形式。日本传统建筑的构成形式是木构架形式,早期显现底层抬高的高台式,后期呈现出落地有基础的台明形式,室内以柱子承重,柱间以木板、障子、土、石作间隔,屋顶一般是四坡顶和人字形顶,用草葺作遮挡。住宅构造主要有寝殿造和书院造形式,空间是开放和流动的,室内只有少量工艺品,装饰很少,屋内会根据季节装饰少量的花等。这种建筑的构成形式自然、简朴,是日本朴素、简洁的行为习惯和空寂、清明、万物有灵的民族理想价值所独有的。

第二,神社是日本固有的形式,保持着原始的形制。重视精神的继承,寺院受外来影响较深,重视建筑物自身的形式继承,神社建筑的构造也与寺院建筑不同。神社建筑是有地板的高台建筑,墙体的材料是木板并且周围有缘侧,屋顶是切妻顶,上面覆盖的是茸草,并不施加色彩装饰,所使用的木材保留砍伐时的肌理,石材也保留切割时的肌理,所有的材料都是以自然的形态出现,人造的材料如钉、金属器等都隐藏起来。而寺院建筑是有基础的,即使建筑是高台的,也是建立在高高的台明上,这与相邻的中国文化是一致的,寺院建筑的墙体大多是土质或砖石的,表面附上装饰的石灰等材料,通常看不到砖石的肌理,有木制材料的地方要绘上彩绘,掩盖木的纹理,屋顶是四面坡的形式,表面覆盖瓦。神社建筑是日本民族正统建筑的祖型,是民族独特“日本式”根生性意识的直接体现。

第三,自然与建筑高度融合。日本人对自然怀着敬畏和征服欲的双重心理。从建筑上看,在日本文明发展之初,即古坟之前,日本民族对自然是无比敬畏的,神社从原始社会时就是直接拜祭山、木、石的场所,日本人认为它们就是神的化身,在神灵居住的地方建社殿,是对神灵的尊敬。所以,神社从原始时期就与自然紧密接触了,如伊势神宫。坐落在苍松翠杉之中,使用不进行任何修饰的自然材料而建造的神殿是用心创造的建筑典范。当寺院建筑引入日本后,表现出的更多是征服自然、对抗自然,如东大寺,高 50 m 的大殿、100 m 的七重塔,远远望去极其壮丽,而在远远的地方也能看到神社,不过看到的是引导它的鸟居。日本人认为自然并非是左右对称的,建筑是自然的一部分,更没有左右对称的必要,日本的建筑也有意回避对称布局,如日本最早的佛教建筑飞鸟寺,严格按照三面环塔、塔为中心的对称格局,但之后的寺院建筑在布局上有意做成非对称,如法隆寺,金堂和塔并行,无中轴,这可能与日本人对自然的认识有关。

2.5.3　日本近代建筑民族性探索

1853 年美国的"黑船"舰队闯入江户湾,日本被迫开国,经过短暂的接触,日本人发现西方的文明大大超越了东方文明,民族性格中特别崇拜强者的"自卑"意识,使得日本很快地踏上了向西方学习的道路。并且,这种"自卑"意识也使日本人形成了积极吸其所长为我所用的行为习惯,养成了对待强势文化适应自身文化的包容性。这一点在近代建筑发展史上尤为突出,在吸收西方建筑文化的过程中,他们很少考虑西方文化自身的整体性和完整性,不管各种风格流派之间的矛盾与冲突,也较少顾及对自身原有文化的冲击和否定,从而快速地完成了近代建筑的成功转型。

日本的近代建筑发展模式是一个短暂的飞跃式过程,从安政元年(1854 年)开始,日本的长崎、横滨逐渐成为外国人的居留地,他们在日本大量建造殖民地建筑,近代的城市也已开始建设,城市给排水、商店、旅店、公园瓦斯灯等一系列近代工业文明随着这些西方人来到日本。日本人也首次接触西方近代工业文明的成果,在最初的接触中,由于完全不同的文化背景和殖民式的输入,在日本也产生了激烈碰撞,抵触情绪普遍存在,但当看到邻国——中国在鸦片战争中的惨败,日本很快转变国策,开始了文明开化。

从安政元年到第二次世界大战结束,日本建筑在这一百年的发展中经历了 4 个阶段,使日本建筑完成了从传统的木构架到近代工业化建筑转化的过程。

1. 和洋结合的殖民地样式

安政元年,日本开国之初,大量的西方人来到横滨,开始建造一种带有阳台的新式建筑。这种建筑通常盖有巨大的坡屋顶,建筑平面为正方形或长方形,建筑立面无装饰或色彩,只是有一个屋檐前有立柱支撑的、进深很大的阳台,这种阳台有在南面的，也有三面或四面的。如明治二十二年（1889 年）大阪市北野町建造的亨特住宅（图 2.32）。这座建筑共两层，正面有宽广的阳台，两层都有落地窗户，这种形式也被称为法国窗。

图 2.32　亨特住宅

图片来源：http://gensun. org/.

当时这些建筑在日本无疑是最亮丽的风景线，长崎、横滨、神户到处是西洋的街景。日本人首次接触这些新鲜的建筑感到异常新奇，但日本的木工并没有亲眼看到西方建筑，也没有学习过西方的建筑建造方法，所以，此时的建筑并不是欧洲传统的建筑样式。据考证，这种早期的阳台式建筑是殖民者由亚洲的印度、中国广东等地的建筑样式转化的一种新形式，所以将其称为殖民地样式。它的建造过程也颇具特点，如果剥开洋式建筑的外衣，看到内部的技术，就可以见到日本传统建筑的工艺，内部是木构架的结构，在土墙上涂白灰泥装饰，使其看起来像欧洲的砖石建筑。

这种殖民地样式不止一种，在日本开国之初的北海道地区，流行一种雨淋板样式的建筑，它的特点是在木构的骨架上钉木板然后上漆。这种建筑形式据说来自美国的乡村住宅。明治维新初年，为了开垦北海道，日本政府特地聘请美国农业局长荷瑞斯・开普隆为顾问到日本开发北海道。美国的这种乡村住宅建筑形式符合日本传统木构架建筑形式，并且在日本这种建筑材料能充足供给，因而受到日本人的欢迎并迅速普及。

这种样式的代表建筑是明治十三年（1880 年）技师安达喜幸设计的丰平馆（图 2.33）。在这座建筑中，设计师混杂了很多日本化的元素，如柱子和雨淋板。在美国柱子是完全藏在雨淋板下的，再在外层做装饰的柱子，但这时的丰平馆是将柱子直接外露的日本传统建造的方式，这种美国式的外表、日本的技术在开国之初的日本北部持续了很长一段时间。

(a)外观

(b)细部

图 2.33　日本丰平馆

图片来源：http://gensun. org/.

这两种流行于南部沿海和北海道的阳台与雨淋板式建筑在日本最终汇合形成“雨淋板阳台殖民样式”,其中的代表为明治三十五年(1902年)汉士尔在神户设计的哈撒姆住宅(图2.34)。这座建筑前面有阳台,而墙壁上钉有雨淋板,是典型的混合式建筑。

图2.34　哈撒姆住宅

图片来源:http://gensun.org/.

以上三种殖民样式的建筑都是内外木构架形式,与西方建筑相差甚远。当看到石砌的西洋建筑时,日本的木工创造了一种“木骨石造”构造技法,这种建筑就是在木骨架外砌上石材,貌似西式建筑,在幕府末期这种形式的建筑并不多,到了明治时期急速增长,并使用在纪念性很强的大型建筑上。具有代表性的是明治初年的英国领事馆、横滨驿等建筑。

阳台样式、雨淋板样式、雨淋板阳台殖民样式与木骨石造样式是日本人最初接触的西洋样式建筑,它们本身带有浓郁的殖民样式,但与真正意义上的西方建筑并不一样,这里带有很多日本传统建筑的技术及形式。此时,之所以这样做并不是民族样式的固守,而是因为日本刚刚开国,外国人的居留地急需大量的建筑,但这些人大多是冒险者,并不是工程技术人员,他们只能提供简单的外形图样,依靠日本木工的传统手艺,完成建造。值得注意的是,此时的日本木工并没有刻意地追寻民族形式,但由于他们没有亲眼看见过西方建筑,更没有掌握这方面的建筑技术,所以在他们主导的建筑中不自觉地融入了自己所熟悉的形式和技法,也就是自然而然的事了。这并不是日本木工对民族传统形式的留恋,更多的是一种对西方建筑的茫然与无奈。

2.外国匠师的西洋馆

明治初年全面学习西方文化,已成为日本社会各界的主流。这一时期的日本人建工厂,修铁路,建立先进的教育制度,改变传统的生活习惯,建设先进的市政街景,随着改造的深入,日本人逐渐发现殖民样式的建筑并不是真正的西方建筑样式,于是明治政府开始聘请西方人到日本做建筑,并进行新式的建筑教育。

对日本近代建筑影响较大的是一位美国技师布里坚斯,被称为“横滨西洋馆的始祖”。他的贡献之一就是木骨石造样式建筑的建造,他聚集了一批日本的匠师和营造商在横滨大量建造房屋,较为有名的是与清水喜助联手完成的东京筑地旅馆。这个建筑完成于明治元年,采用阳台加塔楼的形式,墙体采用海鼠壁,具有和洋混合的意味,在当时是较为轰动的一座建筑。之后又完成了英国领事馆、横滨会所、新桥驿(图2.35)等。但布里坚斯在建筑建成以后突然消失在日本建筑界。

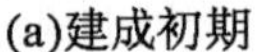

(a)建成初期

(b)现存立面

图 2.35 新桥驿

由外国技师主导的建筑，在日本最初是工厂建筑。工厂建筑有别于民用建筑，它需要较大的净跨和较高的耐火要求，文明开化以来的建筑形式无法满足这种要求，于是新的建筑技术带来了新的建筑形式。在兴建洋式工厂过程中出现了法国人威尔尼、雷诺、哈德士、费利克斯·佛罗兰、沃特斯等一批早期的外籍建筑师，他们主要设计洋式工厂和使用先进的建筑技术，桁架技法首次在日本出现，铁柱因比木柱更耐火，更能取得大跨度结构而逐渐在建筑中大量使用，木骨石造样式最终被淘汰。

在幕府末期，爱尔兰人沃特斯为当时的日本建筑发展做出了极大的贡献。沃特斯是大藏省的营缮寮，也是少有的被日本政府聘用的外国匠师，所以完成了很多政府性质的工程，其中以竹桥阵营、银座炼瓦街最具代表性。银座被火灾烧毁后的重建工作，由日本政府委派沃特斯一人规划设计，这在世界范围内是少见的，沃特斯在这条街上最有名的设计是全长约1 000 m连续两侧步廊列柱，它是世界上最长的列柱街道，也是日本开国以来真正的西式建筑。这条仿英国风的大街在当时的日本民间引起了较大的轰动，成为日本新的名胜，在此之后明治政府开始考虑建造洋式的政府建筑，沃特斯毕竟不是建筑师，无法满足日本发展的要求，最终被淘汰。

随着日本人对西洋建筑理解的加深，早期的殖民样式已经无法满足要求，他们开始招聘真正的西方建筑师到日本，这一时期到日本的西方建筑师有意大利的裘凡尼·卡培雷弟，英国的威廉·安德森、威尔赫尔·布克曼等。这些人不光给日本人带去了正统的西方建筑样式，还带去了先进的建筑教育。安德森设计的工部大学生徒馆是与以往殖民样式完全不同的欧洲风格，它是带有尖拱和扶壁的红砖砌筑的典型哥特风格建筑。英国建筑师布安比尔设计的工部大学讲堂是带有希腊风格的古典主义建筑，建筑立面分三层，附有柱式，第一层为塔斯干,二层为爱奥尼,三层为科林斯,是严格采取欧洲古典主义设计手法完成的,这是在日本从未有过的真正的欧洲样式。不仅是外部,建筑的内部也非常完美,精美的列柱展现的是文艺复兴的基调。

经过多位外籍建筑师的努力,日本的土地上首次开始建造了真正的欧式建筑。但这些少数人满足不了日本日益增长的建设需要,建筑教育问题突显。明治政府开始聘请大量外籍建筑师到工部省附属大学任教,在这些人里有被称为“日本近代建筑之父”的 25 岁的约舒亚·康德。康德毕业于伦敦大学,出身建筑世家,有着丰富的建筑理论和构造学知识,由于早年在叔父的和伯吉斯事务所工作过,实践经验丰富。他在日本的教育工作被认为是将欧洲正统的建筑教育制度引入日本的过程,他在工部省附属大学共开设 6 门课程,其中最重要的是传授了建筑美学思想和欧洲的建筑艺术形式。在他的教授下,日本出现了第一批真正意义上的建筑师,他们后来成为日本建筑界的基石。不只是教育方面,在实际设计中,康德在日本也留下了很多作品,早期的作品主要是政府委任的,后期受到三菱财阀岩崎家的支持建造了一些府邸和商业建筑。在这些作品中康德融入了古典主义和哥特风格,后期非常推崇折中主义。日本现存的康德作品岩崎邸(图 2.36)便是这种形式。这座建筑采取和洋并置的方式,在洋馆部分采用了双层阳台加折中样式的特殊元素,在和馆部分采用日本传统的“书院造”形式,这种形式也奠定了日本今后的民用住宅形式。

图 2.36　岩崎邸

图片来源:http://gensun.org/.

在康德之后,日本政府招募的外籍建筑师有两个德国人是值得注意的,他们是布克曼和安德。他们给日本带去的是德国的建筑样式,其中的代表是司法省旧本馆(图 2.37)。这座建筑是新巴洛克风格,共三层,表层为红砖砌筑,建筑形式由中央向两翼延伸,如大鹏般的构图是巴洛克风格的特点,屋顶是马萨式的大屋顶,为德国文艺复兴样式。布克曼和安德给日本带去的不仅是建筑作品还有建筑技术的传承,他们将石砖、水泥等材料带到日本,并且带去了这方面的技师。

在外籍建筑师大量涌入日本之际,也是日本狂热追寻西方文明的时期,这时的民族建筑形式被认为是落后的,很少被关注,反而最早关注它的是外国建筑师。康德是一位修养较高的建筑师,受家庭环境的熏陶,他对东方充满了好奇,到了日本后康德被日本的美深深吸引,发表了很多关于这方面的论文,如《日本的住宅建筑》涵盖了日本传统住宅、京都御所、二条城御所、茶室等,系统地向西方介绍日本传统建筑,并引导他的学生开展这方面的研究。在设计建筑时,他注意保护日本的民族文化,在他的早期作品形式上留有很多传统符号,如上野博物馆中融入日本传统美术风格,后期康德注重建筑空间的借鉴,在岩崎邸的设计中,日本传统的真、行、草的概念和外廊的"缘侧"被引用,虽然并不完美,但在当时狂热的学习西方气氛下,一位外籍建筑师的冷静融合,为日本后来的近代建筑民族化打下了基础。

(a)正面

(b)立面细部

图 2.37 司法省旧本馆(1994 年修建)

图片来源:http://gensun.org/.

3. 本土建筑师的诞生

1885 年日本近代文明的缔造者福泽渝吉在《时事新报》上发表了"脱亚论",这个理论在日本明治维新的百余年间对政治、经济、文化都造成了深远的影响,对建筑界亦然。在对西方建筑的渴望中日本本土的建筑师渐渐成长起来,他们代替外籍建筑师成为日本近代建筑发展的主流。

早在木骨石造样式时就有日本技师参与近代建筑设计,其中的代表人物是清水助喜和林忠恕。清水助喜是日本传统建筑木工出身,后到横滨学习一些殖民样式,回到东京后主持设计的代表作品有筑地旅店和第一国立银行,这两个建筑最大的特点就是日洋结合,木骨石造、阳台、日式屋顶、海鼠壁加上塔,有点像殖民建筑上盘坐着日本传统的城郭。在第一国立银行的顶部更是有唐破风和千鸟破风的传统样式,之所以形成这样的非欧洲亦非传统的建筑是因为清水助喜的木工身份,由于对传统的熟悉和对西方的好奇,他开创了日本独特的洋风建筑。

建造这种建筑形式的木工还有林忠恕,他主要从事政府设施的建设。他的建筑与清水助喜的建筑有明显的不同,他将建筑整体收纳在单调的四角形内,只强调三角形的山墙和列柱的车行入口,屋顶混合了日本歇山顶的特点。虽然当时的日本木工努力建造洋风建筑,但终究缺乏基础训练,建筑表现上缺乏活力和趣味，最终被历史淘汰。

真正主持日本近代建筑的是在工部省附属大学由康德培养出的日本第一代建筑师，并且形成了英国派、法国派、德国派 3 个不同派系。其中以英国派为主流，他们是辰野金吾、曾祢达藏、佐立七次郎、藤本寿吉、新家孝正等，法国派主要有片山东熊、山口半六，德国派主要有松崎万长、渡边让、妻木赖黄、河合浩藏。

英国派的代表人物辰野金吾是康德的接班人，也是这个时期日本建筑界的领军人物，他在建筑教育上培养了大量的建筑师，在他的主导下工部省附属大学开设了日本建筑史以及日本建筑研究的课程，系统深入地分析了日本民族传统建筑的形式。在建筑设计方面，辰野金吾主持设计的代表建筑有日本银行大阪支行（图 2.38）、日本银行本店（图 2.39）、工科大学、东京车站（图 2.40）。其中日本银行本店表现尤为突出，这是一座由日本本土建筑师设计的正统欧洲古典主义建筑，严谨的立面比例，精准的科林斯柱式，大理石的外表给人以希腊罗马时期的理性秩序之感。辰野金吾的另一个代表作品东京车站是一座国家纪念碑式的建筑。在这座建筑中使用了红砖墙上带状的白色石材纵横交错的表现形式，屋顶覆以塔楼，类似于哥特式但又有着古典的门窗、立柱，这个作品成为英国派的最后代表。

图 2.38　日本银行大阪支行

(a)立面

(b)鸟瞰

图 2.39　日本银行本店

图片来源：http://gensun.org/.

图 2.40 东京车站

图片来源:http://gensun.org/.

德国派在日本是少数派,没有与英国派抗衡的能力,但他们的特点却是注重和风与洋风的结合,在狂热追求欧洲建筑样式的近代日本,这是民族形式传承的开始,特点突出的是妻木赖黄在明治三十二年设计的日本劝业银行,硕大的破唐风和式屋顶下是欧洲样式的骨架,墙壁分上下两层,强调水平性。

法国派的代表是片山东熊,他在游历了欧洲后将目光投向了巴洛克建筑,首次展现其才能的是京都帝室博物馆,这座建筑墙壁像伸出的翅膀,中央巨大的出口向外突出,采用半月形的马萨式屋顶。建筑立面是红砖砌筑,转角砌石,拱券的窗顶,重要处用圆形浮雕装饰,这是典型的法国巴洛克装饰,如图 2.41 所示。片山东熊的另一个作品是为皇太子建造的赤坂离宫,也是采用法国巴洛克样式,成为日本洋式宫殿的经典之作,但由于日本天皇认为其太过奢华,这个建筑也成为片山东熊的最终作品。

图 2.41 京都帝室博物馆

以上三个派系为代表的日本第一代建筑师在日本书明开化的时代登上历史舞台，他们亲身感受到西方先进文明对国家的重要性，在他们身上虽然也能看到对民族形式的关注，但远远比不上对西方建筑的追求。所以，日本民族建筑传统复兴的重任落到了第二代建筑师身上。

4. 民族传统形式的复兴

第一代建筑师辰野金吾被外国人问及日本建筑时，无言以对而觉得无地自容，所以对日本传统建筑的研究一直是他的心病，所以在他的教学中有意地灌输民族建筑的思想，培养了一位杰出的建筑理论家，他就是伊东忠太。他是日本近代建筑理论的创始人，也是民族形式与西洋形式哪一个更适合日本大讨论的主要发起人。

日本建筑界经过多年对西方建筑的狂热追求，到了 20 世纪初开始降温，转向了对本民族建筑的探索。促成日本复兴民族形式还有一个因素：1873 年日本参加了维也纳万国博览会，在这次博览会上，日本木工添喜三郎设计的日本传统庭院建筑引起了西方的关注，也使得日本人对传统建筑增强了自信心。日本研究本民族的建筑形式开始增多，伊东忠太在他的毕业论文《建筑哲学》中对建筑美的本质进行了研究，并对传统日本之美展开了论述，他在读书期间游历了法隆寺，意外地发现法隆寺立面比例与希腊神殿的相似之处，并以此论证建筑在本质上没有高低贵贱，日本传统的建筑形式与西方古典建筑一样存在着美。他强调："日本应以日本为本体进行进化，而非折中，更没有西化的必要。"

除伊东忠太以外，重视建筑民族性的还有武田五一，他发表的论文《茶室建筑》是日本第一篇系统研究从千利休到远州的茶室文化的论文。在那个以西方建筑为国家纪念碑的时代，他的研究有些反时代，但却引起了人们对日本正统建筑形式的深思。

由伊东忠太发起，加上武田五一等人的参与，在当时的日本建筑界开始了近代建筑民族性的大讨论。首先，什么是日本建筑的民族性，是进行建筑创作前必须要解释清楚的问题。在 1910 年召开的日本建筑学会一般会议上，以"我国将来的建筑样式该如何发展"为主题，产生了三个基本观点：以伊东忠太为主的日本固有样式派、以长野宇平治为中心的欧化派和横河民辅等提出的脱历史主义派。伊东忠太强调日本趣味，他指出日本建筑必须基于日本固有的精神和趣味，再加上西方先进的技术，才能创造出优秀的日本建筑，也就是"和魂洋才"。日本固有样式派另一个代表人物关野贞认为："到目前为止的日本建筑表现的趣味精神作为基础，再参考西洋式、回教式、印度式或中国式，经过消化，塑造出一种清新的国民样式。"这场讨论在日本持续了一年之久，是日本近代建筑史上重要的事件。虽然这次讨论没有结论，但它彻底改变了日本建筑全盘西化的趋势，将建筑民族性推向了历史舞台。历史主义建筑论主要观点及日本传统复兴时期主要建筑师见表 2.3 和表 2.4。

表 2.3　历史主义建筑论主要观点

序号	建筑理论	年代	参与人	主要观点
1	建筑哲学	1892	伊东忠太	建筑美的本质研究
2	法隆寺论	1893	伊东忠太	日本传统建筑始点与希腊欧洲相同
3	茶室论	1899	武田五一	对千利休到远州的茶室进行系统研究
4	建筑进化论	1908	伊东忠太	将日本的木造建筑进化到石造建筑
5	样式论	1910	伊东忠太	日本固有样式、欧化、脱历史主义争论

表 2.4　日本传统复兴时期主要建筑师

序号	建筑师	设计作品	年代	建筑特点
1	辰野金吾	日本银行	1896	欧洲古典主义建筑
2	妻木赖黄	日本劝业银行	1899	和风建筑
3	片山东熊	京都帝室博物馆	1895	法国巴洛克风格建筑
4	山口半六	兵库县厅	1902	法国文艺复兴风格建筑
5	伊东忠太	京都平安神宫	1895	日本传统建筑形式
6	长野宇平治	奈良县厅	1895	和洋结合形式建筑
7	大江新太郎	明治神宫宝物殿	1921	以石造做出木造的传统样式
8	渡边仁	东京帝室博物馆	1937	外形和技术均采用和洋折中样式
9	前田健二郎	京都市立美术馆	1928	帝冠并合式
10	伊东忠太	筑地本愿寺	1934	亚洲主义样式

当然,在日本民族形式的创作中并不是永远前进的,也出现过逆流。1935 年前后,出现了一种特别的建筑形式,它将欧洲的墙壁与日式的大屋顶简单地结合起来,是一种张冠李戴的设计,但由于被日本军国主义者认为是日本帝国凌驾于欧洲之上的形式而被青睐,在第二次世界大战期间被广泛使用,称为"帝冠并合式(imperial crown)",代表建筑有:前田健二郎设计的京都市立美术馆,如图2.42所示,川元良一设计的军人会所,同市建筑科设计的名古屋市役所等。

图 2.42　京都市立美术馆

在这种国粹主义的影响下,日本又出现了被称为"亚洲主义"的流派,这一流派的特点是将亚洲各国的建筑样式与日本传统样式相结合,摒弃以欧洲为范本的建筑行为,这种形式最值得关注的是伊东忠太设计的筑地本愿寺,如图 2.43所示。这座建筑以印度佛教建筑为蓝本,屋顶是清绿色的半圆形,左右为印度佛教的塔造型,内部则是日本的桃山文化样式,整个建筑并未给人以日本传统的印象,它的创作思维仅是为了与欧洲风格相抗衡,并没有体现日本建筑的自明性。

(a)立面

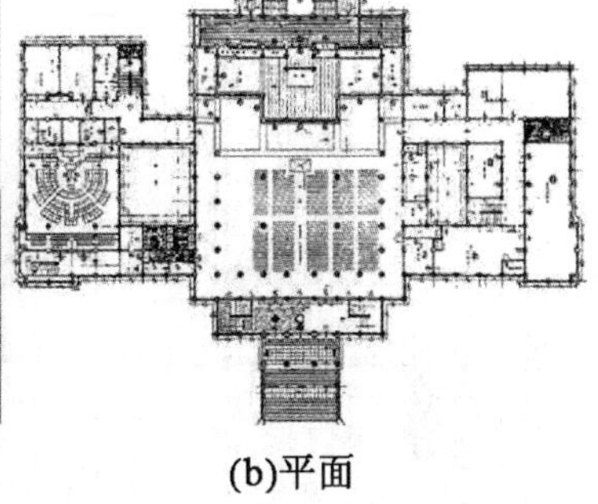

(b)平面

图 2.43　筑地本愿寺

图片来源:http://gensun.org/.

日本建筑师从第一代开始,致力于民族建筑的复兴,到了第二代和第三代已经形成了进化主义、和风主义、亚洲主义三个流派,虽然没有形成统一的样式风格,但民族传统复兴是达成共识的,这一时期的建筑主要是对传统建筑形式的模仿。

5. 民族精神下的新建筑形式

当新艺术运动席卷全球时,建筑师武田五一等人将它带到日本,人们发现这种新形式与日本传统建筑趣味有众多相似之处,那就是轻巧、清晰、变化的感觉。于是这种起源于欧洲的艺术形式,在日本兴盛起来,他的作品京都府纪念图书馆是具有当代风格的历史主义建筑,如图 2.44 所示。这座建筑以古典的样式为基础,立面采用面分割的手法,打破传统约束进行自由组合,充满了新艺术风格的朴素和明快。但由于新艺术运动主要特点展现在装饰上,对建筑的表现无法全面展开而逐渐消失。以此为契机,在日本开始了对新建筑形式的探索,美国风格的建筑形式在日本登陆。

图 2.44　京都府纪念图书馆

美国作为新兴的资本主义国家,在建筑形式上无法与欧洲相比,但在建筑技术上已远超欧洲,这引起了日本建筑师的注意,最开始对其进行关注的是横河民辅,他擅长钢骨构造和当代建筑设备的使用,这成为他的优势,在他的主导下美国式的办公楼在日本出现了。其代表作品有三井本馆、三井出租事务所等。随着大量钢骨建筑的出现,日本建筑师发现这种建筑形式远比欧洲古典主义更值得学习,天生对先进文化的学习能力和对原有文化全面舍弃的民族性,使得日本很快地转向了对美式建筑的全面引进,从美国留学回来的建筑师野口孙市设计的大阪图书馆使日本人看到了清新明快的美式风格。之后,在日本陆续建成的这种风格建筑有真水英夫的帝国图书馆、横河民辅的三越百货店、冈田信一郎的明治生命馆,如图2.45所示,以及渡边节的棉业会馆,如图2.46所示。这些新建筑与欧洲历史主义建筑的最大区别是拥有美国建筑的硕大、悠闲的情趣。

(a)立面

(b)细部

图2.45　明治生命馆

图片来源:http://gensun.org/.

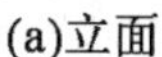

(a)立面

(b)细部

图2.46　棉业会馆

图片来源:http://gensun.org/.

日本的近代建筑是一个幅度较大的曲线形演进过程。从开化之初的狂热学习西方到第二次世界大战前极力推崇民族形式,建筑创作的指导思想发生了较大的变化。其中,不仅是因为日本经济的迅速崛起、民族从自卑到自傲的心理转变,民族传统的根生性才是日本建筑形式起伏的根本因素。在遇到先进文化冲击时,每个民族表现出的接受能力不同,由于日本对外来文明有着超强的接受力,致使出现对西方建筑的全盘接受。但日本民族既开放又排外的双重性格和强烈的自我意识,导致这个民族极怕失去自我,建筑形式反反复复成为必然。

一个民族所特有的生活方式、地区环境、技术和文化传统、风俗习惯、审美心理等社会系统不会因外来力量而完全消失。它在建筑的发展中制约着建筑风格模式,民族感情也通过社会系统作用促进建筑风格的形成。社会系统与建筑风格模式之间的这种相关性,构成社会精神生活领域的一种自我调节机制,这种调节机制在日本通过近代建筑的发展得以体现。

2.6　本章小结

本章是本书理论建构部分,是全书的论述基础。以概念构建—内涵分析—内容和形式—日本民族根生性的成因与表现—日本传统与近代建筑民族根生性表达为论述脉络,共分为五部分进行表述。

1. 概念构建

提出日本当代建筑创作具有民族根生性,它是建筑创造者主体最初的无意识性创作并通过思维遗传的方式继承下来,逐渐积淀为一种建筑创作动因。它超出了个体生命的特殊性和民族集体意识的原初性,在建筑创作思维形成中具有普遍性。它是一个建筑的精神和文化的内在基核,民族根生性作为建筑创作的一种本能和生命基因,是建造者主体的无意识行为和“默会知识”的体现。建筑的民族根生性具有普遍性和特殊性。每个建筑都因自身的自然环境和历史际遇不同而拥有不同于其他建筑的根生性,这种根生性与生俱来,是与创造者的民族根生性血脉相连的,它不因建造者生于异地或建筑建于异地而改变。但是,不同建筑的民族根生性特征,不仅是绝无仅有的,而且是无法简单复制、随意抹杀的。每个民族都具有特立独行的个性,有着独特的优势和特有的缺陷,有着自身独特的价值。

2. 内涵分析

日本当代建筑之所以具有持续活力是和建造它的建筑师及所处地域的民族根生性有必然联系的,建筑艺术一直以来都是以民族为存在方式的。任何时期的建筑之所以能成为艺术,是因为其体现了所在族群的意识和理想。同时建筑因其具有的民族根生性而成为人类寄托精神和灵魂的集中体现,显示出建筑最根本的属性特征。并以此为依据论证建筑本质是作为隶属于某族群、具有固定根性的人类实践活动,它势必影响当代建筑评价标准的转变。

3. 内容和形式

民族根生性在建筑民族学系统内部以民族情感、认知、理想的内容流露,而在外部通过民族根生性在族群社会各个方面的表现作用于客观世界,在建筑中主要以形态、空间、审美的形式出现。

4. 日本民族根生性的成因与表现

日本民族根生性的固有是与岛国环境、天皇制的社会条件和单一民族的客观原因直接相连的。通过强烈的民族自我认同意识,暧昧迂回的行为规范,岛国的、双重的、热爱自然的性格结构,神道的理想价值表现出来的。

5. 日本传统与近代建筑民族根生性表达

在日本形成之初的绳文、弥生、古坟三个时代,被认为是日本的正统文化的形成时期,这时期的高台、切妻式屋顶等建筑样式也被称为日本传统建筑的祖型。在它的影响下这些建筑形成了三个特点:木构架构成的建筑,始终保持着原始形式的神社,自然与建筑充分的融合。这成为今天日本建筑民族根生性体现的表象特征。日本的近现代建筑从开化之初到 1960 年的日本建筑登上世界舞台,建筑创作的指导思想发生了较大变化。日本近代初期出现过对西方建筑和现代主义的全盘接受时期,并形成了全面完整的建筑教育体系,受到了系统而正宗的近现代西方建筑思潮的教育,为当代日本建筑打下了良好的基础。而随着日本现代建筑根基稳固和对外交流密切时,日本人开始极力鼓吹民族化建筑形式是国家独立的基石,并形成“帝冠合并式”“亚洲主义”等带有民族主义色彩的建筑形式。

最后,通过对本章内容的分析发现日本民族因其岛国独有的根生性,致使这个民族极怕失去自我,在建筑中积极努力探索能代表日本的新形式,这在日本建筑界是一种普遍性意识,所以当代“日本建筑”形式的出现是历史的必然。

第3章　民族情感主导下的日本当代建筑形态创作

民族根生性最直接的、外在的表现就是民族情感。在某一民族生存及其发展过程中，民族情感或民族情绪是一种本能的基因，带有一定的主体无意识性行为。而在人类建筑活动中，建筑最初的、外表的形态直接反映着这种情感。日本的民族情感表现出谨小慎微、崇敬自然、妄自尊大而又自感渺小、矫情暧昧、独特而又规则的特征，形成这样的民族情感是“岛国根性”所致，岛国独有的孤立感、崇敬自然、独我性是日本民族的根性或天性，它体现在日本社会的各个方面，尤其是建筑艺术。

“情感的形式”是艺术作品的外在表现，建筑艺术更是如此。形态是表达创造者的情感方式与手段而非目的。所以，在不同的形态表达中可以寻求到相同的情感根源。作为同属于外在表征的建筑形态流露出的民族情感是最直接的和最突出的，因此本章以民族情感主导下的日本当代建筑形态创作研究为对象展开论述。

从日本传统建筑到当代的高科技建筑，日本建筑形态始终保持着建筑元素的几何结构化形态、建筑构成中的纤细观念化形态，同时又体现形态的相对复杂化心理等特点。这是由于日本民族谨慎、自然、独我的情感体验而形成的一种固定的文化形式。日本民族对待事物的情感体验，使得他们对待建筑形态创作时，“轻视实体认知，强于综合思考，弱于独立分析；重视具有模糊性的直觉体悟，轻视逻辑论证等思维倾向。他们具有意象性、直觉性、暧昧性、整体性以及内向性等特征。”

3.1 建筑形态中的民族情感特征解析

3.1.1 民族情感中的岛国根性

当代日本民族情感或民族情绪表现出谨小慎微、妄自尊大而又自感渺小、矫情暧昧、独特而又规则的特征。形成这样的民族情感是“岛国根性”所致，它来源于日本人的生存环境、社会历史、思维方式。“岛国根性”即日本的民族根生性是目前民族学和社会学学者对日本民族的普遍认识。美国学者大卫·松本在他的《解读日本人》一书中对日本的民族情感作的研究证明当代日本人在民族情感方面具有谨小慎微、矫情又暧昧的特点，他们对“内与外”的情感表达很不相同，见表 3.1。这种民族情感作为民族根生性的特征表现在日本社会的方方面面。如在创作思维方面：日本人具有注重和谐统一的思维和典型的经验综合型整体思维倾向。在这种思维的影响下，日本人做任何事都有着一种自谦的、独特又规则的心理，它的根源是岛国根性中的孤立感、自然的崇敬感和岛国的独我性。

表 3.1 日本民族的情感表达方式

情绪	和“群内人”在一起 （家人、朋友、工作同事、同伴等）	和“群外人”在一起 （陌生人、偶然碰到的人等）
正面的情绪	日本人大于美国人	美国人大于日本人
负面的情绪	美国人大于日本人	日本人大于美国人

1. 岛国的孤立感

天生的孤立感是日本岛国根性的具体体现。这种孤立感直接源于日本特殊的地理环境。展开世界地图可以发现，日本从地理学以前的图形构造开始就呈现出很强的孤立性，国土狭小的日本岛国长久以来一直是一个与大陆隔绝的环境，我国学者尚会鹏教授形象地比喻为“乘船意识”。试想一下，如果你坐在一条小船上，四周是浩瀚的海洋，不知道一会儿是波涛汹涌还是晴空万里，会有什么样的心情，一定会有危机感和孤立感，这种感觉转化为民族情感表现为谨小慎微。

当然日本人的孤立感不仅体现在自然范围，还有岛国民族独有的对外界的仰慕、追赶和抗拒之心。从古代对中国文明的仰慕到近代对西欧现代化的追赶，日本人发现外面的世界总有强势文明，这让日本民族产生了自感渺小的情感体验。但经过学习和嫁接日本人总能将这些变为日本的，并且自认为将其超越，这让日本人又有了妄自尊大、排斥抗拒的情感体验。日本人所具有的这种民族情感演变为矛盾的双重性，矛盾的双重性是日本民族独特根性的典型体现。在日本的传统建筑形态中既有世界最大的殿堂，又有世界上最小的居室；既有巨大的装饰灯笼，又有缩小自然的盆栽；这种民族情感表现在建筑形态创作思维上，使得他们的建筑都有扩大与缩小的对立统一、开放与封闭和谐一致的双重特性。

2. 自然的崇敬感

在对待自然的态度上尤其突出，当代日本虽然接受了西方对自然的科学技术改造，但在情感上对自然依然是崇敬、顺从的。据一家日本研究机构曾经做过的问卷调查显示，日本国民对待大自然的态度划分为“顺从”“利用”“征服”三方面，认为应“顺从”自然的占 30%，提倡“利用”自然的占 40%，而主张“征服”自然的只占 17%。在当代日本，即使在现代化的城市中，到处都能看到自然界的缩影，一池水、几块青石、一条布满青苔蜿蜒曲折的石小路、一两只石制灯笼，做工精巧纤细、顺势而就的小小庭园，完全没有与自然对立的心态，只流露着对自然的敬畏和谨慎，这种敬畏和谨慎逐渐发展成为一种民族的情感体验，体现在日本社会的各个方面。例如，在当今世界中日本人给人的印象总是彬彬有礼、毕恭毕敬，日语中繁琐的敬语形式和自谦形式都给人以矫情又暧昧的感觉。日本人的鞠躬姿势像是训练出来的一样，极其频繁、认真，让你决不会有敷衍了事的感觉，这些情感体验同样也反映到建筑上，就像雄伟的斗兽场出现在具有豪迈情感的罗马人手中一样，处处谨小慎微的日本人所设计的建筑也精小、纤细、细腻。

3. 岛国的独我性

日本的社会及文化总是给人以独特又规则的情感体验，它是日本民族孤独的自我和群体“圣化”的根性体现。在情感方面日本人常常喜欢认为某些东西是日本民族独有的，如茶室、禅宗的心灵、复杂繁琐的服饰等，甚至是日本传统的、简洁的室内装饰也是独特的。对这种独我性我们实在是不敢恭维，但日本民族独我的根性影响了日本社会的许多方面，对建筑影响主要是追求日本式的独特，即使是学习其他文明而创作出来的建筑也一定与自己民族的独特性联系在一起，形成具有“日本趣味”的建筑形式。日本民族特别崇尚规矩、重视序列，这是群体“圣化”(或者称“集团主义”)的根性所致，日本的建筑一直以来追求规则简洁的外部形态，在日本的建筑中我们很少能看到奇形怪状的造型，尤其是传统的日本和室寻求的是“万物归于无”的思想。尽量减少线条和陈设品，室内几乎空无一物，只用一副字、一个花瓶、一只花点缀“床の間”处，到处都整齐划一，与西方华丽复杂的内饰形成鲜明的对比，这种希望独特又规则的情感体验使得日本的建筑形态大多规矩、方正、几何化。

3.1.2 超越理性的形态特征

日本从传统木构架建筑到当代的高科技建筑在形态上都表现出基本的几何结构化形态、构成中的纤细观念化形态和建筑心理的相对复杂化形态。这种看似承袭现代主义的理性创作思维中蕴含着日本民族孤立、自然、独我的感性意识，它超越了基于现代科学技术的理性创作思维，这种形态特征在日本当代建筑创作中具有普遍性，它不是某些建筑师有意识体现民族意识的创作，而是本能的、无意识的“默会认知”体现，即民族根生性的自然流露。

1. 建筑形态的几何结构化

柏拉图在《蒂迈欧篇》中曾论述过宇宙的四元素：火 = 正四面体、土 = 正六面体、空气 = 正八面体、水 = 正二十面体。开普勒更是将其总结为正多面体的宇宙体系，如图 3.1 所示。这种观点成为西方古典主义与现代主义纯粹几何形态建筑理论的哲学依据，直到当代这种观念依然影响着西方建筑发展的主流，而这点与古老的东方哲学有着极其相似之处。在日本的建筑发展史上长期以来建筑形态都是以长方形、正方形、圆形等基本的几何体出现的，这与日本人独特又规则的情感体验和佛教的传承有关，日本人认为纯正的几何学形态可以解读宇宙的构成原理。“东方最开始提到宇宙与几何学关系的是中国的天圆地方说，由此创造了天坛、地坛的形态，更加有构成宇宙的五大体，地 = 方、水 = 圆、火 = 三角、风 = 半圆、空 = 团”，如图 3.2 所示，中国这种朴素的哲学观念被融入佛典的图像学中传到日本，也由此诞生了日本的佛教建筑。这些建筑形态也执着地遵循着这种观念，如日本净土寺五轮塔的形态。之所以称为“五轮”是代表着宇宙五大元素，为表现宇宙中心的大日如来，用立方体、球、三角形、半圆、椭圆从下而上叠加成塔状，称为“五轮塔”，如图3.3所示，它深入到日本传统工匠的创作情感中。近代，虽然西方建筑的强势文化席卷日本，但建筑师发现日本传统建筑的直线构成、几何界面、无限定的平面，正是近代西方艺术所追求的。这使得近代的日本建筑师看到了基于日本传统趣味的建筑作品优势，创作了紫烟庄等一系列优秀的作品，见表 3.2。当代，日本建筑师发现科学证实纯粹的几何学形态是矿物质结晶体的基本型，是非人工的、自然生成的一部分，这由与日本民族尊重自然的、顺从自然的民族情感相吻合，所以当代的日本建筑师善于也愿意使用几何学的基本型。

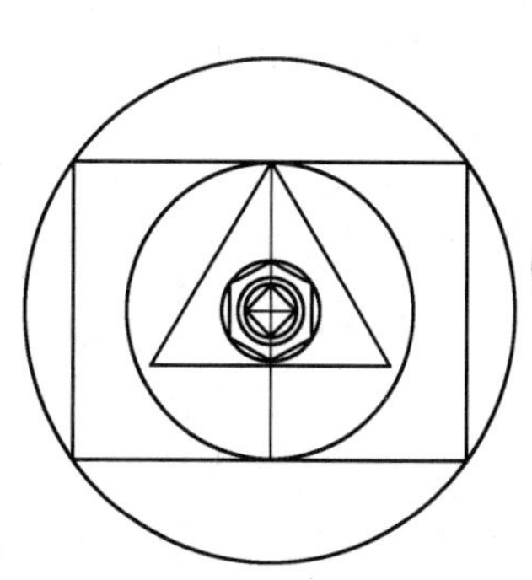

图 3.1　相互内切的正多面体宇宙体系

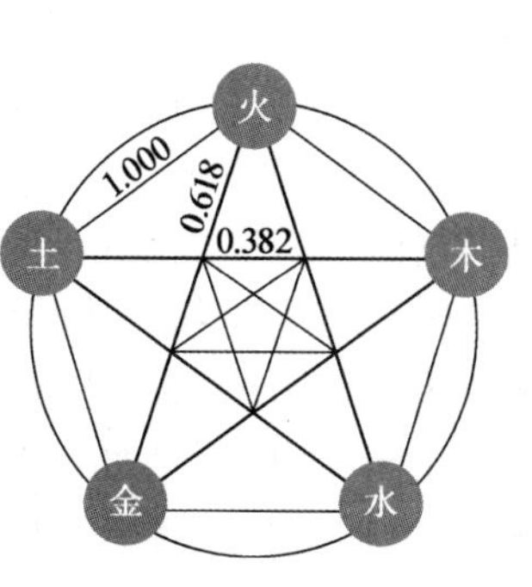

图 3.2　中国五行图

图 3.3　日本净土寺五轮塔

表 3.2　日本建筑形态的几何化表现传承

发展阶段	民族情感	建筑观	代表性建筑	实例图示
古代		以长方形、正方形、圆形等基本的几何形态出现彰显建筑的淡雅、简洁	日本京都八坂神社的建筑形态，用立方体、球、圆形、正方体组合而成	
近代	谨小慎微、独特又规则	轻视实体的形质；强于融合，重视颇具模糊性的直觉体悟	堀口舍己设计的紫烟庄：直线的构成、可动性的界面、无限定的平面，是基于日本传统趣味的当代建筑	
当代		很少涉及对传统建筑形态的模仿，而是上升到了意识形态的制约	安藤忠雄设计的21_21DESIGN SIGHT几何折叠铁板斜插入地下，无论是在中心入口或是远离建筑都能感到形体广阔	

2. 建筑形态的纤细观念化

日本古代建筑的形体结构与同时代的其他国家建筑相比更多了一份纤细调和,他们认为建筑是有灵的物体,与古代中国一样,在建筑中赋予了很多古典文学的色彩,其中大部分是一些细腻的情感诗歌,如《源氏物语》中的桂殿作为观月的场所就取自中国古代月桂的故事。在这种细腻情感的指引下建筑形体也趋向于细腻秀丽,日本古代建筑结构是东方惯用的木构架结构。在日本这种形式有"轴组"和"造作"的分类,其中"轴组"是指柱、梁、土台、桁等构件;"造作"是指天井、窗、棚、床间、格子等构成构件,如图3.4所示。这些木构架的构件与同时期的中国木构架相比更加纤细调和,与西方的砖石建筑也区别甚大,这些构件细腻轻盈、朴素调和,去除富丽堂皇、回归自然清秀,用带有诗意的情致使人印象深刻,同时也造就了日本建筑的特征。

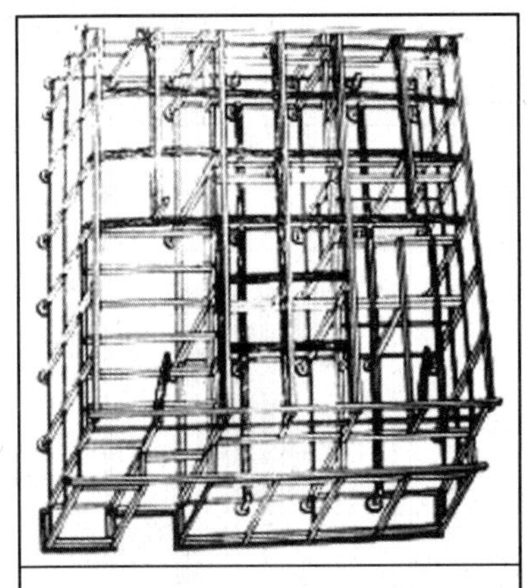

日本传统建筑的"轴组"是指柱、梁、土台、桁等构件

日本传统建筑的"造作"是指天井、窗、床间、格子等构件

图3.4 "轴组"和"造作"

近代,日本民族这种细腻、精巧的性格使他们在很多方面都取得了优秀的成绩,在建筑创作方面虽然西方宏大的砖石建筑让日本人惊叹,但在狂热学习的过程中,他们自觉与不自觉地将民族轻质细腻的建筑形态观注入到了现代建筑中,使之具有日本趣味。这源自日本民族淡雅的自然环境以及禅宗的简素精神养成了日本民族简约淡泊的性格,在对待建筑形态创作时,以洁净、淡泊、原生为审美理念的原因就是这种性格的直接影响。即使是在近代西方强势的工业文明席卷下也不曾改变,它的根源就是民族根生性,见表3.3。

表3.3　日本建筑形态的轻质细腻表现传承

发展阶段	民族情感	建筑观	代表性建筑	实例图示
古代	纯粹 质朴 纤细 淡泊	构件细腻轻盈、朴素调和，去除富丽堂皇，回归自然清秀	日本京都平安神宫御园的建筑形态，纤细的木构架结构轻盈飘逸	
近代		探索传统的"抽象化"与现代主义建筑的结合	旧前川国男邸，已将木结构建筑的比例系统抽象化地转化应用在钢结构体系上	
当代		纤细调和的形体结构、均质平滑的感觉，弱化建筑形式	妹岛和世和西泽立卫设计的DIOR表参道如同纱布包裹着的建筑，让建筑感觉轻盈而且飘浮，穿透而又流动	

日本当代建筑在世界建筑领域内已经有了一席之地，当代的日本建筑师更是将这种性格发挥得淋漓尽致。这一时期的日本建筑如日本的绘画一样，大多结构清新，以细线条为主，轻视色彩、鄙视绚丽、喜好素色，常常赋以简单的构图，以婉转淡泊的韵味寻求蕴含深刻的精神和内在的东西。

3. 建筑形态的相对复杂化

日本人所具有的民族心理具有相对性，其中矛盾的、双重的心理是其民族独特性的典型体现。日本当代建筑师无论热衷于何种建筑理论，都避免不了他们"先天"的这种复杂的心理作用。这种心理也反映在建筑形态的创作上，使得他们的建筑都有定型性与灵活性的对立统一、建筑尺度矛盾地扩大与缩小、开放与封闭以及和谐一致的双重特性。

例如，日本民族"大"与"小"的形态意识上具有相对的心理表现。日本民族注重精致细腻、追求细节,纤丽精致的性格在世界民族中较为少见,依靠这一性格日本人创造了诸多的世界级品牌。日本因此也被世界称为——精微东方之国。这种精小的意识同样也表现在建筑上,如千利休所创造的草庵茶室,只有一铺半席,出入口中的躙口更小,大约在 70 cm×60 cm。作为一种经典的建筑形式却这么小可能只有日本才有。日本民族虽然欣赏精小,但始终没有放弃对扩大的追求,日本在自然资源、地理位置等方面算不上大国。但是,日本民族不仅努力回避这些不利的因素,反而刻意树立和强调“大”的意识。如东大寺大佛殿至今依然是世界上最大的木构架建筑、大仙陵墓至今依然是世界上最大古墓、东京铁塔仍是当代最大的自立式铁塔等,见表 3.4。

表 3.4 日本建筑形态的相对性复杂化表现传承

发展阶段	民族情感	建筑观	大型代表性建筑	袖珍代表性建筑
古代	扩大与缩小的对立统一	构件细腻轻盈、朴素调和,去除富丽堂皇,回归自然清秀	 东大寺	 盆景
当代		纤细调和的形体结构、均质平滑的感觉,弱化建筑形式	 东京塔	 茛·茶室

3.1.3 日本当代建筑形态创作思想

日本民族根生性在当代建筑形态中,从建筑本体到创作思维进行变换演化,日本当代建筑的创作思想系统地表述了这种演化。民族根生性特征对于日本当代建筑的形态本体而言,是从形式到意义展开的纯粹几何基本型、纤细调和、双重复杂心理变换成日本当代建筑的三种形态：几何结构化形态、纤细观念化形态、相对性的复杂化形态，如图3.5所示。

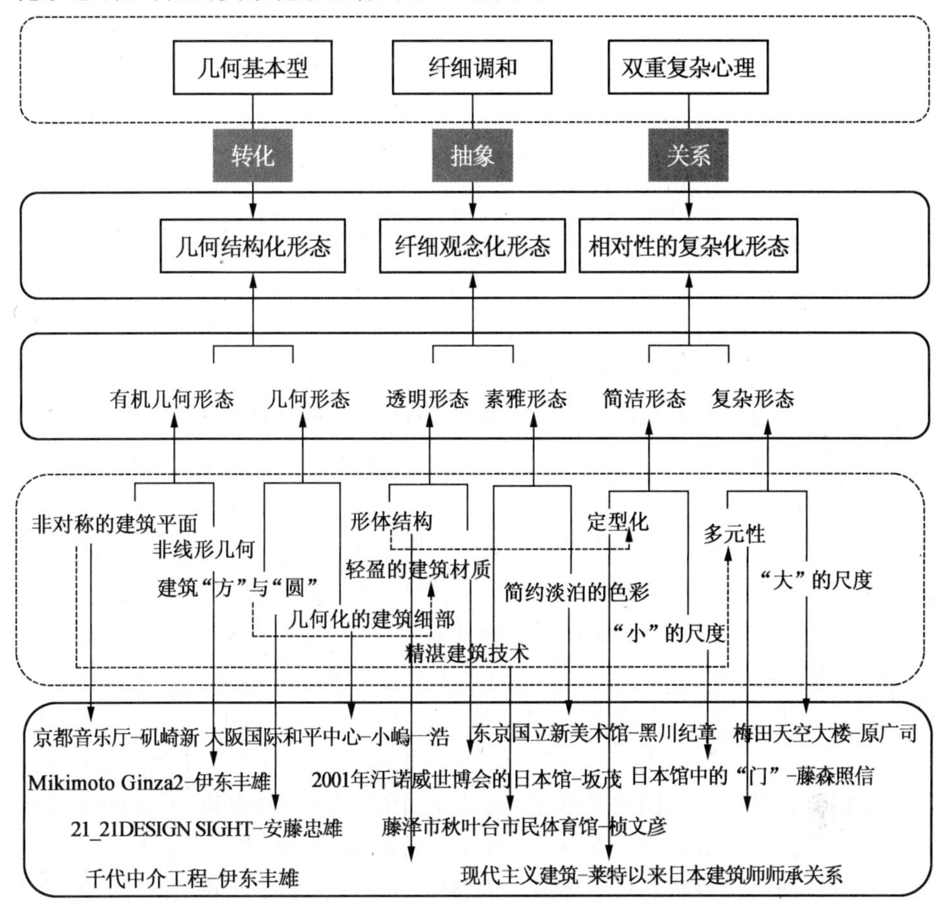

图3.5 日本当代建筑形态创作思想分析

在日本当代建筑创作思想中几何结构化形态又分为几何形态和有机几何形态。几何形态是指以点、线、面及方形、圆形等简洁的图形组成的建筑形体；有机几何形态意指将自然中已存在的各种形态用几何形的方式表现出来，将具有构成含义的几何对象转换成为适应自然的纯粹几何基本型，再通过设计彰显出形态的多元化。设计方法多以结构与形态相结合的方式展开，当代很多日本建筑师以此为根据提出自己对建筑形态创作思想的看法。日本当代建筑师佐佐木睦郎曾说：“日本现代建筑师所创作的作品普遍会被认为是带有某种日本特征的感觉，这种特征感是来源于现代日本建筑形态中具有意识或无意识的抵抗水平力的方式存在。”安藤忠雄在论述“重精神轻形式”时也提及“用形式的空表达精神的无限”，表现在将复杂多变而丰富的空间融合在简洁的几何形态之中。他认为在单纯中更能保持建筑的纯粹性，切断一切联想，赋予建筑纯粹的立体印象，当代的建筑材料混凝土因其朴素单纯与纯粹的几何学基本型一同使用更加突显建筑的意义。建筑师渡边丰和认为几何学是日本人一贯追求的，并且他认为地球上一切古代遗迹、圣地都是按一定的几何形态分布的，绳文文化也是如此，在建筑创作上他更倾心于几何学的魅力。

细腻、精巧、透明、平坦的日本当代建筑形态，在日本建筑创作思想中被归结为“纤细化的形态”。现代主义的机械美学在当代日本被民族的纤细化的形态击得粉碎，建筑不再是工业化机器的产物，而是灵动的生命体。并且，日本传统建筑中的平面性、透明性也在这种民族纤细化的形态转变中找到了再现的可能性，“形式即结构”将结构、装饰与围护集中化均置于建筑表层之上，利用结构的透明表现形体的纤细。矶崎新将这种思想解释为“手法在物质上留存的痕迹”。在他的文章《关于立方体》中，表达了自己对筒形回拱和立方体这两种纯粹几何基本型的喜爱，并把它们比喻为柏拉图式的第一原质，提出它们具有克服或超越现代主义建筑的构成形式方法论的作用。隈研吾的“消解建筑”创作思想，运用系统的建构方法将建筑形态根植于环境中，不断尝试寻找建筑与环境之间的媒介，将建筑消解于环境之中而达到建筑和环境的融合。年轻建筑师石上纯也设计的“神奈川工科大学工房”是对密斯“均质空间”的当代新定义，为了达到一种介于有和无之间半透明的建筑效果，建筑布置了均质的网格和混沌的结构细柱来产生结构的模糊化。这是一个极其精巧的建筑，反射的玻璃和纯白的超细扁柱构成了整个建筑，使得建筑若隐若现，有意识或者无意识地迎合了日本民族矫情暧昧的情感体验。而建筑师谷口吉生设计的“葛西临海展望台”则是第一次把“轻、透、薄”的建筑形态展示在世人面前。

日本当代建筑形态具有相对的复杂化倾向，它源自高端技术的开启、网络纪年的到来和虚拟世界的扩展，也将这种日新月异的变化纳入到有形的实体中。日本当代建筑的复杂性除以上因素外还有民族的相对复杂心理因素。日本建筑师将复杂化的非线性建筑归结为仿生的几何学，一方面他们寻求纯粹的几何基本型，另一方面他们又提倡非线性的有机自然形态。如建筑师矶崎新的作品既有群马县立近代美术馆这种纯粹的几何基本型建筑，又有“冥想之森”这样的非线性建筑，这种矛盾的建筑创作思维在日本当代建筑界具有普遍性。

3.2　谨慎之情在形态中的几何结构化体现

日本民族一直以来都有将物体抽象几何化的传统，日本古代是徽章使用频率最高的国家，日本人习惯以各种各样的图案作为家族或团体的标志，如图3.6所示，这些图案大多是以自然界的动植物、自然现象、单一的几何图形、人工建筑为参照物的，数量达到上百种，当代日本的动漫风靡世界，其中高度的抽象几何化能力起到关键作用。福尔克尔·格拉斯默克曾说过："日本是最符号化的社会，一切都是符号，一切都是表面和界面。"但日本人的这种几何概括并非像西方或埃及的理性概括，它没有所谓的黄金分割、模数几何学等科学逻辑性，而是在充分尊重自然规律上的整体性、直觉性、意象性总结。这来自于日本民族对自然的强烈情感，自然带给人喜怒哀乐的体验，同时也带来了艺术的创作灵感，这种带有敬畏的情感使得日本在建筑创作方面虽然经历了两次强势文化冲击(中国的对称式庭院建筑、近代的西方工业建筑)，但因民族根生性对建筑创作的主导作用，建筑形态上始终没有改变非对称、基本型、几何化的特点，建筑表现出灵活性和柔韧性，又表现出谨慎的暧昧性。格子窗、推拉门、网格式的天棚……这些几何形构图反复出现在日本建筑中，也使建筑具有一种方正的稳定感，在情感上给人一种安定的感觉。

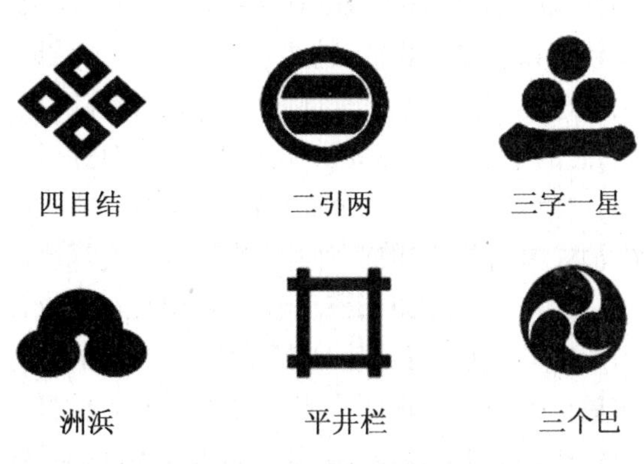

图3.6　日本家纹

3.2.1　排除绝对性的建筑平面

建筑形态离不开建筑平面，建筑平面是建筑形态的根本，建筑平面除功能设计以外也会产生独特的美感，以一种什么形式的平面出现是有着深厚的文化内涵的。很多美学家指出缺乏对称性或者强调非对称性是日本美学的特征。[①] 以非对称性为中心的形式在日本传统的建筑和园林中都有典型的体现，日本的传统建筑

① 例如，埃奈斯·谢诺1869年在巴黎所做的演讲《日本艺术》中指出日本美术的特征是缺少对称、样式、色彩。

虽然在大化革新时期大量学习中国木构架建筑,但在平面布局上并没有形成如中国式的严格对称布局形式。从皇室宫殿到平民的住宅、从神社到寺院、从庭院布局到室内布局都未曾看到对称形式。如日本传统贵族住宅的平面布置主要分为寝殿造和书院造两种,这两种形式有一个共同的特点就是都以雁形平面布置为主。这种布局可以使全部主室都面向庭院,也使开口部分获得最大的采光与通风,它的中心轴非常微妙,在正面的一定角度里它的空间是叠加的,建筑具有同型性。当形成一定方向而后退时建筑出现如西欧透视图一样的视线轴,中心的对称性消失掉,利用这种平面重合来表现空间深奥性是日本传统建筑独特的手法。

当代日本建筑形态已经很少涉及对传统建筑形态的模仿,而是上升到了意识形态的制约,但即使是在近代学习西方文艺复兴时,这种对称式的建筑平面布局也是很少出现的。当代日本建筑界更是鲜见,日本著名的禅学思想家铃木大拙在《禅与美术》中指出:"日本文化艺术最显眼的特性是:非均衡性、非相称性、'一角'性、贫乏性、中纯性、闲寂、空寂、孤独性。"非对称性是日本建筑的显著特征,见表3.5。从中我们能够看到日本人对待建筑平面布局有意识地避免对称的心态,他们认为这是违背自然规律的,日本没有亚洲大陆的辽阔平原,人们居住的地方通常是山地和狭窄的平地,即使是大城镇也是在几面环山的地方发展,人们向不同方向望去会有不同的风景,在那里完全不存在"自然"的对称,日本的自然环境促进了非对称的审美发展。在自然中,鲜有完全对称的东西,自然的美学是在不对称中构筑均衡的美。日本民族以这种崇尚自然的情感基础,将一切建筑的造型观都仿造自然演化而来,而对称往往带给人一种明显的人工雕琢痕迹,表现的是人改造自然的能力和决心,所以显得威严而庄重。而自然之美是一种不对称之美,表达的是舒适而能动。日本当代建筑的平面通过不对称的手法表达出了自然之美,也就具有了流动的曲线、有机的形态、错落的布局等诸多概念。

表3.5 日本各时期建筑平面布置示意图

名称	庭院式的寝殿造	雁形布局的书院造	自然围和的神社
传统建筑平面	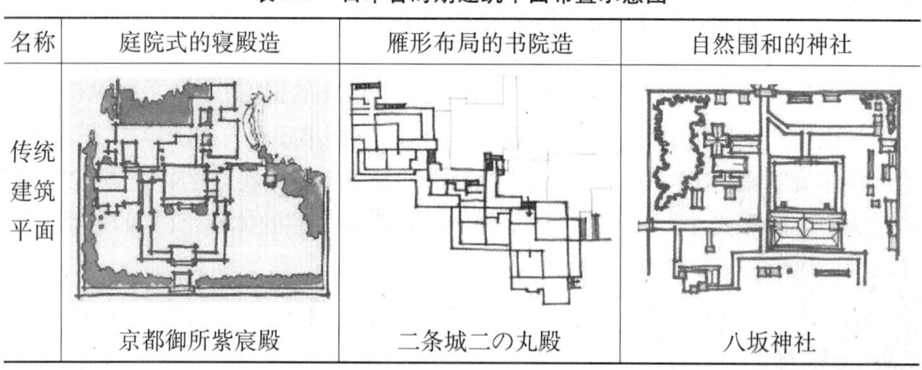		
	京都御所紫宸殿	二条城二の丸殿	八坂神社

续表 3.5

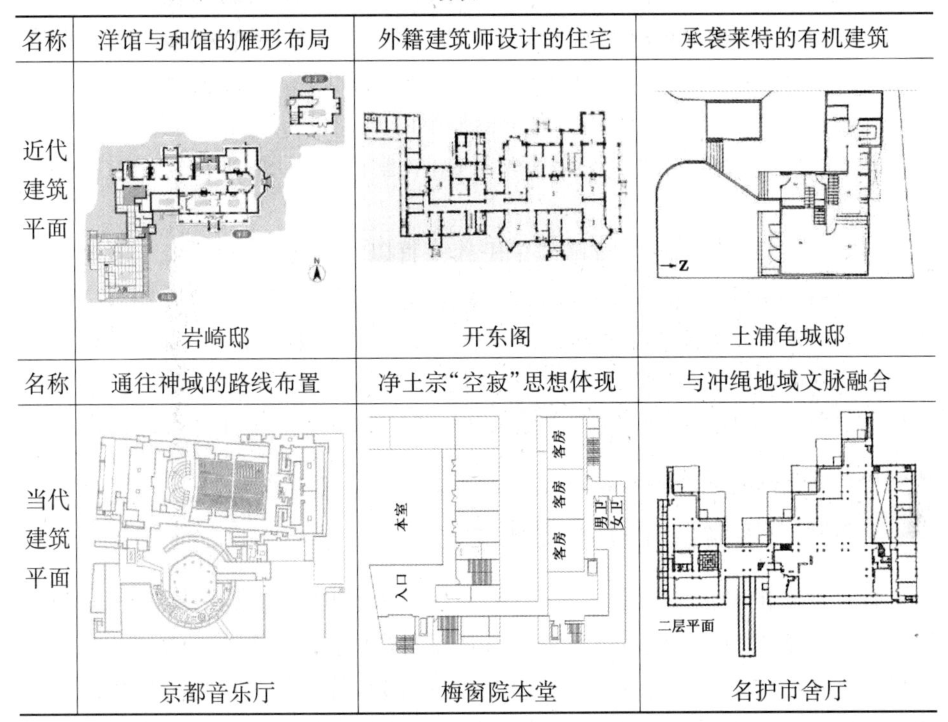

名称	洋馆与和馆的雁形布局	外籍建筑师设计的住宅	承袭莱特的有机建筑
近代建筑平面	岩崎邸	开东阁	土浦龟城邸
名称	通往神域的路线布置	净土宗“空寂”思想体现	与冲绳地域文脉融合
当代建筑平面	京都音乐厅	梅窗院本堂	名护市舍厅

日本建筑师矶崎新于1996年设计的京都音乐厅外形奇拔、新颖，能容纳1 800人，采用鞋箱形平面设计，主体建筑以立方体格子、圆筒形和长方体的几何体量排列，从入口处进入音乐厅左侧是一个圆形的平面中庭，12根竖柱立于中央犹如常磐木围合的神域，在中庭的右侧是一条封闭的缓坡通道，缓缓进入二层的大音乐厅，这个中庭组群是一个纯粹的抽象平面，为了展示给人们看到神圣的意境，这个建筑充分利用日本人对传统几何形式的偏爱，给人如同文章一样的引言—叙述—高潮—尾声的布置，建筑平面的比例、分奏、流动、重心的移动……体现着空间的意味。矶崎新曾说：“现代建筑的全部问题都已被柯布、密斯等大师解决，现代建筑师已无用武之地……现在建筑师唯一可做的事情就是使用自己早已熟悉的词汇来发展他的创作技巧。”

隈研吾2003年设计的东京青山梅窗院是一个净土宗古寺的改造项目，由本堂、祖师堂、青山墓地等组成，寺院虽是一个威严、肃穆的场所，但它的平面形式却采用一种迂回的布置方式，与京都音乐不同的是平面设计并没有创造新奇造型的初衷，而是本着寺院的形式设计着透彻心灵的平面。从室外台阶上至二层进入一个素雅的方厅，在方厅的正前面是本堂的入口，正方形的本堂是按净土宗寺院殿堂布置的素净而神秘殿堂形式,休息区与本堂之间是完全分离的,只有一条廊连接着。有意地将建筑分为两个不同区域,是神与人不同的世界,休息区是一个封闭的环境,窗户很少,迎合了使用者的心理。对于梅窗院,我并不把它作为一个建筑体量而是作为一个都市内外空间的过滤体来进行创作,以实现建筑向都市开放的概念。这种非对称的、幽静的、迂回平面正是过滤体创作的体现。

在日本,建筑平面的非对称性是民族一直以来的传统,它来源于日本人对自然的敬畏与尊重,传统的日本建筑多数都采用非对称性并少有带明显人工痕迹的建筑和庭院,只是在近代学习西方建筑时有过一段短暂的对称建筑建造热潮,随着建筑师对本国建筑创作自信心的加强,对称式建筑又大量减少,这是日本民族对事物情感的自然表达,它即使不强调建筑传统形态的继承,也会出现在当代日本建筑界中。

3.2.2 使用纯粹的几何基本型

日本建筑的平面采取非对称布局,而在形体结构上通常采用纯粹的、简洁形式的几何基本型。建筑师矶崎新在他的论文《关于立方体》中,表达了自己对筒形回拱和立方体这两种纯粹几何基本型的喜爱,甚至将其比喻为柏拉图式的第一原质,认为它们可以超越现代主义建筑的操作方法的地位。日本当代建筑师安藤忠雄的作品在建筑形态上一直保持着这种纯粹的几何学基本型。即使是需要使用圆形也只用初等几何中的圆弧,对于钢铁材料所创造的复杂曲线样式完全没有兴趣,在建筑创作上只选择纯粹的正方形和圆形。安藤曾说:“我就是通过给予建筑纯粹的几何形式以迷宫一样的表达,来创造一座具有抽象性和具象性共存的建筑。”所以,在安藤的所有作品里我们都能看到这两个元素,姬路文学馆、Akka 画廊、京都府立陶版名画庭院、住吉的长屋等作品都在简洁的几何形体内部创造出了丰富多变的建筑形态。1970 年安藤设计的六甲集合住宅 I 超越了住吉长屋中那种禁欲般的简约性,证明安藤忠雄同样可以运用纯粹的几何基本型设计创作出令人叹为观止的丰富形态。

2000 年安藤忠雄完成的淡路梦舞台几乎是他混凝土建筑的巡回展。淡路梦舞台是为 2000 年花卉博览会服务的主要设施,它由国际会议中心、星级旅馆、餐饮设施、娱乐设施、大型温室、露天剧场等建筑组成。在这里安藤尝试着用几何学构筑都市,南侧韦斯延旅馆采用三角形平面,国际会议中心呈圆形平面,最引人注目的叠水大台阶与百步花苑又以方形组合,构成一种几何化的自然,似乎是由西欧古典回游园林的平面变格后再依山而建的立体回游展。这种对建筑的纯粹几何学概括既符合日本民族的建筑思维又与当代西方园林的传统吻合，所以这些建筑充满着日本趣味。在淡路梦舞台中安藤追求一种人工化、几何化的自然，如图3.7所示。

(a)百步花苑

(b)建筑回廊

(c)建筑鸟瞰

图3.7　淡路梦舞台

图片来源：http://image. baidu. com/.

安藤忠雄始终认为复杂的空间也可以在单纯性中创造出来，混凝土是当代的材料和建筑构筑方法的代表，但它无法决定它所构成的建筑空间，当代建筑应是轻盈和纯净的。2007年建成的作品21_21DESIGN SIGHT是他建筑纯粹几何创作思想的又一次体现，这座建筑是钢结构和钢筋混凝土构筑的地上一层地下一层的低层建筑，地上一层只有入口和接待室，地下一层是由两个画廊和一个三角形的"庭"组成的。它的独特造型是一个斜插入地下的巨大折叠铁板，这种卷入地下的构造，让人无论是在远离建筑的两侧或是中心入口处都能感到空间的广阔，如图3.8所示。

(a)建筑立面

(b)建筑室内

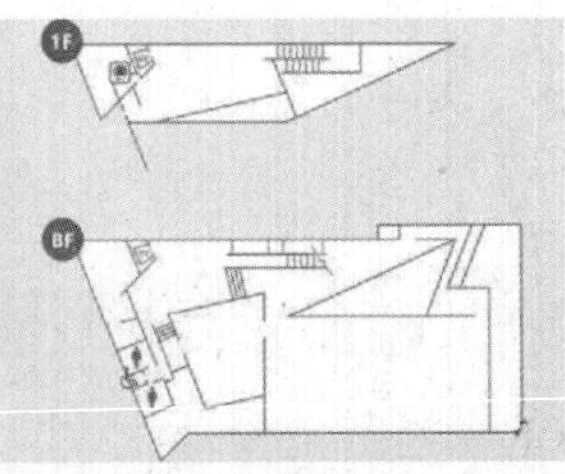

(c)建筑平面

图3.8　21_21DESIGN SIGHT

图片来源：http://image. baidu. com/.

渡边丰和是日本当代狂热追求民族情感、具有丰富历史知识的建筑师。他撰写了大量书籍阐述他的观点，在《和风胚胎》中他论述了绳文文化是日本的原生文化，而几何基本型是日本民族一贯追求的，并且他发现地球上一切古代遗迹、圣地都是按一定的几何形态分布的，日本原生的绳文文化也是如此，在建筑创作上他更是倾心于纯粹的几何学魅力。1994年渡边丰和设计的秋田市体育馆是当时日本后现代主义的代表，他曾表示过："我确信这个建筑形态是最前沿的艺术形式因而确立了自信。"在这个建筑里面，渡边用混凝土构筑了大量的方形符号，加上圆柱和半圆形，建造了一个带有某种几何学规律的形态，类似于出土的日本绳文时期的图示，如图3.9所示。

图3.9 秋田市体育馆

日本当代青年建筑师藤本壮介的建筑理念是"原始的未来建筑"。依据人类早期穴居的理念，他认为原始的生活方式才是属于将来的新东西。因此在他的建筑中均采用基本的方形构成。2006年藤本设计的情绪障碍儿童短期治疗中心，如图3.10所示。该建筑建于山坡之上，是由一系列尺度相同的近似正立方体的、像积木一样零散错落配置的建筑，他认为这是一个"如同洞窟般、没有意图的场所"，在建筑中构筑这些立方体形成规则的室内空间并赋予空间私密与半私密性的功能，如卧室、游戏室、治疗室、卫生间等。而立方体之间所形成的空间用于交通、食堂等公共之用。在这里，立方体的比例尺度、简洁的造型促成了患病儿童平静的情感体验。

(a)外立面

(b)内部

图3.10 情绪障碍儿童短期治疗中心

2006年他的另一个作品N－House更加鲜明地展现出他对建筑形态的纯粹几何基本型的追求。这个建筑是由三个有序的、大小渐变的立方体渐次包覆展开的，最外面的立方体包围了整个建筑，并与第二层立方体之间创造了一个庭院，每一个立方体的立面又排列着大小不一、看似无序实则规律的长方体，这些长方体使庭园中树木的生长不会受到任何限制，让建筑未来充满无限可能。第二个立方体与第三个立方体之间包裹出一个生活空间，包括卧室与榻榻米的区域、浴室与厨房等，最后是第三个立方体围合出一个更加小的私密空间，整个建筑都在这种形态简洁、空间复杂中构筑而成，如图3.11所示。

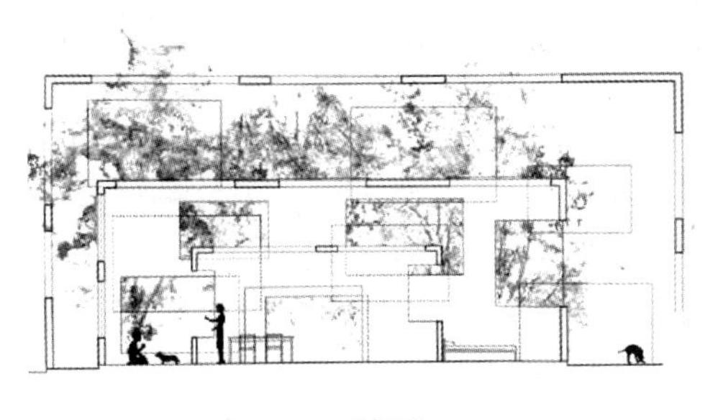

(a)剖面

(b)内部

图3.11　N－House

日本建筑师是一个非常理性，而且有着强烈秩序感的群体，建筑的纯粹基本型的形态是秩序的表现，大多数日本建筑师愿意使用基本型与这种几何化的民族情感有着一定的关系，在妹岛和世的SUPERFLAT（超平面）建筑、桢文彦的秩序和营造理论中我们依然能看到民族对纯粹几何学的追求和把握。

3.2.3　建筑中仿生几何的运用

自然作为影响建筑环境的决定性因素，不但以其物质要素的形态构造及对地域材料的特色运用，成为建筑作品显现所在区域特色的创作素材，而且它同时以物质性的机体结构特征促使建筑实现与其生存地域的共生关系。日本当代建筑师对待自然持有虔诚的尊重和向往，使他们对自然的研究已经不再单纯地满足于对其形态表达的简单模仿，而是模仿自然界中各种机体对象的内在结构，以揭示其内在形态产生原则，实现对建筑形态的原初性识别。因此，日本在当代建筑的形态处理上通过模仿自然元素的形态表征、几何结构赋予建筑形态原初性文脉，见表3.6。

表 3.6　日本建筑仿生几何形态示意

名称	自然仿生几何 - 曲线	抽象仿生几何 - 细胞	具象仿生几何 - 甲壳虫
建筑实体	 京都二条城建筑屋顶	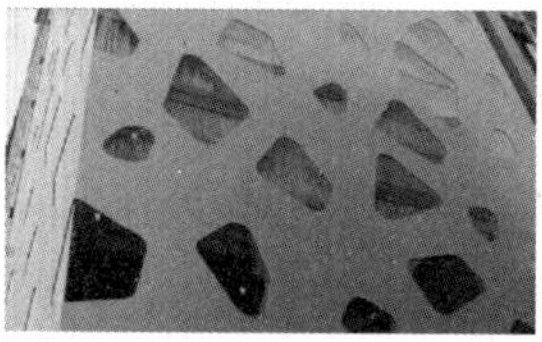 Mikimoto Ginza2 表面	 藤泽市秋叶台市民体育馆
建筑分析	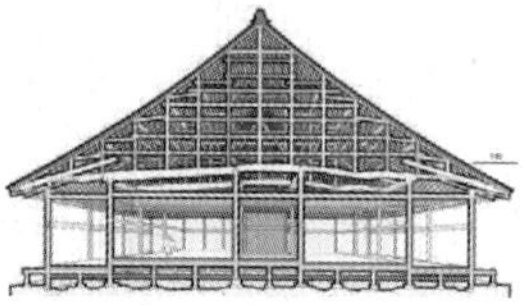 京都二条城剖面	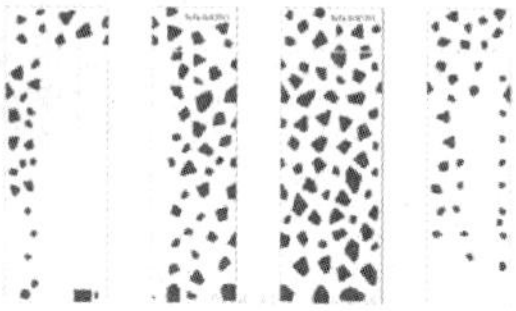 Mikimoto Ginza2 立面	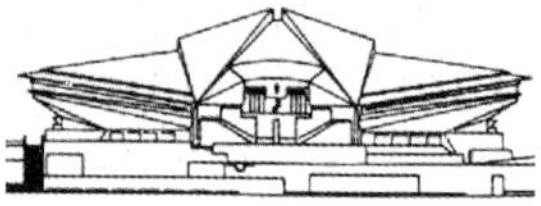 藤泽市秋叶台市民体育馆立面
名称	自然仿生几何 - 山丘	抽象仿生几何 - 传统屋顶	具象仿生几何 - 鲸鱼体
建筑实体	 福冈 Island City 公园	 代代木综合体育馆	 札幌体育馆
建筑分析	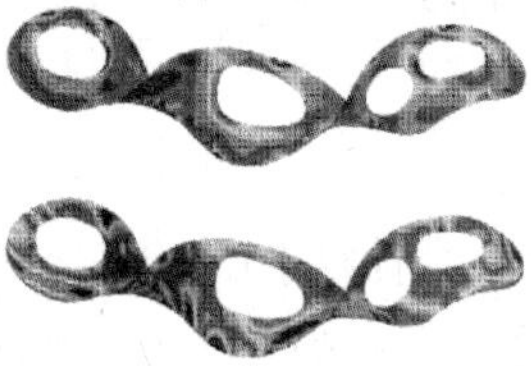 Island City 结构示意	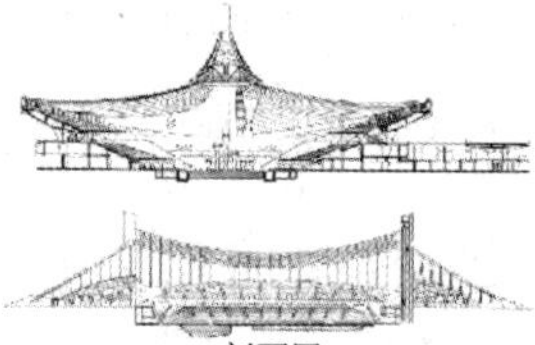 剖面图 体育馆立面和剖面	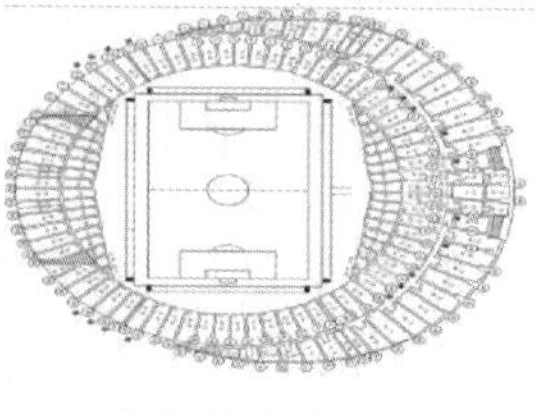 札幌体育馆平面

图片来源:http://www. google. com. hk/imghp? hl = zh - CN&tab = wi/.

日本民族崇敬自然,又偏爱纯粹的几何基本型,在建筑的形态上经常能看到仿生几何形态的出现。传统的日本建筑或工艺品有很多曲线出现,在观察这些曲线时发现与西方建筑中的曲线有所不同,日本传统建筑中的曲线带有一种绳索自然下垂的感觉,如传统建筑的屋顶、城郭的石垣、悬挂在屋檐下被称为“注连绳”的稻草结等,对于这种曲线的认识来源于融入自然的生活。通过日本语中对曲线的描写就能看出来,它们均来自于生活,如白雪压弯的松树枝、投石子时的轨迹,日本人对曲线的理解是天地间的自然美,在传统建筑中使用的曲线表现的是建筑的柔美、舒展。西方的曲线与直线是对立的,其本质也是不一样的,在西方传统建筑上我们能看到正圆或圆切割的线组成的曲线,这是基于构成主义发展的,而日本的曲线是抽象的仿生几何。

这种对仿生几何传统的认知在当代建筑设计中也充分体现出来,如 1964 年丹下健三设计的东京代代木综合体育馆,悬索结构的巨大的曲线屋顶是传统屋顶的当代隐喻,用柔软的曲线将钢的重力抹去,如同日本传统木工手中的墨斗线绘制出来的一样,虽然丹下在很多场合都否认东京代代木综合体育馆与传统有联系,但在民族根生性的影响下,他的建筑始终离不开日本人"先天"的民族情感。

1984 年建筑师桢文彦所设计的藤泽市秋叶台市民体育馆,利用两条弧形的钢网架拱肋支撑屋面,它的主体是将甲壳虫,或是青蛙的造型几何化,在顶部形成两条明显的肋骨,两侧各构成一条采光带。体育馆的屋面为不锈钢屋面,墙用混凝土和面砖饰面,整体建筑大量使用曲线,但依然给人简洁的效果,与采用这种仿生几何有直接联系,如图3.12所示。

图 3.12　藤泽市秋叶台市民体育馆

到了 20 世纪末,日本建筑师所建造的各种公共建筑以及车站、航空港等大型项目更全面地反映了日本建筑师对仿生几何的思考。建筑师原广司于 2001 年设计的札幌体育馆,屋盖结构为曲面钢网壳,屋面铺不锈钢板,远远望去建筑如同一个巨大、闪亮的鲸鱼体。因为札幌冬季寒冷,积雪较多,该体育馆的屋顶采用不锈钢的穹顶,屋顶的曲面有利于冬季的劲风吹掉屋顶的积雪,这种仿生几何形态使得建筑具有极强的游动感,建筑的形态使其更加与自然达到和谐一致。

伊东丰雄于 2003 年设计的福冈 Island City 中央公园,在形态上宏大的曲线顺势而就,其惊人之处在于整组建筑与环境的完整融和,它像一座庞大的"山丘"起伏于大地之上。经过计算的仿生形态、最优化处理的壳体结构形成一个巨大的屋顶伏在钢架与玻璃组成的清透的墙体上，屋顶覆盖的植被是伊东丰雄对仿生建筑的探索，这巨大的屋顶如何架在轻薄的墙体上是他需要解决的难题，伊东丰雄在这里创造了一个自由形式的混凝土薄片，再利用巨大屋顶的起伏点将重心转嫁在地面上，屋顶的最高处中心用轻钢代替，轻轻地覆盖着一个巨大的空间，不仅解决了光照，还减轻了屋顶的重量。这种寄托于先进的科学技术，融入自然的仿生建筑在日本当代大型建筑中随处可见，如图 3.13 所示。

图 3.13　福冈 Island City 中央公园

2005 年建筑师伊东丰雄设计的 Mikimoto Ginza2 日本银座旗舰店的设计创意是用 7 个三角形分割外墙而形成的类似细胞的不规则圆形。简洁的长方体表面布满了细胞状的开窗，这里所选用的圆与几何学的圆无任何关系，选取的是一种自然中生物细胞形态。

但是，在当代日本的建筑中还是慎用曲线的，日本民族对日本的原始认知是朴素的、自然的，而曲线与复杂、华丽常常联系在一起，所以日本的建筑师与西方不同，他们很少对建筑大量变形，而且日本灾害频发的自然环境也不允许建筑的复杂化。

3.2.4　规矩的几何化建筑装饰

日本人传统意识中认为生活是不能懈怠的，一旦懈怠也就失去了精益求精的能力，他们对粗糙保持着高度的警觉和全方位的排斥。在日本传统的匠师做一根木片弯成的圆形至少要磨炼 5 年，而且每一个匠师都有自己的黏合纹样，细致入微，这样的产品在日本社会中随处可见。日本人对这种细节的精益求精使他们的生活中到处都流露出精致感，日本人认为细节和整体同样对生活有着重要的意义，没有一个精致的细部就不可能产生优质的整体。

与维也纳分离派建筑师阿道夫·路斯提出的“装饰就是罪恶”观点不同，日本人长期以来在传统建筑上就是不进行过度装饰的，而是用建筑细部的规矩、精致取而代之，对于装饰日本民族有着更加平和的心态，他们不像西欧传统建筑那样过分地装饰，也不赞同现代主义建筑应无装饰的观点。一直以来日本民族用热情雕琢建筑细部，认为建筑的细部是装饰的表现，它是建筑的灵魂。在细部处理上日本人很少使用复杂的曲线和奇形怪状的形态，大多数只用精致的几何节点修饰建筑外墙、门窗、构件及室内，彰显的是建筑原有结构的朴素典雅，见表3.7。例如，日本天皇的皇宫京都御所，在建筑的细部处理上仅仅利用木构架砌筑出大块的长方形格式，内部涂以白灰泥，其他部分都涂黑色加以装饰，所有立柱、构件不绘彩画，看似简单的处理，但在细部上精益求精，每一块面积都经过细致的推敲，形成和谐的比例。在日本的古典建筑上并不完全设实体墙，利用木构架特有的性能，设置多个开敞面，增加立面美感，如紫宸殿北副阶和正堂之间设糊纸隔扇，可随时开启，南面副阶和正堂之间敞开挂竹帘，紫宸殿内部空间没有任何彩绘。这在古代的皇宫建筑中并不多见，但紫宸殿也没有给世人简陋的感觉，究其原因是规矩、精致的细部使然。

表3.7　日本建筑装饰的几何化示意表

传统建筑装饰的几何化		
御苑外墙装饰	民居内部装饰	贵族窗户装饰
京都紫宸殿	京都民宅	京都御所清凉殿
当代建筑装饰的几何化		
商业外墙装饰	公共建筑室内装饰	民宅外墙装饰
SPIRAI表参道	梅窗院本堂	京都民宅

图片来源：http://image. baidu. com/.

日本当代建筑在立面的处理上习惯使用几何形刻画细部,这是对传统建筑结构性特征的反复引用,这使得几何形作为一种建筑工程结构性特征表现在立面构图元素中,与其他建筑形式立面细部的刻意装饰相比这样的细部更能给人以真实感。

例如,丹下健三于1991年设计的当代摩天大楼新东京市政厅的立面,采取纯粹的当代几何构图进行装饰,并大量使用尖端技术,建筑的立面采用横长和纵长的几何形刻画,立面理石上微妙的变化描绘出水平和垂直方向上的材质区别,这种严谨纤细的纹样,使整座大楼流露着日本江户时代东京传统形式和日本文化的优雅,如图3.14所示。外墙部分使用不同的材料,利用色差形成更为细小的格子,这种精益求精的细部处理赋予了建筑时代意义以及历史文脉的质感。

图3.14　新东京市政厅立面

日本当代建筑师在处理建筑立面时都有将其抽象成为简洁几何形的意识,而且他们重视细部的精准。如建筑师桢文彦所说:“当代的建筑否定了装饰性,如果建筑再没有材料和细部的表达,那么无论形式有着多强的表现力,都会变得非常的苍白而让人无法接受”。桢文彦对几何化细部处理的推崇是非常鲜明的,他认为细部是形成建筑形态的协调效果,是建筑的智慧所在。

多木浩二曾评价桢文彦设计的大阪电通广告大楼时说:它不是对建筑的装饰而是把整座建筑变成一个装饰。而最能说明桢文彦的几何化细部情结的是其1991年设计的Tepia宇宙科学馆,在立面上采用多种材料罗列配合装饰,入口处的立方体玻璃砖严整地排列着显示出日本传统建筑构件障子的形态和现代主义简洁的几何形态,无论是玻璃本身还是连接处都无可挑剔,如图3.15所示。

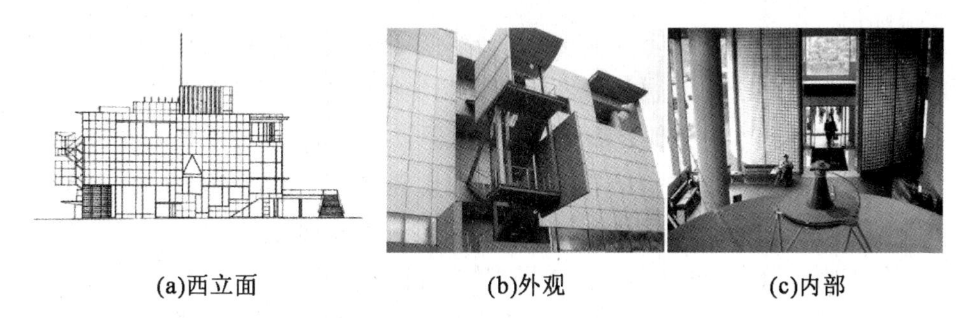

(a)西立面 (b)外观 (c)内部

图3.15 Tepia宇宙科学馆

图片来源:http://image.baidu.com/.

当代日本建筑师对建筑装饰规矩、精致细腻的几何形刻画是民族情感的自然流露,日本民族性格中一直有着含蓄内敛的成分,外显张扬、炫耀奢靡是日本人所排斥的,所以在传统建筑创作上日本的匠师刻意回避富丽堂皇的装饰,虽然幕府时代也有过以繁琐装饰为主流的时期,但朴实、规矩的几何化装饰仍是日本建筑装饰发展的主流,这个传统一直延续到当代,在日本各个时期的建筑师作品里都能看到对细部的重视,从丹下健三开始到青年建筑师小嶋一浩,精致细腻的几何形态建筑细部在当代日本建筑师的作品里是普遍存在的。

3.3 自然之情在形态中的纤细观念化体现

一个民族的任何一种观念形成都是经历漫长历史和复杂的环境而逐渐形成的,所以要了解一个民族的某种观念就必须了解她的历史与环境。

在日本的远古神话里,神灵很少是英雄之神,他们大多是平和、含蓄,甚至是悲壮的形象,而且日本的祖神太阳神是女性,这与很多民族以男性为太阳神不同,更多地夹杂着柔美的情感。加之日本自然环境的小巧纤丽、绿韵清爽,整个大自然呈现出柔和之美,日本民族充分吸收了这种养分,形成了一种对任何事物都温和纤细的传统情感。日本古代最重要的诗集《万叶集》大部分都是描写纤细感情的,全篇几乎没有宏大壮丽的场景,日本古代的宫殿规模与样式与中国文化区别很大,它们多以非对称和简洁的形式出现,与富丽堂皇的中国、欧洲宫殿形成鲜明的对比。纤细是日本人情感中的一大特点,对这种细腻情感形成的原因日本心理学家南博认为是“日本民族意识中的强迫性造成的,也就是所谓的‘完全主义’,不达到满足时,无论如何也要继续下去的欲望,日本人的性格中有对某种事物‘着迷’、专心致志的倾向。日本人在追求自己从事的艺术、技术事业中，追求达到完满的境界，为此不惜牺牲自己的生活，全力以赴”。

在当代的日本社会到处都能看到如电器、动漫、新干线这些既精致又含有极高技术水平的物件，它们已经成为日本的代名词。贯穿着“精益求精、轻盈纯粹、朴素单纯”的词汇，日本人乐于追求小巧玲珑的东西，这与日本人与生俱来的纤细性格有着密切的关系。日本民族的性格并不是单一的而是多元的，既有美好的一面又有丑陋的一面，但决定建筑形态以及维护这种审美传统的基础是敏感纤细的民族情感。

3.3.1 建筑结构的纤细调和

日本民族具有纤细调和的情感体验，日本当代建筑更加继承了这种特质，利用当代高科技材料和技术，建筑师可以将建筑的纤细调和体现得更加精湛。相对于其他国家的建筑师，日本建筑师对建筑表层的处理更加精细，他们更善于将表层平面化，取代了建筑的三维实体成为人们对当代日本建筑的主要印象。由日本当代艺术家村上隆提出的 Super Flat 概念是表层平面化的具体体现，Super Flat 是个有趣的词汇，可以看作是描述当今日本的一个关键词。这不只是包含着当代日本独特的漫画文化现象，也包含着日本战后面对来自美国的种种现代、后现代文化入侵的抗衡以及被这些文化冲击扭曲的一切。Super Flat 在日本当代建筑中的主要特征就是表层层面的超薄化，弱化透视感以及结构造型纤细调和。如同日本漫画一样表面没有同一的视线，不再区分与强调建筑中的主与次。而作为建筑师并不在意建筑构图设计有哪些原则，而只关注建筑从各个角度观看是否都很精美。这种现象出现在日本并不是偶然的，在日本传统的观念中这种现象早已出现，如日本的能剧里，道具中的面具从不同的角度看去都会表现出不同的脸部表情。这种多个视点同时存在没有固定视角的文化在日本无论是过去还是现在都一直存在，作为看着日本漫画长大的年轻一代建筑师无不感同身受。妹岛和世、西泽立卫和青木淳等人被其称为“Super Flat”派的代表。

日本当代建筑评论家五十岚太郎认为：“超平面”的概念对当代日本建筑影响与艺术作品有所不同。它并不是完全意义上的没有任何深度的超级平面，他将“超平面”的建筑归纳为两点：首先，是在建筑的表层集中体现建筑创作；其次，是重塑建筑中各层面构成和顺序间的关系，不再强调与区分建筑中的主与次，而是将其等同后重新排列定位，这种建筑的表现途径就是超薄化和形态纤细调和。

建筑师伊东丰雄于2000年设计的仙台媒体中心以三个元素为特征表现建筑：平台、管道、表皮，这三个元素以轻盈的形态出现，用以“消解建筑”。平台共7层，并且层高不同，连接部分是13个树状管道，竖向的支撑构件由覆盖结构的网架实现。并且，这里的结构本身还被作为建筑内部分布的间隔及上下交通来使用，它们垂直地穿过平台给每层补养，使“仙台媒体中心”呈现出透明之式，轻薄的玻璃幕墙表皮，城市干道上 Zelkouva 树的光影反射到幕墙上，增加了建筑的灵动之美，如图3.16所示。夜晚在树和建筑之间安装了很多的照明设备，通过灯光的照射，建筑逐渐失去了形体，成为一个发光物与环境更显调和互溶。

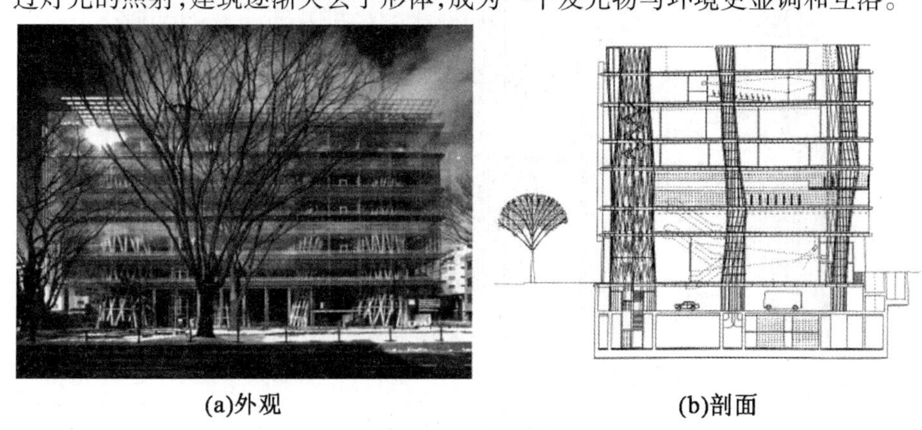

(a)外观　　　　(b)剖面

图3.16　仙台媒体中心

图片来源：http://www.google.com.hk/imghp? hl = zh - CN&tab = wi/.

建筑师妹岛和世的作品强调轻薄的墙体、平面化的表层，整体的非承重感和材料的虚拟化。例如，她与西泽立卫在2009年设计的作品法国萨那卢浮宫新馆，如图3.17所示，建筑的表面为钢筋龙骨加铝板，形成了一种二维的视觉效果，这种超级平面使建筑与环境高度融合，达到消失的境界。他们设计的另两个作品DIOR表参道和金泽21世纪美术馆也贯穿着这种思想。在金泽美术馆中妹岛和世选用的是360度透明开放的玻璃幕墙，将建筑的形体薄化到极致，而DIOR表参道用一种帐幔式的方式表达这种思想。建筑是一个共7层高的简洁长方体，表层的外墙全部采用玻璃材质，并在玻璃内部附有加工成褶皱状的、透明的丙烯板材料，在光源的照射

图3.17　萨那卢浮宫新馆

下，参观者如同看到了用纱布包裹着的建筑，表层的玻璃幕墙虽然进行了分层，但在自然环境等多种因素的影响下给人以均质平滑的感觉，让建筑感觉轻盈而且飘浮、穿透而又流动，如同水晶方体一样，如图3.18所示。

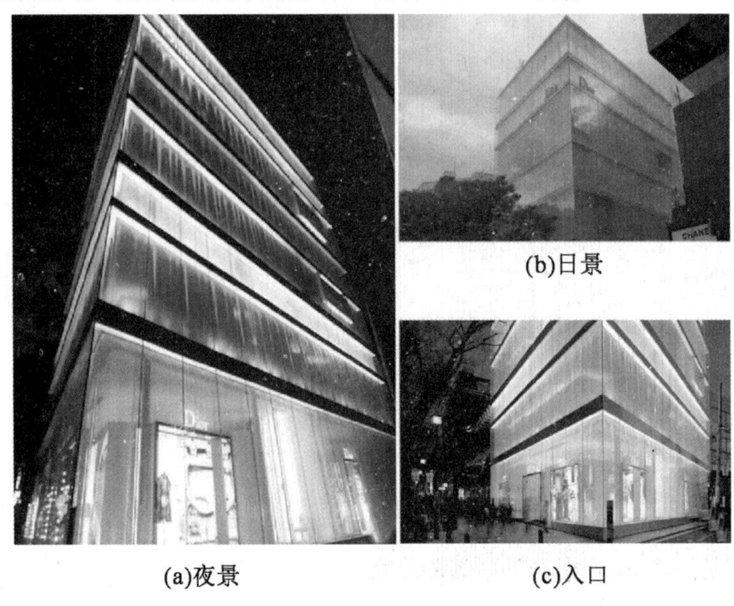

图3.18 DIOR表参道

图片来源：http://www.google.com.hk/imghp? hl = zh - CN&tab = wi/.

2009年妹岛和世和西泽立卫设计的石神井集合住宅纤细到透明，妹岛认为建筑的通透性和多样性是它的特点，而无论从任何角度都能看到的白色柱体结构更是增加了形体的微妙，简洁的直线形体衬托出了丰富的空间内涵，使建筑、自然与人三者协调融和，利用当代材料构成的建筑呈现了日本民族传统的纤细性格，如图3.19所示。妹岛和世和西泽立卫用“纯净”的方式诠释了日本纤细的建筑形体结构样式。在妹岛看来建筑的概念变得越来越模糊，传统的经典建筑观念在未来建筑中要有鲜明的特色，当然这也需要先进的技术加以实现，如建筑的保温和支撑结构，为了达到墙体轻薄的效果，一般采用兼具保

图3.19 石神井集合住宅

温隔热作用的超薄外墙，以钢板为主要支撑结构，外墙粉刷反射性涂料。

日本的另一位建筑师青木淳也钟情于这种形态纤细的建筑创作，从 1998 年建成的 Louis Vuitton 名古屋开始，他就利用两重玻璃墙和灯光的配合形成错综复杂的视觉图案。为了在被局限的表层上进行表现，他将白天的天空反射到两层玻璃之间，使视线无法找到中心，表面未加任何传统空间设计手法，仅用二维的平面就达到视觉的空间效果。这样的方式在他于 2001 年设计的 Louis Vuitton表参道中也用过，在这个建筑中青木淳采用的是他的云概念，建筑表面用不同的交错组合的方式，保有内外光影的穿透性，同时创造巨大体量的轻盈感。又利用表参道上的大树使空间带入了树的身影中，犹如置身于茂密的森林之中。

同样在这条街道上也耸立着伊东丰雄设计的 TOD'S 表参道，如图 3.20 所示。这座建筑利用抽象的树干形态重叠复制形成一个二维化的丛林印象，通过调整树影姿态使内部空间层次得以突显，表面的扁平却蕴含着内部空间的丰富。这里的树干同样还是建筑的支撑结构，虽然树干的混凝土达到 300 mm 厚，但缝隙间的玻璃和铝板使建筑给人的整体印象是轻薄的。

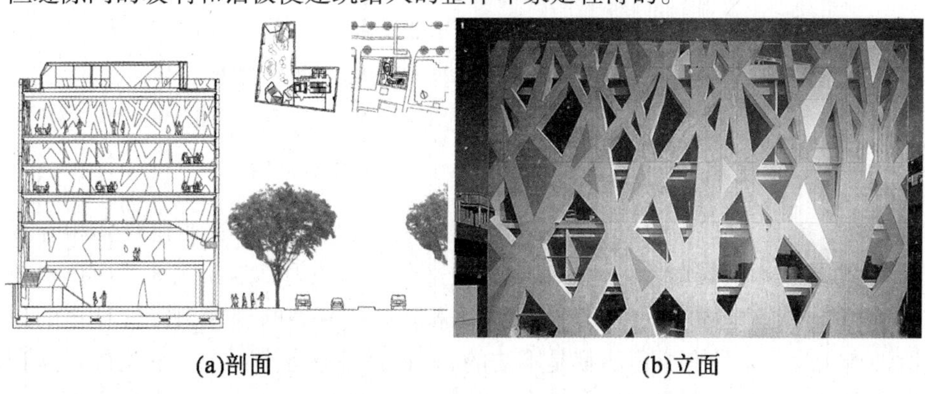

(a)剖面　　(b)立面

图 3.20　TOD'S 表参道

2004 年建筑师干久美子设计的银座 DIOR 店也是阐释建筑纤细调和的作品，它的构造做得更加纤细，她的创作思想是“消解二元对立”，就是将界限模糊化，建筑形体与结构的分界线也需要渐渐接近，才能更好地解释建筑形体的优美，如图 3.21 所示。

日本民族纤细的性格是使日本人具有精致细腻创造能力的情感因素。在现代主义主导全球建筑界的时代，日本民族这种细腻的天性使得与同样倡导建筑轻盈性、简洁性的现代主义理论可以快速融合，加之民族对制作精益求精的行为习惯，让日本建筑在当代显示出独特的个性，在日本巍峨粗壮、富丽堂皇从来都不是建筑的理想状态,日本的建筑师一直在追求精致纤细的建筑形态。早在近代,建筑师堀口舍己就已经提出恢复"桂"的建筑构成形态,到了当代,日本建筑师更是将这种意识变为设计方法,如坂本一成、长谷川逸子等在建筑中都体现了这种纤细调和的日本趣味。

(a)景观　　(b)细部　　(c)立面

图 3.21　DIOR 银座店

图片来源:http://www.google.com.hk/imghp? =zh-CN&tab=wi/.

3.3.2　建筑色彩的原生质朴

日本色名的起源是显(白)、晕(青);明(赤)、暗(黑)。这两组色彩相互对立,它也是日本人最原始的色彩感觉。在这些基本色中日本人尤其对白色格外喜爱和尊重,这是因为其一:日本民族素来以白色为美的理想;其二:日本的原始神道认为凡是带有颜色的都是不洁的,只有保持原有本色才是神圣的。这种对色彩的质朴观念也直接影响到传统建筑上。日本古代的工匠在建造建筑时大都保留材料的原色,不加任何粉饰,这一点在伊势神宫的建筑上就有所反应,原木古色的框架结构、洁白的沙石地面、周围葱郁的松树,都彰显着日本民族朴素的色彩观。这些意识源于日本岛国的自然环境和自然色彩所产生的纤细与敏感的特殊感情,使之将色彩与感情融合在一起。而京都的二条城和京都御所的建筑色彩可以归纳为以黑色与白色相互对比的主色调,这样的色彩突出了建筑圣洁、清丽的气质。

日本当代建筑师对建筑色彩的运用一直秉承着这种色彩观,他们对建筑的颜色大多喜欢用材料的原生色彩,并且擅长突出色彩的特点。如安藤忠雄偏爱使用混凝土的本色,黑川纪章从日本传统茶道文化中提炼出来"利休灰"作为建筑色彩的一个重要特征，坂本一成用木本色做成覆盖建筑的场所，青年建筑师藤本壮介的建筑多是可以自洁的白色，见表3.8。

表3.8　日本建筑色彩的原生质朴示意

名称	建筑墙体粉饰白色	建筑内部材质本色	建筑体自然色
传统建筑	新潟市妙照寺	京都民宅	京都二条城建筑
当代建筑	京都府立陶版庭院	东京国立新美术馆	N－House

1．“利休灰”的象征性

黑川纪章对建筑色彩的使用一直追随着一种“利休灰”的概念。在他的论文《中间领域或周边性》中提到：“‘利休灰’的概念，就是两重意义、多重意义的中间领域的审美意识或美学。”这是日本文化“灰”的体现，灰在空间上体现在“间”“缘侧”上，在色彩上就体现在“利休灰”上，这与他的设计哲学“中间领域”、“共生”理念有着相同的意境。同时，黑川纪章在一系列建筑实践中使用了利休灰色彩，用建筑阐释着他的色彩理念，例如东京国立新美术馆，如图3.22所示，以及广岛当代美术馆、Kyocera旅馆、和歌山县立近代美术馆等。这些建筑通过对“灰”的色彩处理，表达出蕴涵在其中的日本民族情感和观念，也可以认为这是对传统“空寂”认知的一种意象化继承。

图3.22　东京国立新美术馆

在“利休灰”色彩的使用上日本当代很多建筑师都对其进行过深入研究。

安藤忠雄利用清水混凝土在他的作品中也体现出“利休灰”的概念，安藤忠雄曾说：“我并不习惯使用稀罕或高价的材料，因为每种材料只要运用得当就能产生熠熠生辉的效果”。安藤忠雄在他的作品中所使用的是混凝土材质的本色，而这种本色正是日本民族所崇尚的“利休灰”，所以安藤忠雄的建筑不需要色彩的重置就可以达到想要的效果。

2. **白色的神圣性**

除去对“灰”的利用，日本建筑师还喜欢在建筑中运用白色，这也是一种传统的继承，从堀口舍己的紫烟庄、篠原一男白的家、岸和郎的深谷住宅，日本当代青年建筑师藤本壮介的建筑中也大量使用白色。如在他的作品 N－House 中我们都能看到大面积白色的运用，这种纯净的建筑色彩在当代建筑中来源于现代主义建筑理念，但在日本它同时是传统的继承，所以能够被日本人普遍接受。

2011 年由日本高知县建筑师工作室设计完成的 Amida House 住宅内部色彩采用日本民族传统颜色白色为主色，只在个别平面和地板处用木本色加以描重，白色的墙壁通过光的照射，反射出多彩的、复杂的颜色，玄妙的光照造成一种无与伦比的色彩美，同时也呈现出日本传统的圣洁、轻软和纤细的气韵。另外，对阴影的利用也是建筑色彩的一个展现，日本传统上就重视建筑的阴影部分，建筑师矶崎新的“间”和桢文彦的“奥”的理论源泉就是建筑的阴影，在白色的色彩世界里，阴影表示黑色，这是阴影色彩绝对化的表现。在 Amida House 里随着光线的加强与减弱，白色受光的阳面和背光的阴面产生的色相是很不相同的，这也为建筑的构成增加了很多趣味性，如图 3.23 所示。

(a)楼梯间　(b)走廊　(c)外观

图 3.23　Amida House 住宅

图片来源：http://www.bobd.cn/.

3. 自然色的执着性

日本建筑师对建筑材料不加任何粉饰是民族一直以来的传统，日本民族鄙视浓艳的色彩，从伊势神宫到草庵茶室，再到安藤忠雄于1992年在西班牙塞维利亚世界博览会上设计的日本馆，都保留着材料的自然色。2011年建成的新潟国际艺术学院佐渡研究院在色彩的运用上除墙体是白色外，全部采用木本色和草席自然色，和谐细腻的自然色与佐渡岛美丽的环境色呼应并强烈地配合在一起，使得建筑形态变得柔和洁净，如地上生长出的体量一样，巧妙地融入了环境之中，如图3.24所示。

(a)教室　　(b)正厅　　(c)外观

图3.24　佐渡研究院

当代随着科技的发展，工业制造为建筑形态和色彩的选择提供了新的条件。同时人们对自然材料也进一步进行探索，使这些材料的视觉色彩发挥出更大的特征。当代创造的工业材料在色彩上也提供了多种可能，加之当代建筑设计更加关注、发掘材料本身真实、质朴的色彩潜力，不附加任何虚饰，直接展现建筑与自然的关联。安藤忠雄在色彩的使用上主张材料的自然色，他常使用的现浇混凝土和玻璃材料都是自然色，这些虽然是当代科技下的人工自然色，但在这些混凝土的建筑中，人们看不到材质的粗糙、冰冷的形象。在对材料生产的严格管理和精心施工过程中，其表面已变得极为纤细调和。如他的作品京都TIME'S整体建筑风格呈现浅灰的混凝土本色，给人以极其纯净的形体感受，利用混凝土单色匀质的特征，加之与光、水、风、植物等要素的结合，创造出的视觉形象与自然环境的相辅相成，如图3.25所示。这种材料本色的运用与日本传统的木材本色运用一样表现得简单、谦逊与平和，得到日本社会的普遍认同，也成就了日本当代建筑。

日本民族终年生活在五彩缤纷的色彩世界里，对颜色的捕捉是十分敏锐的，但在建筑上日本人追求的是简洁、自然、原生。在日本我们很难看到如俄罗斯、墨西哥那样的绚丽、高纯度的建筑色彩，这不光是受地域环境的影响，还与民族纤细淡泊的情感有着密切的联系，当代日本建筑师很少研究彩色的建筑，对灰、白有着浓厚的兴趣，如在妹岛和世、桢文彦、矶崎新等建筑师的作品里，我们都能感受到这份洁净，这看似没有吸引力的色彩，却呈现着民族的自然之情。

图 3.25　TIME'S 的混凝土与环境

3.3.3　建筑材质的素雅轻盈

日本人的情感不重视理性而重视知觉，他们的很多思维方式都是从感性出发，擅长表现内在的情感，加之性格中的纤细淡泊的成分，使得日本的各种文化形式均具有素雅、含蓄的特点。在物体的制作材料上日本人一直以来喜欢单一、原生、幽婉的材料。例如日本茶室的各类陈设品，不均匀的粗泥茶具、未加任何修饰的原木茶几案、精细编制的竹筒花瓶等均能看出日本人对材质的素雅含蓄追求。这种对材质的感性追求同样也反应在传统建筑材料的选择上，在日本传统建筑的建造上日本人喜欢用单一的材质营造建筑，如神社、茶室，在传统建筑中还有一种材料影响较大，就是织物。最开始是日本贵族修饰绮丽的御座使用的，后来因织物的不透明性和多样性及打破建筑梁柱显现的僵硬平直形态的轻盈性，被武士和平民普遍所喜爱，甚至作为维护体出现在建筑上，同时也反映出他们的趣味趋向，这样利用织物作为建筑维护体的传统直到当代依然是日本建筑师的偏爱。

当代日本建筑师在建筑材料的选择上也体现着民族纤细淡泊的情感。随着当代日本科技的高速发展，使得建筑的材料选择上有了多种可能，新的材料大量涌现，但日本建筑师对传统材料依旧抱着极大的兴趣，并且精心研究传统材料的改进和赋予当代建筑的内涵，使得日本当代建筑的材料显示出既素雅又新颖的特点，见表 3.9。

建筑师坂茂也是使用单一材料建造建筑的实践者。1989 年在名古屋的展会馆里他首次展示了“纸建筑”。他将通常用作室内装饰材料的纸加以改造，制作成了结构材料。2001 年汉诺威世博会的日本馆，在占地5 000 m^2 的面积里，勾勒出了一个个纸柱建筑的形体，白天光线照入室内，夜晚室内的光线洒向室外，好像一个灯笼，给人以含蓄暧昧的趣味。在这个建筑中坂茂用一种最柔软的材料建造居住的场所，充分发挥纸的柔软性能，创造出优美、精致的建筑。这是继承了日本传统，利用材料打破建筑僵直冷硬的感觉，如图 3.26 所示。

表3.9 素雅轻盈的日本建筑材质示意

名称	传统桧皮葺屋顶	桧皮葺屋顶结构	原木茶几与榻榻米的茶室
传统建筑材质	京都御苑城门屋顶	京都御苑屋顶建造结构	日本茶室内部
名称	纸质材料	竹质材料	玻璃材料
当代建筑材质	坂茂的“纸建筑”	寿月堂银座歌舞伎店	KAIT 工房

图片来源:http://www.google.com.hk/imghp? hl = zh - CN&tab = wi/.

(a)内部效果　　(b)材料展示

图3.26 2001年汉诺威世博会的日本馆

图片来源:http://www.cngbn.com/.

坂茂似乎对柔软的建筑材料特别感兴趣,他的另一类建筑作品就是利用织物作为建筑的维护体,如1995年他设计的东京“幕布墙之屋”和2003年设计的Glass shutter house都是将建筑设计为没有外墙的维护的框架,只是通过窗帘布和外界形成封闭和开放的关系,达到了表现建筑形态的简洁、轻盈、优美之感,将民族素雅、含蓄、模糊的空间体验暧昧地表达出来,如图 3.27 所示。

(a)外观

(b)庭院

(c)内部

图 3.27 Glass shutter house

图片来源:Architecture. in. Japan,59/.

隈研吾在 2011 设计完成的当代美术馆利用玻璃覆盖表层,实现建筑轻薄的感觉。虽然建筑是建在欧洲的古老街道上,但建筑师认为建筑以“集落的粒子感”“融入景观的气氛”为设计主题符合消隐建筑的意图,利用强化玻璃削弱钢筋骨架的厚重感,使建筑轻盈而矗立。这种创作思想使源自于日本建筑的纤细形态融入以砖石为主的欧洲古街中,如图 3.28 所示。

图 3.28 现代美术馆

日本建筑师对建筑材料的轻盈性追求是带有普遍性的,建筑师青木淳设计的东京三个路易威登店都表达了他对材料素雅轻盈的追求,表参道的路易威登店的外墙是用两层玻璃材质夹层组成的,玻璃的里层是镀铜的镜面,在距玻璃约 50 cm 处悬挂着金属网帘。其灵感来自堆砌起来的木柴,其形态与表参道地区街道两旁的榉树相得益彰。而七层楼的展览空间全部以落地玻璃建构出整个建筑的形态,给观者以置身于“空中楼阁”的体验。这个建筑的网帘和玻璃材料的组合产生了轻盈优美的效果,使得建筑从每个角度看都不相同,这种组合就产生了神奇的视觉效果。

而六本木的路易威登店总面积为1 237 m^2,建筑材料是由约3万根玻璃管组成的,它的外墙能在夜间浮现出"LOUIS VUITTON"标志。玻璃管的直径是10 cm。排列成蜂窝状,深度是3 cm。墙壁和天花板材料也均采用了圆形图案。加之辅助材料金属、木材和石材等,使建筑改变了环境效果,参观者站在正面就可以直接看到店内。但是如果斜着的话,视线就会被挡住,但反射出的奇妙图案更使人难忘,如图3.29所示。

(a)外墙装饰

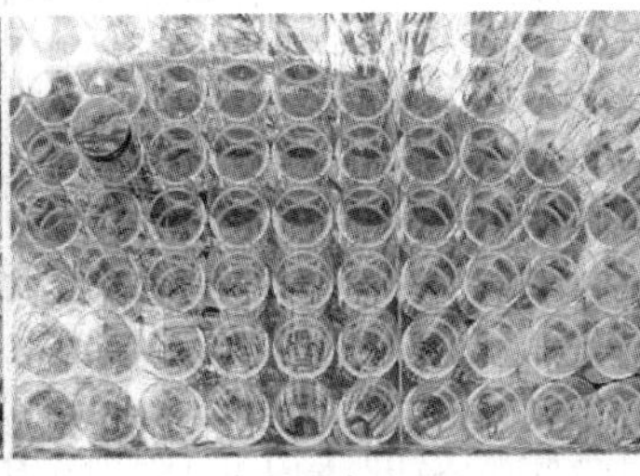
(b)内部装饰

(c)外观

图3.29　六本木的路易威登店

建筑师隈研吾于2013年设计完成的寿月堂银座歌舞伎座店利用3 000根竹子覆盖屋顶和墙壁,无数个竹子垂直吊立形成的竹子洞穴,体现着素雅轻盈的"日本式"意识。建筑形成了一个在高层建筑中的建筑,内部除竹子和座椅以外,清除一切不必要的物件,构成一个类似于日本传统"桂坦"的空间气氛。

日本当代建筑师在设计大型建筑时依然试图表现材质的素雅轻盈。如原广司设计的作品京都火车站,占地38 076 m^2,总建筑面积237 689 m^2,高达60 m,建筑规模宏大,结构严密,但在周围环境中显得并不突出,这得益于它素雅轻盈的材质。建筑师在设计各个层次上都注重表达精致和优雅的细部,使得虽然体积庞大的建筑仍细腻轻盈。京都火车站超越了结构和材料的表现性,展示的是日本建筑师对当代大型公共建筑的理解,如图3.30所示。

(a)外观

(b)内部

图3.30　原广司的京都火车站

日本建筑长期以来都彰显着自己的独立性，对材质的素雅轻盈是他们的普遍特点。建筑师伊东丰雄、妹岛和世、隈研吾等建筑的构成材料都带有这种特点，即使是使用石头、混凝土他们都努力做到轻盈细致，形成这种意识的原因当然有现代主义建筑理念的影响，但其根本原因还是纤细淡泊民族自然之情。

3.4 独我之情在形态中的相对复杂化体现

在日本民族的心理意识中有一种“型”的意识，日本社会心理学家南博曾说过：“所谓‘型’是日本美学上的一个概念，古典的表演艺术，造型艺术都讲究‘型’，这里的‘型’是分析日本民族心理的，大体意思是定式、公式、样式、规范、标准、习惯等。”它体现在日本社会的各个方面，就是按一定的“型”行动。这种定型化的意识是从彻底追求精炼过的模仿方式和模仿物出发，所以又产生了模仿社会成员的意识。然而，南博指出日本民族心理的另一方面，还具有多元性和灵活性，这方面主要表现在文化方面，无论是历史上还是明治维新以后，日本人对外来文化一直是全方位的接受，甚至是宗教方面，日本人也允许共存、混搭。这种心理在建筑形态上也有所体现，如在当代建筑创作思想上日本建筑师的师承关系十分清晰，他们虽然努力表现自己的特色，但形态上却鲜明地表现出流派的渊源，尤其是现代主义对日本建筑界的定型化影响一直未有突破。然而，另一方面日本当代建筑又明显区别于西方的现代主义建筑，在设计中他们成功地融入了东方文化和自然环境的元素，做到了“和洋调和”。

相对有限的自然环境，使得日本民族喜爱小型化、袖珍化。在传统建筑创造上也形成了很多与微小有关的形式，如印籠、草庵茶室等。日本民族虽然欣赏缩小，但始终没有放弃对扩大的追求。日本在自然资源、地理位置等方面算不上大国，但是日本民族不仅努力回避这些不利因素，反而刻意树立和强调“扩大”意识。再者，日本民族的相对性心理还体现在建筑形式对外来文化的开放接纳与封闭排斥上，他们既有积极吸纳外来优秀文化的开放的一面，又有封闭排斥的一面。

3.4.1 谱系的定型化与多元性

现代主义建筑是日本当代建筑发展的基石，现代主义大师莱特和柯布西耶都曾在日本留下过自己的作品，他们给日本留下最大的财富是现代主义的建筑思维和众多优秀的日籍学生，为今后的日本现代建筑制定了规范，也发展成为今天日本建筑创作的主流模式。日本当代建筑是从现代主义那里直接继承过来的，虽然也有个别独特个性的建筑出现，但主流却一直未变，他们继承上一代的建筑思想，定型化地发展建筑，见表3.10。这种有严格师承关系的定型化的建筑师心理在日本建筑的发展历史上是主流，例如，日本在大化革新后学习中国隋唐建筑的样式一直保持到当代建造的古建筑，即使是原发源地的中国其形态也发生了改变，但在日本，建筑形态坚定地维持原样。近代，日本明治维新后向西方狂热地学习建筑样式，也始终以原貌为最高标准，甚至是与日本的客观条件不符也在坚持原貌，如日本砖石建筑技术达不到要求，也要在木构架的外表上贴上砖石，以求神似。当代对现代主义的继承更是如此，如同南博所说的“日本人有完全主义的倾向”。

表3.10 日本建筑师师承关系图

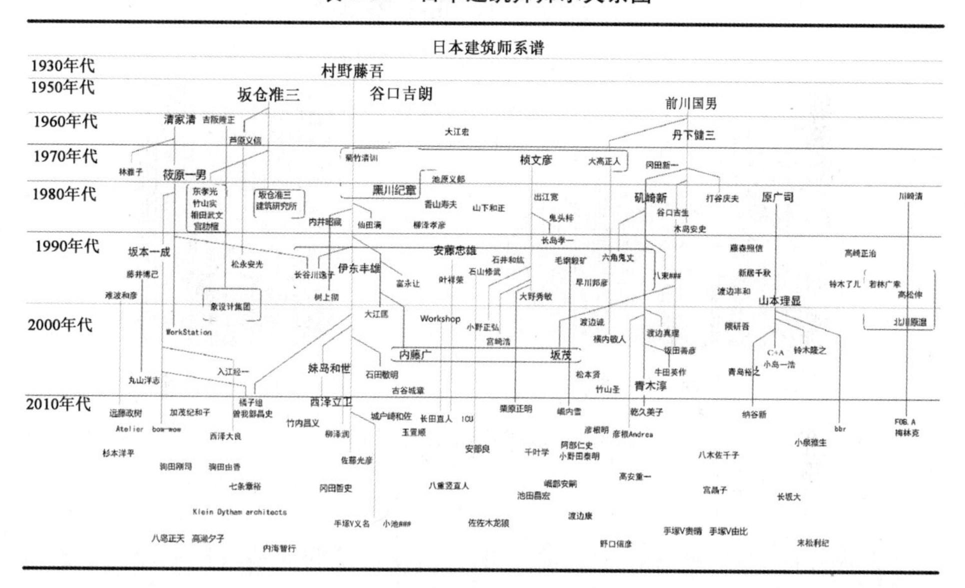

在东京国立西洋美术馆建成后不久，建筑师前川国男（Kunio Maekawa）在它的旁边设计完成的东京文化会馆，在建筑形态上与东京国立西洋美术馆如出一辙。柯布西耶的西洋美术馆外表面是粘着卵石的预制混凝土和未加装饰的混凝土表面直接裸露，而且这种材料也用于建筑物内部。东京文化会馆的表面是光滑的混凝土，尤其是巨大的混凝土屋顶，彰显着粗野主义的趣味，这一点也被他的学生丹下健三承袭并使用在建筑上，如他设计的香川县厅舍混凝土铸成的重层的栏板和跳梁，明显带有柯布西耶粗野建筑的倾向，如图3.31所示。丹下健三的学生矶崎新在设计中用“天柱”来展现建筑，并把它发展成自己建筑的特征，这种形式的建筑如同雕塑一般朴拙有力，如大分图书馆、富士县乡村俱乐

部。建筑师六角鬼丈在矶崎新工作室学习期间受矶崎新影响较深,他在建筑中创造一种建构的概念,同样使建筑如同雕塑,如他设计的东京武道馆、国立东京艺术大学艺术资料馆等作品。在日本当代建筑中能够清晰地看到建筑师之间的师承关系,这是颇为普遍的现象。

(a)东京国立西洋美术馆

(b)东京文化会馆

(c)香川县厅舍

图 3.31　粗野主义建筑的传承

图片来源:http://www.google.com.hk/imghp? hl = zh – CN&tab = wi/.

在当代日本与“丹下健三派”并存的另一支建筑派别是以日本近代建筑师村野藤吾为始,通过理解日本传统建筑与西方当代建筑的创作含义,寻求建筑外立面和细部处理的个性化、“远看是现代主义,近看是历史风格”的日本当代建筑创作之路。村野藤吾的建筑具有日本特色的当代建筑的整体形象,这种建筑关注自然、倾注思考、重视细节的创作理念,与“丹下健三派”的现代主义样式不同的是他的建筑透露出一种灵动和冥想,如日生剧场、宇部市渡边翁纪念会馆,如图 3.32 所示。

图 3.32　宇部市渡边翁纪念会馆

图片来源:http://ja.wikipedia.org/wiki/.

作为村野藤吾的学生菊竹清训在他的建筑作品里使用混凝土来表现日本建筑中木构造的架构，反映出源自日本传统建筑与西方当代建筑结合的基本观念，其作品在表面上虽然是利用西方科技，但建筑的思想与细部处理上都来自于日本传统建筑，如他的建筑作品菊竹清训自宅被称为"当代建筑表皮下的传统元素"，他用当代的混凝土建构了富有"日本空间文化"的建筑。作为菊竹清训的学生伊东丰雄关注的是日本传统建筑无临界性的理念及建筑的暂时性，他的建筑以纯粹的几何形态、日本传统的空间意蕴，表现当代建筑的语言及流动性，如他早期作品中野本町的家。

在伊东丰雄的影响下妹岛和世和西泽立卫继承着伊东丰雄暂时性空间的理念，与之不同的是，他们在建筑中透露柔弱、纤细来展现建筑的暂时性。他们的作品东京表参道 Dior 店，所表达的是纤细有力、确定柔韧的意蕴，以其冥想、半透明、暧昧、直观边缘的方式解读着日本民族的时空认知。

通过以上的例子我们可以看出日本的建筑界有着清晰的师承关系，其主流一直沿着既定的模式在进行，他们比其他国家更加重视这种关系，这与日本民族定型化的心理和归属意识有着直接的关系。民族化的继承不只是建筑形式和内涵的继承，还是社会意识形态的继承。

日本建筑形态的发展并不只是定型化的单一发展趋势，在日本其文化具有多元性倾向，如同南博所说的："日本人的行动样式具有多元性倾向……依据具体情况具体对待原则，把生活分成若干场合，依据场合不同，采取不同的相应的行动样式……日本的多元性有两个侧面。一是历史的重层性，另一点是空间的分离性。"日本文化多元性的代表就是日语，它是一种黏着语，由多种语言组合形成，这种文化的黏着性在传统建筑上我们就可以看出来。同样是宗教建筑，在神道伊势神宫和佛教样式得到国家保护和发展的同时，也出现了很多优秀的清真寺、教堂建筑，这种多元性在日本有着良好的社会基础。

在当代建筑流行于日本之际，也表现出建筑的多元色彩，如藤森照信，作为一位建筑史学家，他选择了非主流设计，不遵循于某种形式与理论，只是以自然为主题，以建筑的原始状态为目标进行设计。他的作品高过庵，建在两个高跷式的支柱上，看起来更像一个树屋而不是一个茶室，如图3.33所示。藤森照信在设计建筑时有三点原则：①不使用任何曾经出现过的外形样式；②在可见到的外形上只使用原始材料；③在看不到的地方尽量少使用尖端科技。

(a)内部

(b)支撑构件

(c)外观

图3.33 高过庵

另一位建筑师坂茂,他虽然也师从矶崎新,但天生就有强烈社会责任感的坂茂在为阪神大地震的灾民设计纸教堂及临时房屋时发现了纸质材料的轻巧与方便。它不仅容易得到,而且便宜,还可以循环使用,与当代的高科技相结合,可以创造出新的样式,于是坂茂创造出了一种新的建筑形态。如他在2011年米兰设计周上展出的与法国爱马仕合作设计的纸管房子。该建筑用纸筒取代木柱,围合墙体,再用一系列纸板组成的波浪形穿过纸筒,如同水一样流动,如图3.34所示。

(a)内部

(b)外观

(c)细部

图3.34 米兰设计展上的坂茂的纸房子

图片来源:http://leahhkin. diandian. com/.

日本建筑师在建筑创作上表现的这两种完全相反的状态是民族心理的惯性所致,正像日本心理学家南博所说的:“定型化波及整个生活式样……其特征是生活划一、意识划一……定型化的欲望,从彻底追求精炼过的模仿方式和模仿物出发。”这种强于其他民族的定型化意识使日本一直有着完整的师承关系,并将定型化的模式“模仿”到极致。但相对的心理使日本建筑师一直有突破这种模式的渴望，所以也出现了很多另类建筑，也被日本社会普遍接受，即使是主流建筑师在作设计时也有突破自己的另类作品。日本建筑师这种相对的民族心理使日本的建筑界总能快速融入最先进的创作思潮中，并把它发挥至极致，但这种过于依赖“模仿”也限制了日本建筑的发展，所以当代建筑日本虽然处于世界先进水平，但一直没有提出主导国际建筑界进步的创新性建筑理论。

3.4.2　双重与相对性的建筑尺度

民族传统的相对性心理一直在日本建筑界存在着，在建筑创作中其“小”的意识更多地体现在建筑尖端科技的研究和对传统“小”审美意象的解读上，而“大”的意识主要体现在公共建筑的大量建造上、建筑尺度的“扩大”上等。

在2006年8月的威尼斯第十届国际建筑双年展上，日本建筑师藤森照信创作的极具“日本趣味”的日本馆，充分展示了日本以“小”为美的审美观。在这次展馆设计上，藤森照信将千利休的草庵风茶室的躏口入口形式引入展示中，任何参观者想进入展馆就必须弯腰脱鞋才能进入。尤其是在展馆内，藤森照信用最原始的木头和麻绳材料分别建造了两个很小的展室，这两个小建筑也采用了躏口为入口形式，如图3.35所示。之所以采用这种躏口入口的形式，是想向世人展现日本茶室“即使将军进入也得弯腰解刀”的理念，暗示着进入后人人平等，体会着日本的“一期一会”文化。此外，经历了曲折再到达茶室有一种回归静谧的心灵世界，建筑双年展的日本馆是对千利休草庵茶室的当代演绎。

图3.35　藤森照信日本馆中的“门”

当代日本建筑师对超大型建筑有着浓烈的兴趣，这和1960年后日本经济迅速增长有着密切的联系，当代的日本是世界上的经济大国，雄厚的资金支持使日本建筑师拥有很多机会，而1964年的东京奥运会和1970年的大阪世博会更是加强了日本人做当代的大型建筑的信心。最近，日本大成建筑公司所设想的“日本富士山塔”被誉为世界上最大胆的未来建筑，他们梦想在东京湾建造一座高度超过4 000 m、可容纳100万人居住、拥有800层楼的超级建筑。这座建筑的外形仿照富士山的形状建造，但比富士山还要高213 m。建成后的摩天建筑将成为东京的“城中城”，是世界上最高的建筑，如图3.36所示。这虽然只是一个设想，但在日本与小如一铺半席的茶室形成明显的对比，让人印象深刻。

图 3.36　日本富士山塔想象图

图片来源:http://it86.net/.

如果说“日本富士山塔”只是一个设想。那么当代日本拥有世界上占地面积最大的名古屋火车站、人流最大的东京新宿站等,已经存在的建筑能说明日本民族对“大”的追求。除了分别将“大”与“小”体现出来,在日本还有很多将二者结合起来的建筑。

建筑师原广司在 1993 年完成的大阪梅田天空大楼的创作思维中具有“扩大”与“缩小”的双重性。梅田天空大楼的完成实现了原广司“空中城市”、“浮游领域”的宏大构想,建筑的形态为两个 40 层的超高层建筑,中间连接有着巨大的圆形孔洞的浮游空间,在孔洞下面有空中扶梯、走廊、露台,整座建筑形态是一个宇宙的浪漫幻想,充满了浮游缥缈之感,如图 3.37 所示。人行为于建筑之中,游走于建筑之外,体会宇宙的浮力。梅田天空大楼是原广司宏大的建筑梦想,反映了性格中对“扩大”的渴望。同样在这座建筑中,又体现着日本人“缩小”的情怀。如此宏大的建筑却没有想象中的巨型大门,只是每座建筑下简单的两扇玻璃门,而且到达它需要经过缩小了的自然与农田。在这个缩小的自然中有大海、森林的想象,如图 3.38 所示。还有农田村庄的精耕细作,进入建筑中,在底下二层中有缩小的大阪古街细致入微,即使是宏大的顶层浮游空间也有缩小的孔洞与建筑孔洞相呼应。

建筑尺度是建筑物给人的大小印象与其真实大小之间的关系问题,及对行为主体人产生的心理影响。每个建筑师对建筑尺度的“大”与“小”都有自己的心理尺度,它来源于建筑师对生活的认知,日本建筑师对于建筑尺度的极“大”和极“小”与民族爱“小”和慕“大”的心理因素有密切的关系,当代很多日本建筑师对建筑创作中尺度的把握都存在“大”与“小”的和谐统一。

(a)轴测图

(b)空中交通

(c)外观

图 3.37　梅田天空大楼

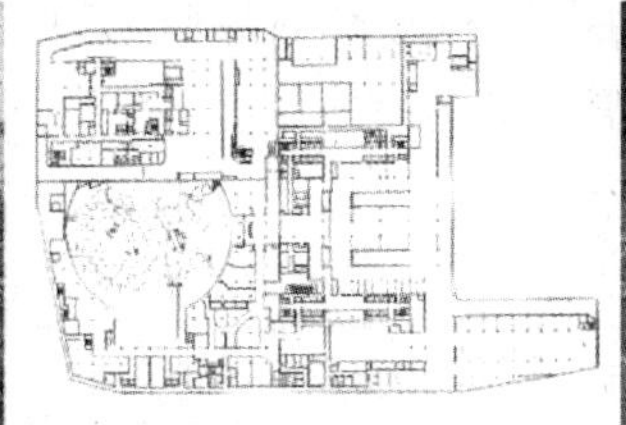

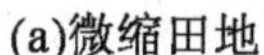
(a)微缩田地　　(b)总平面图　　(c)中庭的微观宇宙

图3.38　梅田天空大楼庭院

3.4.3　建筑形态的开放与封闭

日本民族的相对性心理还体现在建筑形式对外来文化的开放接纳与封闭排斥上，他们既有积极吸纳外来优秀文化的开放一面，又有封闭排斥的一面。长期以来，日本民族养成了对强势文化的包容性和开放性。这种积极开放的特性，使得日本民族在面对外来文化的影响和冲击时表现出了巨大的融合和接受能力。但是长久以来，平稳安定的岛国生活也使日本民族养成了一种特殊的自我保护观念，在他们的心理和意识中，异民族与日本民族有着本质的区别和鲜明的分界线。也就形成了对外来文化的排斥和不安的特殊心理。

早在日本全面向中国唐朝学习时，这种开放与封闭的和谐统一就在日本的传统建筑中显现出来。如京都御所，天皇上朝的紫宸殿外部形式是仿大陆式的，而天皇日常生活的"内里"的形式是传统日本式的，又如：京都的清水寺内，在悬崖峭壁上能看到仿大陆的唐样式建筑与日本原生传统建筑并列的景象，巧妙的是这两种形式却能和谐地交织在一起，这恐怕是中国建筑与西方建筑都做不到的，如图3.39所示。

图3.39　京都清水寺

从明治维新以来，日本一直在追求建筑的现代化，积极吸收西方现代建筑成果。在这个过程中，他们很少考虑外来文化自身的整体性和完整性，也较少顾及对自身原有建筑文化的冲击。日本民族心理中的这种积极开放的特性，使得日本人在对待西方当代建筑形式时表现出了较大的接受能力。这为日本建筑快速融入当代世界建筑之林提供了环境。但同时，日本又是一个民族意识极强的国家，在他们的心理和感情中，西方与日本有着鲜明的分界线和本质的区别,有着对西方建筑文化的排斥和不安的特殊心理。这种“开放”与“封闭”的相对性心理在日本当代建筑上很容易找到,见表3.11。

表3.11 日本建筑形态开放与封闭示意

传统建筑	开放	完全的唐代样式寺庙	唐代样式的神社	唐代样式的皇居
		 奈良唐招提寺	 京都平安神宫	 京都御所紫宸殿正门
	封闭	“神明造”格式神社	京都御所中的“和样”	“和样”的寺庙
		 伊势神宫	 京都御所清凉殿	 京都清水寺
当代建筑	开放	西方元素的后现代建筑	日籍建筑师设计的现代钢管构筑物	现代主义建筑
		 M2	 Sou FUJIMOTO	 压着端子制造
	封闭	高台式的现代建筑	继承传统的现代寺庙	切妻式屋顶建筑
		 广岛和平纪念馆	 兵库县喜音寺	 日本会馆

图片来源:http://www.google.com.hk/imghp? hl = zh - CN&tab = wi/.

20世纪60年代后，随着日本经济的腾飞，建筑师对当代建筑民族性体现的争论越来越激烈。1966年建筑师岩本博行通过竞赛中选的国立剧场又一次将西方的当代建筑与日本的传统完美地结合在一起。这是一座将日本传统高台建筑的内涵、深层文化与现代风格相溶的作品，它体现的是民族热潮高涨时的建筑设计趋势，如图3.40所示。而随后1998年由柳泽孝彦设计完成的东京新国立剧场，是在大的热潮平息下的建筑作品，这座建筑面积为68 879 m^2，地下3层，地上5层，塔楼1层。建筑力求朴实、自然、高文化品位，是一个谦和的、开放的、威严的国立剧场，是现代主义与日本传统相结合的建筑案例。在建筑造型上传统建筑元素与西方现代建筑融合，有向都市开放的庭园和入口广场，在当代的外形下内部用建筑材料本色作为装饰，如门厅的柱子，全部是清水混凝土本色，表面还清晰可见模板的木纹。

图3.40　国立剧场

图片来源：http://www.google.com.hk/imghp?hl=zh-CN&tab=wi/.

1986年桢文彦设计的京都国立近代美术馆的建筑形式也体现了日本既封闭又开放的当代建筑形式。这座建筑位于京都的冈崎公园内，与平安神社、京都府立美术馆、京都府立图书馆等一系列与日本文化有关的建筑相邻。在这种环境中建筑的“日本趣味”更加重要，桢文彦在设计时非常注重西方当代建筑与传统建筑的结合。在外部造型上，建筑尺度以传统建筑为标准，横向加长，建筑是混凝土筑造，但为表现日本传统建筑的轻盈，在建筑两端的疏散楼梯间用钢线与玻璃组成两个长方形的透明边缘，将建筑的棱角隐去，缓解了建筑的厚重感，同时与西方的现代主义提倡的显现转角结构相吻合，既满足了建筑所在环境的需要又与现代主义创作思想相一致，如图3.41所示。

建筑师丹下健三于1991年设计的新东京市政厅在建筑形态上具体体现着这种矛盾的相对性心理。该建筑是一个面积达到370 000 m^2 的建筑群。主体建筑是两座高48层的双塔作为第一厅，围绕双塔西侧是7层高的会议厅围合的半圆广场，在双塔南侧布置阶梯状的第二厅，利用廊道将三部分组合起来。这座建筑的造型是当代的摩天大楼，纯粹的采用当代几何构图，并大量地使用尖端的技术，它是当代工业文明的成果，表达着当代先进的建筑理念，但同时又表达着人类的感性、日本的传统。在这座极具新时代风貌的当代建筑的立面形态上，却固有着日本江户时代的东京传统形式。建筑的立面大量采用横长和纵长的有格子的窗，立面上这种严谨纤细的纹样，很容易让人想起传统的和风住宅，日本传统住宅的墙体上并不开窗，而是方格的推拉门，这种形式被丹下健三提取并设计在充满当代造型的建筑上，尽管丹下健三在很多场合都否认建筑与日本传统样式有任何关系。现在在日本的土壤中现代建筑已经开始生根，对此没有必要穿什么传统的衣服，因为从那时起就有着应开拓更为自由的新领域的情绪，也就是要走向世界。但民族根生性情感的自然流露使得这座建筑还是具有强烈的“日本趣味”，如图3.42所示。

(a)外观

(b)细部

图3.41　京都国立近代美术馆

(a)立面

(b)外墙

(c)外廊

图3.42　新东京市政厅立面

日本民族的相对性心理是民族情感的具体体现，他带有岛国民族特有的不确定性和高度的独我性，日本建筑师是日本社会的成员，他们身上具有同样的民族心理，作为外在表象反映在建筑上，这与定型化的社会意识也有着密切联系。日本社会学家吉野耕作曾论述过“中根的纵向社会论明确了区别内、外的意识与维持、促进集团一体感的集团内部构造”。对于建筑的民族性在日本建筑界经过了多次讨论，虽然没有达到统一，但目前日本建筑师的建筑作品都潜移默化地将日本人的观点输入建筑中，并得到世人的认可。这种在当代建筑中注入“日本的东西”的建筑形式将在日本生根。

3.5　本章小结

本章主要是通过民族根生性最直接的、最外在的表现——民族情感对以同是外在表现的建筑形态为主的日本当代建筑创作影响来论述的。具体通过日本民族情感中谨慎、自然、独我的显现特点与建筑形态中的元素、构成、创作心理中显现的几何结构化、纤细观念化和相对复杂化的特征加以阐述。以论证日本当代建筑所经历的自主化过程，是建立在基于强烈的民族岛国根生性这种自我意识基础上的。

日本当代社会中民族的情感或民族情绪表现出谨小慎微、妄自尊大而又自感渺小、矫情暧昧、独特而又规则的特征。形成这样的民族情感是“岛国根性”所致，表现为孤立感和对自然的崇敬感以及独我性，而建筑形态是建筑呈现出来的表层气质、形体、情态等。二者都反映出各自的表层状态，也是最真实的状态。这种形态继承是对民族化继承的最广泛的、也是最表层的方式。

对于建筑的形态而言，日本的民族根生性特征在被从意义到形式展开的几何基本型、纤细调和、双重心理变换成日本当代建筑的三类形态：几何结构化形态、纤细观念化形态、相对性的复杂化形态。例如，日本民族一直以来都有将物体抽象几何化的传统行为习惯，这是因为日本民族的岛国孤立情感所表现出的谨小慎微在起作用，在建筑形态中这种民族情感起到关键作用，这些几何形构图反复出现在日本建筑中，也使建筑具有一种稳定感，在情感上给人一种安定的感觉。

从传统建筑到当代的高科技建筑，日本建筑形态保持着纤细调和的形体结构、洁净素雅的建筑色彩、质朴原生的建筑材质，这与日本民族温和优雅、纤细淡泊的民族情感有着密切的联系。加之民族对制作精益求精的行为习惯，让日本当代建筑极具日本特色。

日本人所具有的民族心理具有相对性，其中矛盾的、双重的心理是其民族独特性的典型体现。反应在建筑造型艺术上就是讲究“定型化”与多元性的矛盾统一，建筑尺度的极大与极小、建筑形态的开放与封闭上，这种建筑现象是民族相对性心理的客观体现。

与其他民族的建筑师不同，日本建筑师在对建筑的民族形态继承时并不张扬，日本传统建筑符号简洁、素雅与现代建筑对形态的要求十分吻合，这也是日本建筑能迅速融合到现代建筑中的原因。现代主义建筑大师莱特认为:“日本的建筑……这种住居在几百年前就已经接近于有机建筑的理想,它与现代建筑是如此接近。”真正将传统建筑形态“去陋存真”的日本当代建筑师认为“传统并不全是过去的东西,它应是具有未来发展可能性的东西。”在这些建筑师的努力下,日本当代建筑并没有有意和突出传统特色,但依旧被世人称为具有“日本趣味”的建筑,这正是日本民族岛国的根生性在起作用。

第4章　民族认知影响下的日本当代建筑空间创作

民族认知是民族对世界本质、各种事物之间的联系、人与世界关系、人在世界的地位和作用等方面的全民族整体看法，在一定认知支配下的民族，会按照已有认知所形成的观点处理各种问题，也因此形成相对应的民族性，这种民族性在族群社会的各个方面以意识化和物态化的形式反射出来并反作用于社会。

再者，人类的建筑活动是以人的主体意识与客观物质世界多次磨合的活动。创造建筑的人类族群所拥有的特性，是建筑获得运动规律的重要条件，族群的认知就是这种特性之一。并且这种认知处于建筑系统的中心位置，建筑活动只有适应、同一、融入这种认知才能有效完成构筑与发展。由此，人类族群的认知将自身能动性通过建筑表现出来，并赋予建筑精神的内涵。同时，民族认知是一种积极主动地去感觉对象，有所选择地去认知的心理组织过程，它取决于特定审美客体所表现或者传达的感情性质，具有完整性、主动性、情感性和体悟性，民族认知与建筑创作思维的关系，如图4.1所示。

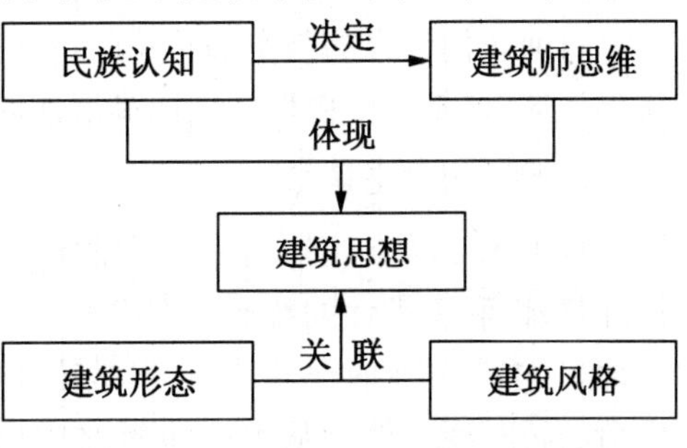

图4.1　民族认知与建筑思维关系

日本民族的认知具有一种“先天”的暧昧特性，这种暧昧来源于日本特殊的岛国地理环境和所谓“万世一系”的天皇制度下的社会环境。岛国的四季如春却灾害频发、温暖湿润却雾气缭绕，物与物之间的暧昧不清和神话天皇，相信自己是“神国”“神的子民”的人们，显示出封闭、顺从、自大和委婉的民族特性，这都是这种暧昧特性的根源。具体表现为混沌的时空认知、模糊的环境认知和悲悯的文化认知，这些认知在建筑创作中转换为一种模糊性，表达着民族的暧昧特性，这种模糊性主要是通过建筑空间创作体现出来的。所以，本章以民族认知为切入点,通过对日本当代建筑空间创作的研究,从空间场所、空间行为、空间意象三方面展开,并通过对日本民族认知的暧昧根性在日本当代建筑空间创作中的体现来分析民族根生性对日本当代建筑发展的作用和意义。

4.1 建筑空间中的民族认知特征解析

4.1.1 民族认知的暧昧根性

日本从传统建筑到当代建筑的发展过程中始终贯穿着同一性和矛盾性。这是由于其特殊的地域、自然物质、社会结构和由此生成的意识而造成的必然结果。民族认知就是这种意识的总结,对日本当代建筑的表现特征探索就是对民族认知的了解过程。日本的民族认知表现为某种潜在“暧昧”的本能,在当代的日本社会中始终贯穿着“暧昧”意识,这种认知意识很强,这是从日本民族潜在的一种无意识的本能发展出来的外在表征。封闭的、优美的,但灾害频发的环境使日本人的民族意识强于其他民族,日本民族的认知表现在具象与抽象意识当中。

目前我们研究的与本书相关的日本民族认知内容有时空认知、环境认知和文化认知,这是一个由低层次向高层次转化的过程。

1.混沌的时空认知

日本民族时空认知与西方人的认知相比有着较强的感性色彩,具有暂时性、阴翳性和模糊性的特点。在日本有一种“樱花情结”,它是大和民族对生命的理想,樱花开花时热烈灿烂,但是花期很短,转瞬即逝。这使日本人认识到了生命的暂时性。他们从生的短暂之中感悟到了生的喜悦,进而得出对生的珍视。日本人普遍认为事物要经历生长、繁殖、变化、衰亡的过程。新事物代替旧事物是历史的必然,即事物的本身是不重要的,当它不再有价值时消失是和它的存在一样重要。日本民族对空间的认知始终强调水平向,在日本即使是神社建筑也是一层或两层建筑,不会出现朝天耸立的建筑,这可能是日本人认为神与人是同时存在于世的,这一点从日本的神话就能看出。同时,日本人对时间与空间的认识是混沌的,二者是未分化的交融状态,具有暧昧性。

从唯物论上讲时间是物质运动的一种存在方式,它表现了物质运动的持续性。它并不是超越文化差异的一种普遍性的抽象概念,而是具有不同文化的固有类型。但在现实世界中,不同的民族、不同的文化对时间有着不同的认知。在日本的民间神话中,关于时间的起始并没有明确描述过,与中国和西方不同,日本民族认为天地最初不是盘古或上帝这样的神创造出来的，而是从原本混沌的自然中逐渐分离出来的。时间没有起始点，它是循环着的，并且无始无终，完全没有任何末世论的观点贯穿于日本的文化史中，但时间的每次显现都是暂时的，时间像圆周一样被分解为四季，四季在更替，但永远不会消失。这种循环的时间观念在与谢芜村的生动比喻中也体现出来："夫俳谐之达者实有流行实无流行，若人追随一圆廓奔跑，似先人却追后人。流行之先后该以何分耶。"总之，在日本民族的观念中时间并不是建构性的，而是生成的，且永恒也暂时。例如，日本的思想家加藤周一对时间的描述为："时间主要有以下几种类型：①无始有终的时间；②在有始有终的线段上前进的时间；③既无始也无终的时间；④有始但无终的时间，具体地分为在无限的直线上朝特定方向流逝的时间和在圆周上无限循环的时间两种类型。日本民族的时间观念属于第三种类型，是无始无终的时间观念。"

时间和空间还有一种共存状态，就是"消亡"它既是时间的认知，也是空间的认知。日本人对时空的"消亡"理解与西方的时空"消亡"理解有着巨大的区别，西方人认为所谓的"消亡"就是人类随着时间的推移而不断变化，在变化中走向死亡，以死亡而得到永生的带有宗教性的认知。但日本人对"消亡"有种莫名的好感，李冬君在他的著作《落花一瞬——日本人的精神底色》中有一首词写道："身边草木寥寥，无限空寂，此岸无涯，彼岸有一座生命之花冢。"深刻地反映出了日本人对"消亡"的怀念之情。日本人理解的"消亡"是再生过程的开端，是事物循环罔替的象征，在日本社会中我们到处都能看到对这种认知的赞美，如诗人小野三郎对废弃工厂的赞颂。湛然和尚说："穿透一瞬间，此在即永恒。当下，一瞬以外无他，一瞬、一瞬的重叠，就是一生。"这种死即生的思想是日本民族对事物在时空状态的朴素解读。

空间从物质性上讲是与时间相对的一种物质存在形式，表现为长度、宽度、高度的四方上下。但在实际社会活动中空间不是这种物质性的，它是一种文化现象存在的场，具有具体性、丰富性和历史性。日本民族的空间认知是开放与封闭并存的，开放是种非常态，而封闭则是常态，并表现出"深处""消亡"的意识，与神灵的共感意识和内外意识，带有一种神秘的模糊性。

日本民族的时空认知是从时间与空间的关系出发的，它在时间方面表现为"现在"，在空间方面表现为"此处"，日本人认为时间和空间是相互融合的，时间寓于空间之中，它是空间的规定性，二者具有交融之处，表现在建筑中的就是带有阴翳性的"间"空间、"奥"空间，而"间"被认为是日本时空文化的底蕴，它的最初形态始于人们企盼神灵降临空间的指示方式。

日本民族强烈崇尚水平线的空间认知,在古代的日本从未出现过纵向空间的建筑,即使是学习中国的木构架建筑也将屋顶斜坡作缓,这可能与日本人对建筑空间“深处”和“扩建”的需求有关。日本传统的民居是以功能性为主的,当空间不足时随时增加是有必要的,在日本空间的原则基本上是从部分到整体的。

2. 模糊的环境认知

环境认知是对日常活动空间中的地理位置、现象等信息整理、储存和解码而获得认知的过程。民族的环境认知是族群成员对共同的空间行为、经验、建筑形式和自然环境整体关系的评价。同时也是族群对外界客观事物的属性和特征及对人心理产生的作用的整体反应。环境认知的出发点是心理感受以及人的内在心理过程。即知觉、认知、学习等对人所产生的影响,它带有较强的特殊性。

不同民族对于自己生存的空间环境都有不同的认知和评价标准。欧洲人对于环境的认知是建立在理性思维上的,如环境的颜色、轮廓线、与物体的距离等,在此基础上总结出环境心理学、环境行为学等科学的认知方式。日本民族对于环境的认知带有东方人特有的感性思维,其考虑更多的是人与自然的关系,这一点东方的先行者是中国的老子,他对环境的认知是“顺其自然”“无为而治”。日本民族在与环境之间的关系上承袭了老子的思想,看重的是人在环境中的行为,遵循的是五行玄学、禅宗佛学等唯心思想。日本民族的环境认知具有较强的感性色彩,有一种原始的神秘性。同时,因岛国气候常年雾气缭绕,人和物之间变得朦胧、柔和和模糊,这使得日本人对环境的认知又带有一种地域的模糊性,也形成了日本民族对生存环境的模糊与不规则认知。

3. 悲悯的文化认知

康德曾提出过:人类的文化是人的高层次主导意识——高于人类感性、知性,并可能引导人类过渡到终极理性的精微能量体,世间的事物只有站在这个背景下才能看清楚其本质。日本民族的时空认知和环境认知属于感性、知性认知,它的高层次认知便是日本民族的文化认知。

日本民族的逻辑思维带有矛盾性,即沉默、两义、非逻辑、状况伦理、感性等。他们既有冷静的理性思维,又带有充满幻想好奇的感性思维。这与日本列岛风景秀美而又灾害频发的环境有关,在日本人的逻辑思维里缺乏主体性,没有确立自我,但注重客体因素,常常徘徊于主、客之间,作为思维特点表现出沉默性、两义性。日本思维中既有对传统单一民族同质性的固守,又有对外来事物的无条件吸收,在决定性选择时常常表现出非逻辑性。它是时空认知等感性经验进行逻辑判断而形成的概念及对应的知性物质世界,它影响着日本人的文化认知和价值取向。

任何民族对自己的文化都有独特的认知，也称为民族文化的原像认知。日本人的美带有一种无名的物哀、空寂、幽玄气质，“月亮并非皓月当空才最美丽，樱花并非唯有盛开的时候才值得观赏……枯叶满地的庭院更加值得赏味”。这是日本著名随笔集《徒然草》中的一句话，是对日本民族认知的经典描述，日本民族对文化的认知可以归纳为“物哀”“空寂”“幽玄”。

“日语中的物哀写为‘物の哀れ’，‘物’指的是客观世界，‘哀れ’则意指主观世界的感觉、感动或感触，它是源自客观世界而引起的。在我国则是把‘物の哀れ’直译为物哀”。“物哀”是日本近代文学家本居宣长在18世纪针对当时日本普遍具有影响的“汉意”提出的具有日本民族特色的文学、美学、诗学的概念。他认为日本的“物哀论”就是“知人性、重人情、可人心、解人意，要有贵族的优雅、女性的柔软细腻、从自然人性出发，不受道德约束，对万事万物包容，尤其是对思恋、哀怨、忧愁、悲伤等情绪有充分的感染力”。日本的古典文学中大量出现关于“物哀”的描述，如《万叶集》中的和歌很多带有“物哀”表示着相逢的喜悦和恋爱失意的哀愁，具有文学特有的幽暗性。《源氏物语》中的“哀”多达1 044个字，这里的“物哀”以哀怜作为主体，形成重层的审美结构逐步深入，表达着书中喜怒哀乐的种种体验。“物哀”成为日本人审美意识的底蕴，它是一种经过艺术锤炼而升华的美感，一种规定日本艺术主体性的美形态。当代日本社会各个方面都以“物哀”为审美取向的情绪性、感受性的高度发达，是十分具有启发性的概括。

“空寂”（日语的当用汉字为“和备”和“佗”）源于日本的禅宗，因日本茶道的思想来源于它，所以成为一种艺术美的标准。禅宗所谓的“空寂”，就是孤寂、贫困与幽闭。“空寂”的本质特征就是通过“无”而实现对“无”的突破。《万叶集》中就已出现“和备”一词，主要是反应爱情的幽怨和苦恼，日本书学家藤原俊成将这种“和备”称为“幽玄美”，它是一种虚物质的东西。

明确将“空寂”作为茶道美理念的是“草庵茶室”的始祖千利休。他强调“空寂”是以“贫困”作为根底的，所谓“贫困”，就是不随世俗，就是不执着于分辨善与恶、美与丑、生与死，就是无所执着、随缘任运、随遇而安。这种草庵式的“空寂茶”与能剧一样追求美的精神并带有“无”的境界。日本旺文社的《全译古语辞典》中对于“寂”还有一种解释：“寂”是指作者在观察客观对象时从内心深处感受到的人生无常，并将这种情感流露在作品中，这样的情感具有文化价值。从中可以看出，日本文化中的“寂”表面看似崇尚一种清静、安静或寂静的境界，但实际上是表现深沉的冥想、思索与深切的情意。

在日本民族心中“幽玄”是其文化的原像，是最重要、最基本、最具有民族特色的词语。"幽玄"本是汉语词汇,带有宗教体验的神秘性和神圣感,在我国明清以后就不太采用了,但在日本这个词却被用作代表日本民族文化的象征而被人普遍熟知。它的具体意思是幽雅、优美、委婉、含蓄、朦胧、间接、幽暗、幽深、冷寂、神秘、深远、空灵、超现实等审美趣味的高度概括。它与"物哀"的区别是注重"情"与"意"皆修,更注重个人内在的精神涵养,并最终体现在具体创作中。"唯有优雅与美之态,才是'幽玄'的本体。"大西克礼在他的《幽玄论》中指出日本的"幽玄"作为审美体验应有七个特征:①"幽玄"意味着掩藏、遮盖、不明显、不显露,追求"月被薄雾所隐"的趣味;②"幽玄""微暗、朦胧、薄明"就是对事物不太寻根究底;③"幽玄"是寂静和寂寥;④"幽玄"是深远感;⑤"幽玄"是充实相;⑥"幽玄"是一种神秘性和超自然性;⑦"幽玄"具有一种非合理的、不可言说的性质。这些解释是较为全面地对"幽玄"的高度概括。

4.1.2 生成式建筑空间特征

日本传统建筑空间形式体现出东方民族特有的生成式认知。强调人与人的关系、人与社会的关系和人与自然的关系,并通过视觉上升到感性体验,这种生成式的建筑空间特征是与西方现代主义建构式的建筑空间相对而说的。"建构式"是基于结构主义原理提出的,而"生成式"是基于自然的动态变化原则提出的。日本建筑师继承和发扬这种"生成式"的空间特质,在当代建筑空间创作中形成了自己的特色,具体表现为以下三个方面:

1. 创造短暂而流动的空间

日本传统建筑在空间中通过人的行为方式而交流运动。这一点一直是日本传统建筑空间与人关系的核心,日本传统的建筑空间是一个介于室内与室外的两仪空间,人的行为方式决定着空间的属性。如:被认为是日本原创的、最具日本风格的书院和数寄屋,是一个线形的空间序列,它没有中心连续的转弯和旋转,好像是任意布置的,这种所谓的任意布置建立在人的行为基础上,形成了与活动相适应的建筑空间,或者称"流动空间"。"对运动的观察……总是以观察者的运动为前提的,不管这种运动是实际上的还是精神上的。"

日本传统空间具有鲜明的暂时性和流动性,日本当代建筑师利用现代建筑理论解读着这个空间传统,他们使连续的空间关系不断地被间断或介入的事件干扰而变得暧昧,给观察者提供了一系列连续而感性的空间体验。如妹岛和世设计的金泽二十一世纪美术馆,由巨大的圆形透明玻璃围绕构成,人们可以从四面看到美术馆的内部,建筑没有传统美术馆的历史积淀与厚重感,而是以生活流动空间为主题,与街市融为一体,四个方向都有出入口,由于具有流动性每个空间又是暂时的，这些空间因流动而产生的复杂形状交织在一起，创造出了多变的室内外空间。让每个进入这个美术馆的人都能通过空间的移动产生变化的体验，见表4.1。

表4.1　日本建筑暂时而流动的空间表现传承

发展阶段	民族情感	建筑观	大型代表性建筑	袖珍代表性建筑
古代		强调室内外空间的线形空间序列，没有空间中心	数寄屋平面，流动的室内空间和暂时空间	
现代	暂时而流动空间认知	体现日本传统空间“非恒久的”和“改变的需求”的接纳力	黑川纪章设计的福井市美术馆，周围是曲线形态和不规则的空间	
当代		空间关系的连续性不断地被事件干扰或介如间断而变得模糊、暧昧	西泽立卫设计长野县轻井泽千住博物馆，一侧是流动的室内空间，一侧是透明玻璃的室外空间	

2. 自然生成式的空间

日本民族对于环境是一种“自然”的认知。这里所谓的“自然”是相对于西方近代“构筑”文明而言的，这是日本政治家丸山真男在他的《日本政治思想研究》中指出的。后被日本建筑师浜口隆一应用到民族建筑样式中，他认为“自然”就是根据环境“自然而然地生成的”或者是人对事物动向的主观认知。这是日本人固有的人生观，这里突出的是人对环境的感性行动力和环境赋予人主观的行为可能。日本人传统上喜欢把某个建筑空间环境想象为某一种意境（例如茶室),在这种意境中相应的人会出现某种行为(禅悟人生),这种行为是为意境而来的,反之亦然。意境的境界越高,人们的空间行为就越博大精深,具体见表4.2。

表4.2 日本建筑空间重视自然要素传承

发展阶段	民族情感	建筑观	大型代表性建筑	袖珍代表性建筑
古代	暂时而流动空间认知	强调室内外空间的连续性,多选择空间,以及不可预期的空间感受	桂离宫的自然空间,重视空间与自然的协调,和空间自身的再生	
现代		在现代主义建筑上融入日本传统建筑的元素,具有田园的自然气息	紫烟庄"非都市之物",建筑带有明显的折中主义,它所具备的这种田园建筑构成的要素正是现代艺术所追求的	
当代		"生成"即"自然"也就是"空间的、行为的"是日本当代建筑空间主旨	隈研吾设计的广重美术馆,如细细的雨丝一样,摇曳在暧昧、纤细的建筑与自然之间	

日本传统建筑空间的精髓到底是什么?近代建筑师浜口隆一指出日本传统建筑的意识倾向于"空间的、行为的"。这个观点后来被很多日本建筑师所推崇,这个论点的提出主要是针对西方的标准而言的,如西方建筑师在论述建筑创作时主要以建构的方式,贯穿它的是"物体的、构筑的"呈现出的是一种物质的、静态的空间。但日本建筑是以"生成的"方式出现,日本传统建筑的书记方

式是“间面记法”[①],与西方的书记方式完全不同。因此,浜口隆一提出“作为”和“自然”既是“构筑”与“生成”。“作为”即“构筑的、物体的”是西方的建筑主旨;“生成”即“自然的”也就是“空间的、行为的”是日本的建筑主旨。日本人的建筑创作观是“空间的、行为的”呈现出的是“精神性的、动态”的空间,这是日本传统空间的特质。

日本传统建筑中的“空间的、行为的”主旨是如何体现的? 日本古人认为建筑的空间是自然环境赋予的,建筑空间与自然环境没有明确的界限,要互动和交流。在京都二条城中传统建筑中墙体并不承重,而且具有开放性,最有特色的是室内外之间有段过渡性空间“缘侧”,如图4.2所示。它起到调节自然与建筑的重要作用,无论是摄入阳光、调节季风、防阻雨水,它都有着巧妙的实际作用。当障子[②]完全打开时,清风、阳光以及室外的景色一起进入室内,自然环境与人充满着亲密之情,建筑物实体消失殆尽。这种缘侧空间的认定是以在建筑中的人的行为为标准的,当人与自然需要互动时,它是建筑内部地面的延伸,当障子全部关闭时它是建筑室外的廊道。再有日本传统建筑的内部空间分隔没有廊道,而是以屏风、几幛分隔成可动空间,空间可以根据人行为的不同需要而改变形式。总之,日本传统建筑是建立在人的空间行为基础上的。

(a)外部的缘侧

(b)传统障子

图4.2　京都二条城中的过渡空间缘侧

① 间面记法:间 = 母屋(相当于主室)正面的柱间数、面 = 侧廊的数,通过这些就能知道建筑的平面和使用方法. 参见:矶崎新. 建築における日本的なもの[M]. 東京:新潮社,2010:30.

② 障子. 建筑的墙体,保护建筑物,有多种组合方式。参见: 宫元健次. 日本建築のみかた[M]. 東京:学芸出版社,2011:162.

空间与自然的互动、空间与人的互动,是很多日本当代建筑师进行创作时首先要考量的问题。如安藤忠雄设计的住吉的长屋时曾说道:“我们自古以来便心仪美丽丰饶而细腻的自然,并喜爱居住在能与自然交界的边缘地带……因此,我才想尝试在混凝土的建筑中塑造一个世外桃源,并把它创造成独立的自然区域。”

3. 幽玄的灰度空间

“幽玄”作为一个概念与范畴是复杂难解的,但可以通过种种外在的表现感知到或者直觉体验到它是沉潜的、阴暗的。日本书学家谷崎润一郎在《阴翳礼赞》中对幽玄的灰度空间曾有过精彩的描述:“我们的先祖没有选择地只能居住在幽暗的房屋中,不知道在何时竟然在黑暗中发现了阴翳之美,此后为了要达到增添美这一目的,以至于利用了阴翳。实际上,日本居室的美否,完全取决于空间阴翳的浓淡,别无其他秘诀……我们先祖的天才,就是能将虚无的空间任意隐蔽而自然而然地形成阴翳的世界,在这样的空间里使之具有任何壁画和装饰都不能与之媲美的幽玄味。”

日本传统建筑空间拥有绝对的流动性,也拥有相对的分界,形成了一种空间的灰度。这种设计使得日本传统空间能够产生丰富的视觉体验。在功能方面,根据使用者所需要的空间大小,自由地调节变化。根据这种传统建筑空间的理解,建筑师黑川纪章、桢文彦和矶崎新结合当代建筑理论分别提出了“灰”空间、“奥”空间和“间”空间理论,在不同方面表达着日本传统空间的观念。例如祯文彦的风之丘火葬场空间设计,建筑以“静”的境界体现建筑师“奥”的空间理论,建筑空间流动在幽暗和寂静的连续空间内,表达的是一种寂灭、虚空、超脱的精神境界,见表4.3。

表4.3 日本建筑幽玄的灰度空间表现传承

发展阶段	民族情感	建筑观	大型代表性建筑	袖珍代表性建筑
古代	幽玄而阴翳空间认知	空间可以在“封闭”与“开放”,“室内”与“室外”之间直接自由变换	日本传统民居,木格栅纸门、缘侧使空间幽玄而阴翳	

续表 4.3

发展阶段	民族情感	建筑观	大型代表性建筑	袖珍代表性建筑
现代	幽玄而阴翳空间认知	传统民居与现代建筑的结合，建筑的空间体现阴翳	前川国男邸的起居室，光影在这个空间中被升华，是一大亮点也是不可或缺的阴翳	
当代		传统幽玄灰度空间的当代应用	桢文彦设计的风之丘火葬场寂灭、虚空超脱	

4.1.3　日本当代建筑空间创作思想

日本当代建筑创作带有鲜明的民族认知思想，尤其是建筑空间在基于当代建筑空间理论体系和传统空间认知的基础上，日本建筑师提出了很多新颖的建筑空间创作思想，如图 4.3 所示。

1. 矶崎新的“间”空间

矶崎新是丹下健三的学生，受老师的影响矶崎新对日本传统建筑空间产生了浓厚的兴趣，并致力于这方面的探索。20 世纪 60 年代初，新陈代谢派盛行时，他也加入其中进行讨论，但在取得一些实际经验后，认识到过于注重技术与表现是新陈代谢理论的不足。在此之后他根据日本传统空间认知又提出“天柱”“废墟”“孵化过程”等具有日本特色的建筑空间理论，最终用“间”空间概念表达出他对空间的理解，并形成了完善的理论体系。关于“间”的理解德国学者冈特·尼胜科在《Ma：日本人对场所的认识》一文中通过分析几位日本当代建筑师的作品总结出“间”应是“介于中间的东西”。在日语中“间”意味着“时间的休止”和“空间的空白”，但又不是简单的空白，是在空白中产生无休止的观念，它的关键在于不可分割的两个空间的对应关系。

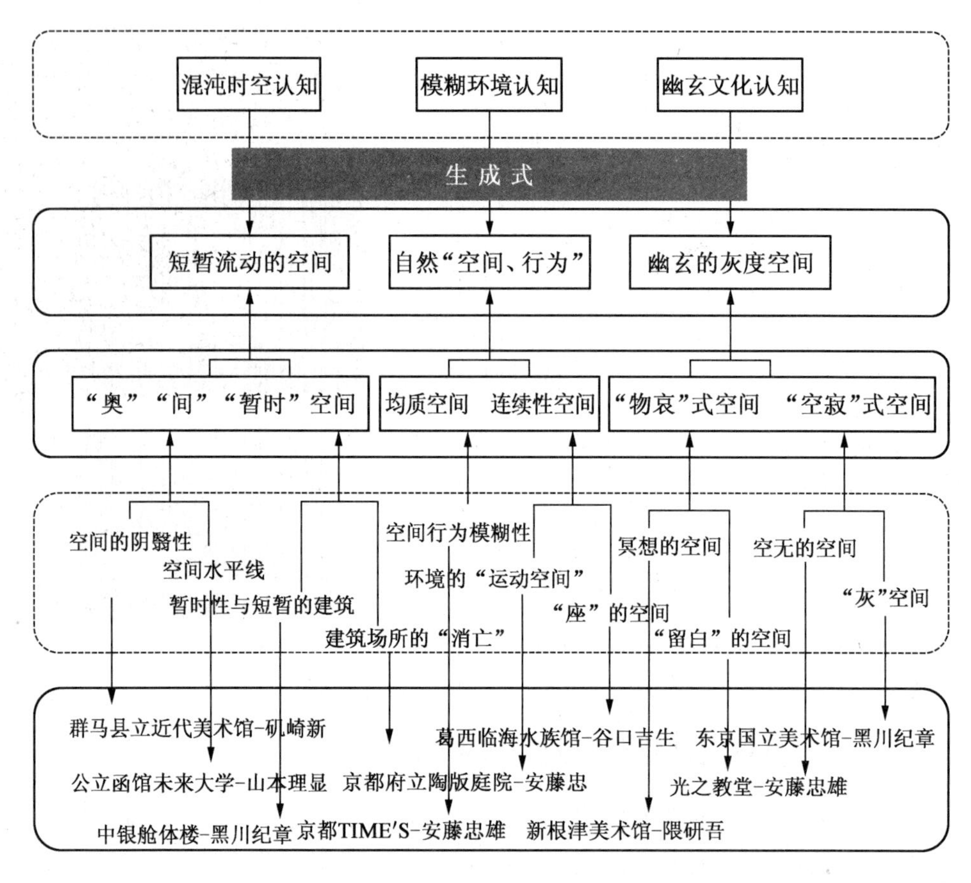

图 4.3　日本当代建筑空间创作思想分析

“对于空间，我们首先要明确感知时间的存在。因此，它常常是很具体的、明显的以及特殊的，但一定不是固定的。尝试着从现象学的角度来看，我首次从近代科学的时空认知中解脱出来，我们不能肯定建筑的空间只是身体感知而存在的，但因为身体器官的确感知空间，所以也可以认为就是器官所产生的影像，因此它总在变化。我在这里将空间分类，首先是虚幻的影像是抽象的、记号的、多次元的空间系列；其次是黑暗的影像是人们深层心理学的、象微的、魔术的空间序列。”矶崎新“间”理论正是利用这种传统的虚幻、黑暗空间手段完成人与建筑之间的距离感，而达到观者对建筑无法全部了解，进而能够充分发挥观者的思维想象力。因每个人的知识、阅历、环境不同，所以对空间产生的想象也就不同，建筑也因此出现了多种可能性。“间”作为体验与感觉，谁都能感觉到它，却都无法用语言来解释和表达，这就是“间”空间的理论原理，如图 4.4 所示。

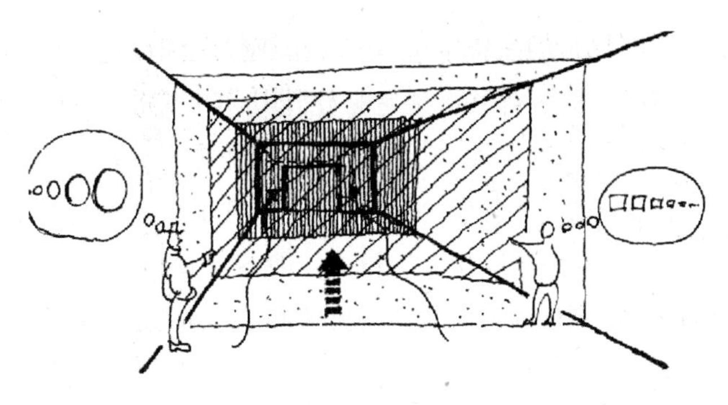

图4.4　矶崎新“间”空间

2. 桢文彦的“奥”空间

“奥”是日本固有的空间概念,这是建筑师桢文彦在1979年写的《日本城市空间的奥》一文中根据日本民族传统空间认知提出的。他认为日本传统空间的本质是时间和空间完全缠绕的,是深远感、流动性场所和剪不断的连续性。其特点是通过一层层的“膜”,形成多层次的境界,日本传统的空间基本上是一个少中见多的概念,具有多层次的深度境界,使浅显的空间取得深远的感觉,这种深远的空间中心表示的就是“奥”的概念。因此桢文彦认为“奥”的概念就是“最里面的”“延伸到最久远的”“最不易接近的”的空间,它表现出一种空间位置的概念。“Oku体现了一些抽象而深刻的东西。它是一个很深奥的概念,我们必须认识到Oku不仅用来描述空间结构,而且也表达了心理深度,一种精神上的Oku就是一种归零。”

桢文彦认为:在日本的农村和城市中“奥”普遍地存在着,作为人们群体居住地的城市围合了大量的“奥”空间,有些是私人的,有些是公共的。城市又是用来守卫“奥”的社会单位用地而发展起来的,奥不是一个绝对中心,在它的周围布置着多个建筑组群。

3. 安藤忠雄的“连续性空间”

建筑师安藤忠雄在建筑空间上有过多种论述,主要的依据均来自于对传统空间的认识。其中“连续性空间”是一种未完成的空间状态,流线形的空间使得建筑空间可以相互渗透,类似于日本传统的“扩张空间”,体现这一特色的就是空间设计是从局部走向整体的方式。安藤忠雄通过一系列流动的线形将空间连接起来,形成一种动势,在不断的变化运动过程中,使观者获得了对建筑与空间的整体印象。安藤设计的京都府立陶版名画庭院是他“连续性空间”的典型事例，建筑没有任何一处是封闭的，说它是建筑其实更像是一处景观，其中的每一处空间都依靠人的行为活动去体会，在建筑外是看不到任何形式的，但当置身其中时，连续而富有神秘性的空间给人一种置身于世外的感觉，其中的名画也看起来更有诗意，这就是建筑给人的魅力。置身于这样一种感人至深的真实空间中，我们更能体会出他对建筑独到的见解和生动的空间模式。

4. 黑川纪章的“灰空间”

日本当代建筑师重视从日本民族文化中寻找建筑理论创新的灵感，认为建筑应具有鲜明的个性，这种个性的合理渗透，成为日本当代建筑“日本趣味”的显现因素，从而形成了建筑空间丰富的形式和内涵。建筑师黑川纪章将日本传统文化中的“利休灰”演化成了当代建筑中“灰空间”概念，这个概念多指介于室内外的过渡空间，也指建筑中的色彩。对于前者，大量采用庭院、廊道等介于室内与室外的过渡空间，追求某种超越形式和物质“灰度”空间的意味和气氛，对于后者则提出使用茶道始祖千利休提倡的“利休灰”思想，以混合性的灰色涂饰建筑空间与形态，体现出日本建筑文化的精神所在。

黑川纪章所倡导的“灰空间”其实是一种组织空间的方法，即把内部空间外部化和把外部空间内部化，局部和整体都给予同等价值。它概括了各种对立因素的矛盾冲突，在相互矛盾的成分中，插入第三空间，即中介空间，从而描绘出一种对立因素经过相互抵消而达到并存和连续的状态。同时在“灰空间”里又使用了“利休灰”的颜色，可以起到加深“灰空间”体量的作用。“利休灰”所表达的是种清纯而简朴的审美理想。即外表虽暗淡柔和，内部却洋溢着深刻的激情和色彩的微妙。

4.2 民族时空认知在空间场所中的体现

4.2.1 建筑与空间的短暂性

日本民族对时间的认知存在着矛盾的统一性。他们认为二者既是暂时与暧昧的，同时又是永恒与清晰的。任何事物都要经历生长、繁殖、变化、衰亡的过程来达到永生。日本僧人鸭长明在他的著作《方丈记》中论述过他对时空的认知:“这个世间如同水泡,且消失且表现,没有持久的停流,好像流动的水。不知道循环流动停留,它抓住了现世,如果回应它,就是抓住永恒。”

这种暂时性的认知是日本岛国环境的客观表现。日本列岛自然灾害频发,日本人难以预测和预防,生命随时因为灾害而消失,万物没有什么是永恒的,但无论怎样的灾害也无法阻挡四季更替、万物复苏,自然的周而复始是永恒不变的。这种时空暂时且永恒的认知同样反映在建筑师的创作思维上,日本战后影响力最大的一次建筑创作思潮就根植于这种时空认知。

1. 新陈代谢派

新陈代谢一词源于生物学,它表示生命的基本特征和宇宙间最普遍的规律,在维持生物本体的繁殖、生长、运动等基本活动中,化学性的变化总称即为代谢,社会学普遍将这个概念指代新事物代替旧事物的过程,日本当代建筑师将它引入建筑创作思维中,并成立新陈代谢派。

新陈代谢派是在1960年以日本青年建筑师桢文彦、浅田孝、大高正人、黑川纪章、菊竹清训,以及评论家川添登为核心形成的建筑创作团体。他们提出应尊重事物的产生、生长、变化以及衰亡规律,采用新技术解决建筑创作中的问题,反对把建筑看成自然而然的、固定的、进化的观念。认为建筑不是静止的,它是一个动态的过程,就像生物的新陈代谢那样。在他们的宣言中写道:“我们为什么采用‘新陈代谢’这样一个生物学词语,是因为我们坚信,技术和设计将成为我们生命力的代表。我们并不认为新陈代谢应是一个自然的历史过程,而是要通过我们的设计努力地在社会中提倡富有积极意义的新陈代谢过程。”在新陈代谢理论的背后是日本民族无始无终的循环时间认知表达,这种成长、变化、流动的时间因素加之周期性的空间因素引进到建筑中形成周期循环。如建筑师桢文彦的“新宿副都心计划”、黑川纪章的“空间城市”、菊竹清训的“空中住宅”“浮动城市”等。主张借助于生物学或通过模拟生物的生长来创造建筑,建筑不仅是历史性的或自然的,而应是积极地促进代谢,时间不是建构性的时间,而是生成的时间,是暂时的,也是永恒的。

1958年菊竹清训设计的自宅“空中住宅”是新陈代谢建筑实践的开端,如图4.5所示。这是座周长720 cm的正方形钢筋混凝土建造的二层建筑,由四片混凝土墙体架在半空组成,居室周围设有回廊,内部采取日本传统的住宅形式,墙体均为通透的玻璃,设备与储藏空间装配成独立空间,可拆卸、移动,在架空的屋底层与地面之间的空间悬挂儿童房。整个建筑寻求简洁、明快、可塑。在这座建筑中,菊竹清训向世人展示了一种全新的生活方式,即建筑不再是相对不变的,建筑空间随时可以生长、变化、消失。它像工业产品一样可随时组装、拆卸,巧妙的是它又与日本传统居住空间样式和谐融会,渗透着传统空间的暧昧性、流动性、收纳性和暂时性。

(a)平面　(b)外观　(c)内部

图4.5　空中住宅

图片来源:http://www.douban.com/.

1961年桢文彦在新陈代谢理论的基础上提出了集群形态理论。他认为当代城市空间是混乱和单调的,强调群造型对社会交流和公众生活的意义,这种思维来源于聚落内部丰富的空间形态和人与空间互动的组织机制。他所关注的是聚落之中单元与整体之间形成的一种高于一切的内聚性。在群造型中探讨了一种新的城市空间模式,城市空间不是预设的结构,而是发展的机制,这种机制使得城市空间的发展过程以产生—生长—消失的动态循环模式呈现,目的是在一个快速变化的文脉中形成一种个体与群体的特性。

这里说明了时间的变量,作为与群体计划相关联的方面,群体的形式会随时间的发展变化及时地做出反应,这一理论的实例是代官山集合住宅。该项目共分六期,是商住并用的街区型集合体,它的特点是每一期都以前一期为基础,但又有区别,遵循着时间演变的规律,但注重整体秩序的一致性。如建筑材料,六期均采用了混凝土,同时第六期加进了金属元素。群体造型简洁明确,经过复合重叠实现重生,色彩的使用节制而统一,内外空间与街道的呼应以微妙变化的层次关系和谐完整地统一在一起,如图4.6所示。

1972年黑川纪章设计完成的中银舱体楼是新陈代谢理论的又一个作品。

这是一座以时间序列变化观点创作的装配式公寓建筑，共13层，由140个轻质钢焊接而成的舱体组成。它独特之处是每一个居室单元作为主要功能空间都是独立的，并且在工厂加工完成后运抵现场，再用铆钉与中轴连接。储藏与设备空间也是独立单元，然后再进行建筑平面的组装。并将管道、电梯、舱体均暴露在建筑外部，进而实现建筑空间的交换利用，使用者可以根据要求增加或减少居住面积。中银舱体楼体现了建筑空间的存在只是暂时的，事物需要更替变化等新陈代谢理念，并用视觉直观表达出来，如图4.7所示。黑川纪章是新陈代谢派中理论体系最丰富的建筑师，在这期间他提出了很多对日本建筑界今后影响巨大的建筑观点，例如当代建筑应从技术的依附中解脱出来、建筑应立足于传统之上等。

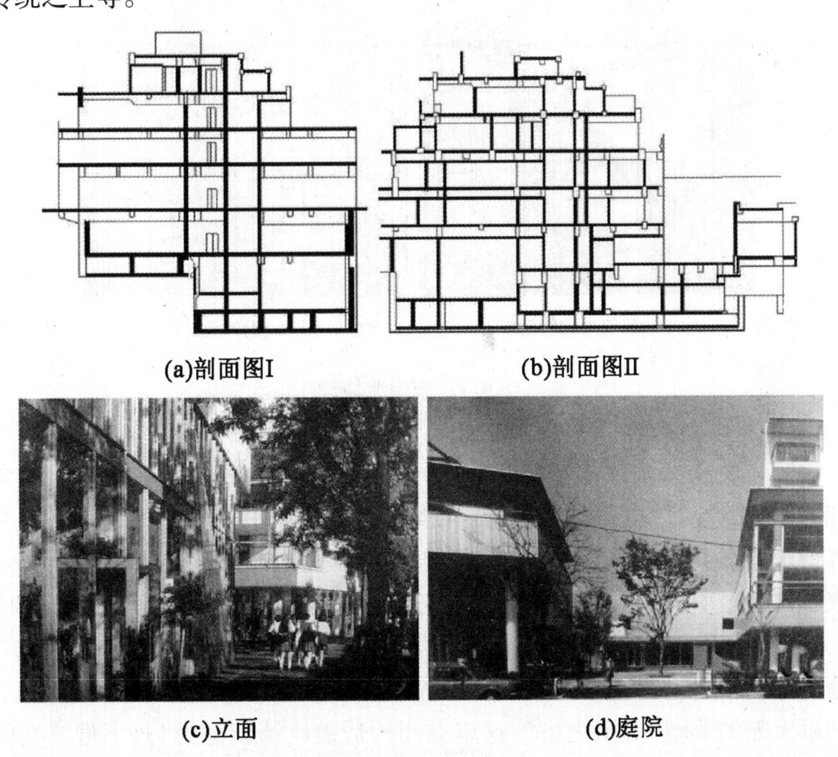

(a)剖面图I　(b)剖面图II

(c)立面　(d)庭院

图4.6　代官山集合住宅

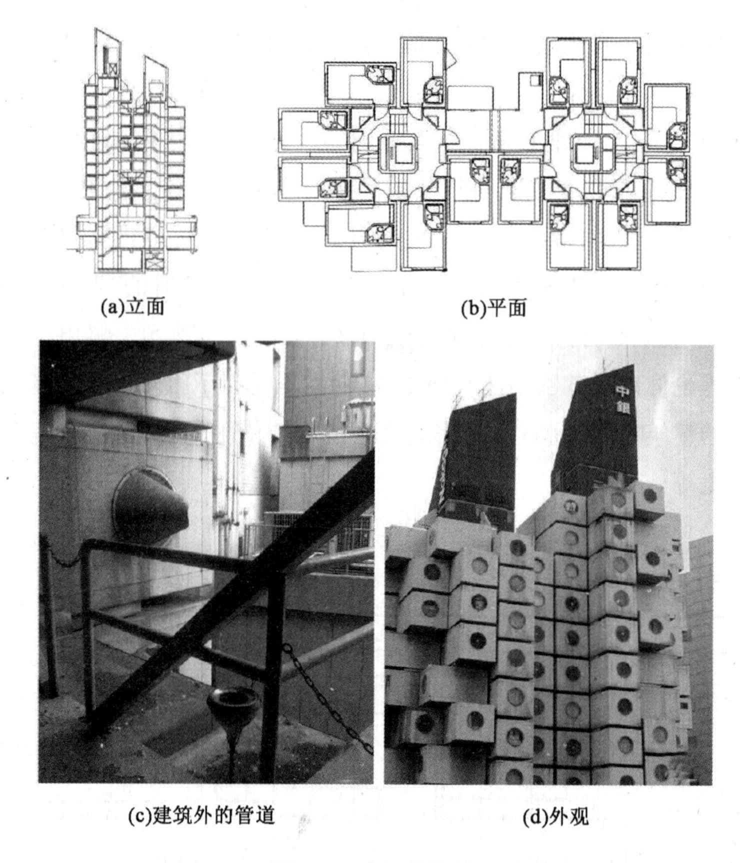
(a)立面　(b)平面

(c)建筑外的管道　(d)外观

图 4.7　中银舱体楼

1970 年在大阪府吹田市召开的世界博览会是新陈代谢派建筑师作品集体亮相的机遇,这次博览会的主题是“人类的进步与和平”,这是亚洲第一次举办世界博览会。会场内体现着“移动的交通”和“机器人的世界”,鲜明地展示着未来都市。最引人关注的是,丹下健三主导的中心设施“祭祀广场”,这座宽 108 m、高 7 637 m 的空间构造是受空中都市理念的影响,能够向任何方向扩大、增值的空间构造物。屋顶的上层使用当时世界上最先进的空气幕构造,并加入了冈本太郎的雕塑“太阳之塔”,这座空间构造被矶崎新誉为“丹下健三在伊势论中提及的日本原始的黑暗和永远的光芒表现的根源”,如图 4.8 所示。菊竹清训设计的“Expo Tower”如同大型机械一样,反复解析和实验,最终形式如同彼得 · 库克为 1967 年加拿大世博会所做方案的翻版,如图 4.9 所示。黑川纪章设计的珍宝展示馆也采用舱体概念,使用钢管组合的住宅,在需要增加或减少时,可以改变钢管和舱体的数量。这次世博会让新陈代谢派在世界建筑舞台闪亮地登场,也让日本建筑师看到了基于日本传统认知下的日本当代建筑创作之路。

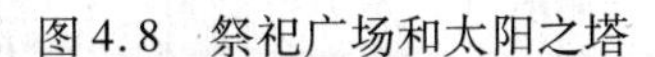

图4.8　祭祀广场和太阳之塔

图4.9　大阪世博会塔

图片来源:http://www.alternativearchive.com/.

20世纪是一段异彩纷呈的时期,为了能与现代主义区别,很多建筑先锋派提出过建筑和时间、空间的关系问题,如意大利的未来主义、苏联的构成主义等都与新陈代谢派一样表达着对未来的憧憬。但没有哪一个派别像新陈代谢派那样有大量的作品付诸实践。这不仅是因为20世纪60~80年代日本经济的高速增长,而且主要是因为日本建筑师群体的民族认知起到了决定作用,并且能使建筑的使用者普遍接受,这是建筑作品得以实现的基础。

新陈代谢派虽然在日本产生并壮大,但因自身过于依赖技术,使得这一流派建筑的弊端逐渐出现,建筑不能大面积的推广、缺少人情味、消解了自身的先锋性,使得新陈代谢派在20世纪70年代逐渐退出人们的视野。但不能因此认为新陈代谢理论已经过时,它作为日本当代建筑界最有影响力的理论,加之符合日本民族的大众认知,使得当代的日本建筑师无法忽视它的存在。随着时间的推移,新陈代谢理论正在逐渐完善,伊东丰雄、妹岛和世等新时代的建筑师正在重新完善这个理论。

2. 短暂建筑理论

民族暂时性的时空认知对当代日本建筑师有着深刻的影响,与西方截然不同的是大多数的日本建筑师都认为建筑是循环复始的,并不是永恒不变的,他们通常将建筑的存在看成是一个圆的轨迹,在创作之始就已经开始了消亡,并且这种消亡应是乐观的、积极的,见表4.4。

表 4.4　日本短暂建筑创作传承分析图表

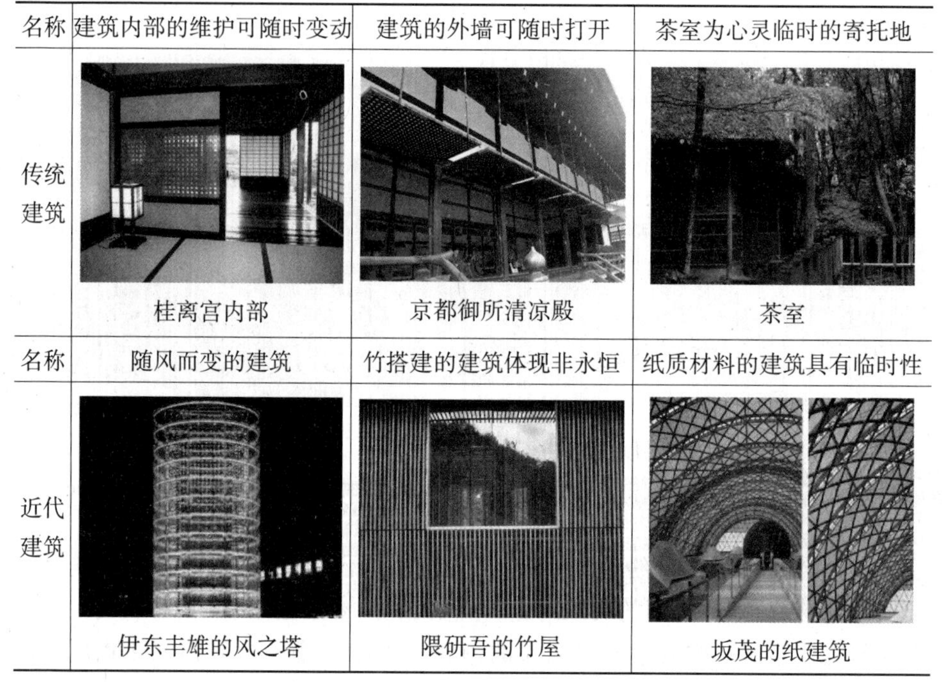

名称	建筑内部的维护可随时变动	建筑的外墙可随时打开	茶室为心灵临时的寄托地
传统建筑	桂离宫内部	京都御所清凉殿	茶室
名称	随风而变的建筑	竹搭建的建筑体现非永恒	纸质材料的建筑具有临时性
近代建筑	伊东丰雄的风之塔	隈研吾的竹屋	坂茂的纸建筑

图片来源:http://www.google.com.hk/imghp? hl = zh - CN&tab = wi/.

当代发展了短暂建筑理论的是日本建筑师伊东丰雄。他认为建筑是一个个空间现象,其形式都应保持着未完成时的状态。他曾谈道:“建筑学,实际上应该是变化无常的,是一个瞬间的现象……建筑的形式应该是未完成的,不重要的,并同步于自然和都市的空间。”伊东丰雄在 20 世纪 90 年代确立了自己的建筑创作思想体系:“风的变样体,它没有固定的形态,建筑好像风一样的轻盈,这是他理想中的建筑,以建筑原初时朴素、原始且瞬间的状态为创作目标而形成的‘境界暧昧的状态’观点,之后又以‘覆盖半透明皮膜的空间’‘柔软身体的建筑’具体解释。”伊东丰雄早期用以解释短暂建筑理论的作品是 1986 年设计的风之塔,这个建筑最大的特色就是灯光效果的转换,该建筑安装了 1 280 个迷你圆灯泡、12 个白色环形氖灯、30 个地灯组成网状的组合,在计算机程序的控制下它可以根据周围环境,如噪声、风向、日光的不同而变换灯光的形式,在这个建筑上伊东丰雄通过建筑所表现的精神解释了“瞬间 = 永恒”的日本传统时空认知逻辑。

2004 年伊东丰雄设计的东京 Tod's 表参道是他短暂建筑理论的又一个实践作品。这是一座六个面的、7 层 L 形混凝土建筑,建筑的表层设计为树枝形的且厚度为 30 cm 的混凝土墙面,在混凝土的空隙中填充了 270 多个白色铝板和玻璃。

Tod's 表参道树形的表层是吸引人们注意的“磁石”，在著名建筑云集的表参道街道也引人关注。利用光影形成的瞬间变化，使树形的表层与表参道的街树互为衬托，如同风吹树动的瞬间流动。建筑利用时空的瞬息变幻使观者看到一个能动的、暧昧的、充满活力的以及具有生命力的建筑。Tod's 表参道向世人显露了自身清晰的特质，即建筑无时无刻地在变化，建筑不再拥有永恒，如图 4.10 所示。

图 4.10　Tod's 表参道

当代日本建筑师妹岛和世与西泽立卫通过建筑的柔弱来承袭短暂建筑理论。他们的建筑轻透、简洁、细腻，展示出文化行为的承载力与深远的洞察力。他们虽然没有提出过明确的建筑创作理论，但其作品拥有完整的统一性。2003 年他们设计完成的 Dior 表参道，在表层外墙的玻璃内部附有加工成褶皱状的、透明的丙烯板材料，让建筑感觉轻盈而且暧昧，变化而又流动，如图 4.11 所示。在这座建筑中，妹岛和世与西泽立卫以建筑的模糊、半透明、轻盈、直观边缘、引起观者冥想的方式解读着日本民族模糊与暂时的时空观。

图 4.11　Dior 表参道

日本当代建筑创作中新陈代谢、短暂性建筑理论的提出，是民族时空认识的普遍性与人类科技发展的必然结果。这种民族暂时性的时空认知是日本当代建筑师及建筑的使用者更能接受建筑生物属性的深层因素。如传统建筑的“书院造”和“寝殿造”室内的空间是并列的、建筑空间不尽尽之，这就是以暂时性的模式发展出现的，伊势神宫的迁宫更是基于“生成”的创作思想将建筑毁灭后重生。正是由于新陈代谢理论和之后的短暂理论与日本民族的暂时性、暧昧性的时空认知有融合之处，才使得这种建筑形式在日本社会得到广泛认可。

4.2.2 建筑场所的"消亡"

在日本民族的时空认知中有一个瞬间的永恒态,就是"消亡"。它源于日本人对于空间实体的直观感受,日本美学家安田武曾论述道:"日本人当中存在有一种对即将消亡的东西怀念的感情,称为消亡之美"。在日本民族的传统认知里建筑是一件消耗品,与当代的钢筋混凝土建筑不同,建筑的消亡正是日本人认为的物质再生的过程,混凝土建筑轻易不会倒塌,即使是石块消亡后也不会再生,但木构架的建筑就不同,它会变成泥土的一部分再次孕育出新的生命,这个新的生命可以把原有的建筑通过记忆中的图像再生出来,以此寄托人们对永恒的心愿。这是西方砖石建筑永远不能达到的,这种时空的"消亡"认知也可以解释为时空的"永恒"认知。

建筑实体是如此,建筑所在的场所空间更是如此。日本民族对建筑所在的场所空间有着自己的认知,这种认知来源于古时的自然观与宇宙观,远古的日本人认为神灵无处不在,他们并不是居住在建筑中而是存在于建筑周围的场所中,所以他们对建筑场所的认知是充满神灵的空间。这也就是在日本最古老的祭祀场所里没有任何建筑的原因。那么如何界定神域与凡域呢?日本人设计了一个引导神灵降临的指示场所,称之为"神篱"。它的做法是用绳索相连四根木柱矗立在地上,围合出一个空间,再用一根柱子竖立在中央作为神灵附着之处,这成为日本最早的空间场所。

这种传统的场所形式使得日本人所认可的当代都市空间与西方主导的都市空间概念存在较大的差异性。在日本人的观念里都市中的空间应是用来召唤神灵的场所,神灵并不是住在神社里,而是在常磐木围合的"神篱"里。古代日本人在"神篱"中祭祀神灵,这个"神篱"发展成为日本传统的庭。日本传统的庭是一块空白空间,这块空间是纯净的祭祀、守候灵的场所,庭内充满了细腻的白砂,并犁出各种浅淡的图形,用来代表着宇宙生灵。京都御所紫宸殿前的御庭、京都平安神宫大殿前的庭、东京皇宫前的御庭都是这种招来神灵的场所,如图4.12所示。这样的场所不会永久存在,当人进入神域时白砂收起,形成一个无形的空间分隔,神与人同时存在于场所,但明显感觉到时空的分层。之后日本人开始在神域里建造神社,在宫殿里祭祀神灵,但建筑并不是神灵的居住地,只是人与神交流的场所。与场所一样,神是居住在广阔的场所空间里的,所以在神社的周围一般都是茂密的深林,而且仍然用门、栅栏、鸟居、绳等物件将神社与现世隔离开来。祭祀的建筑也必须是消亡再生的过程,因为人的介入会使建筑世俗化,一段时间内建筑的消失才能保证神域的永恒。

(a)东京皇居前的御庭

(b)平安神宫庭院

(c)紫宸殿前的御庭

图4.12　日本传统的庭

当代日本建筑师在建筑场所的设计中普遍存在着日本传统庭的思想，如1950年丹下健三设计的广岛和平纪念公园广场和1991年设计的东京都厅舍前的广场都蕴含着召唤神灵的空间意识，如图4.13、4.14所示。丹下健三在广场的创作方面热衷于空白空间的设计，将看不见的神围合在庭中，将灵内部空间化，这种设计带有一种世界观的意识思维与西方的广场中耸立骑马像的气氛完全不同，这一点，可能只有日本人自己才能体会。

图4.13　广岛和平纪念公园广场

图4.14　东京都厅舍前的广场

在日本"消亡"有时也表示为一种"伤痕"。日本在地理位置上是一个多灾的国家，"伤痕"在日本从古以来，一直在日本民族的各个方面体现着，《奥的细道》继承去流浪的愿望，《平家物语》中的盛者必衰，都在描写着这种"伤痕"。在当代日本建筑师也独有着这种"伤痕"的创作思想。日本都市空间更有这种"伤痕"的体验，建筑师矶崎新对这种创作思想做过精彩的论述，他说："我怀抱着的伤痕不是突然出现的,它是自中世纪以来日本人持有的中心思想的无意识反复。”他把这种非构筑的、无意识的过程以及生成和死亡的循环注入了作品里,如图4.15所示。在1983年完成的筑波中心大楼的广场上,体现了他的“伤痕”创作思维。这座大厦是日本后现代主义建筑的代表作品,建筑坐落在筑波科学城的中轴上,由银行、音乐厅、旅店、情报中心、中心广场和商业街等组成,中心广场引用了米开朗琪罗设计的国会山山顶市政广场的设计元素,但不同之处是在广场的入口,矶崎新用碎石和一条人工瀑布建造出很多裂纹,打破了地面的完整,所经之处是残垣峭壁,这里表达的是对“伤痕”的理解,如图4.16所示。筑波大厦所建造的年代正是日本经济泡沫时代,一种悲观的情绪弥漫着日本各界,由于自然灾害较多,日本人潜意识里有扩大伤痕的思维,这也影响着日本建筑师的创作思想,也是“日本式”建筑的思想源泉之一。

图4.15 矶崎新的水彩画——废墟

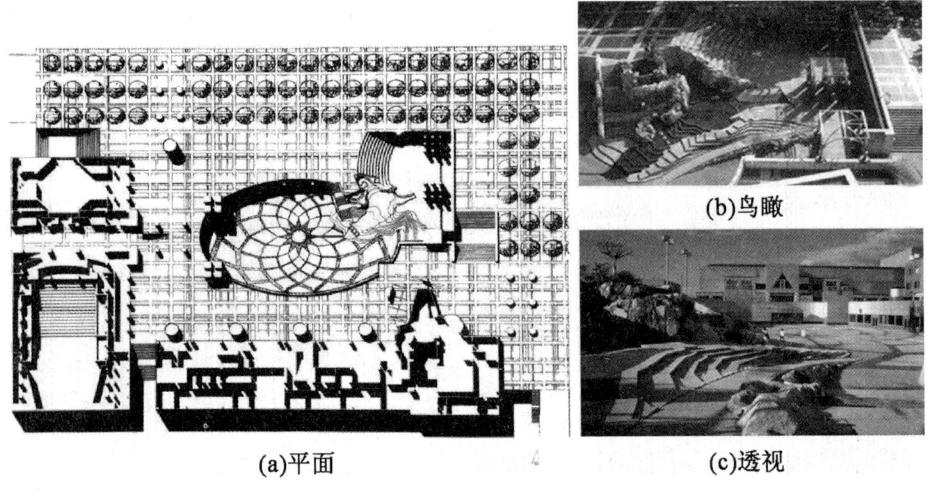

(a)平面

(b)鸟瞰

(c)透视

图4.16 筑波中心大楼的广场

图片来源:http://www.google.com.hk/imghp? hl = zh - CN&tab = wi/.

日本民族对于时空的认知一直带有一种原始的模糊性和神秘性。日本人一方面在当代科技上表现出积极的理性世界,另一方面在文化认知上却表现出强烈的感性世界。在当代建筑的创作过程中日本人认可和注重现代主义的逻辑思维以及现代建筑的科学技术,但日本人对任何事物都具有的暧昧性一直主导着建筑的创作，尤其是在空间的创作上。它不需要刻意地表达，而是根植于每个日本人的思维深处，使得日本建筑师的作品明显区别于其他国家的建筑师的作品，充满日本民族虚幻、暧昧的感性世界。

美国作家赫恩曾讲过日本的历史实质上是宗教史。这种虚幻的感性来源于日本的神道，神道作为日本的原始宗教深入到了每个日本人的头脑中。他们认为日本国土上的一切都充满着神源，即一切都是有灵魂的，无论是人还是物，那么作为承载着人和物的时空当然也充满着神灵，而神灵出没的空间应是不固定的、虚幻的、阴翳的，所以时空就带有同样的属性，这种属性我们可以称为虚物质，它是相对于时空的实物质提出的，主要是以人的意识主导性而呈现的。

日本当代建筑的这种暧昧性是建筑师与使用者共同意愿下完成的，在日本社会里它能够被普遍接受，是因为民族暧昧的根性所致。正是拥有这样的社会环境，极具“日本趣味”的建筑形式才会出现，这种认知并不只局限在几位建筑大师身上，日本当代建筑师的作品在空间感受上普遍都有这种能量，如武井诚与锅岛千惠的克力的家、妹岛和世的丰岛艺术博物馆等都展现着日本民族传统的时空认知。

4.2.3　建筑空间的阴翳性

日本民族对时间与空间的传统认知就像电流中的网状空间一样，相互的连接是模糊不清的，是一种未分化的状态。在日本的《古事记》中记述着：“想弄清‘土地’和‘雨水’的关系就要回到空间和时间未分化时的状态。空间与时间都使用了‘间’这个词，就是让二者抓住对方，不忘最初的意思。”

日本传统的认知中认为日本的空间和时间是二维并列的，二者之间存在着交融之处，这种交融就是空间中混沌的地方。“二者不可分离的空间就是‘间’。‘间’的重要性在于强调两方面的对应关系或相对的两种力量，并通过‘间’的作用进一步强化二者的力量。”在建筑领域内表现为阴翳。在日本传统家庭里没有将生活空间示人的习惯，这可能与日本传统社会村落界限封闭的社会心理有关。在日本社会关系中这表现为注重对话的阴翳，在日语中直截了当地回答方式较为少见，大多是谨小慎微的婉转回答，在日本人的心理上人与人之间存在着某种状态，就是适度的平衡，也就是时机。如“掌握节奏、节奏默契、赶上节奏”等。在日本传统的歌舞剧“能”的表演上与共演者比艺时，使对手忘却间隙，而显现出艺术的真髓，从而达到“魔”的境界，这种“魔”也是阴翳的表现。

日本传统建筑“延伸到最久远的”的空间感受来源于民族最质朴的时空认知——阴翳性。这种阴翳性不仅是黑暗、混沌的空间，也是深远、多层的空间，是指在空间上离入口较远处的地方，是不示于他人的重要场所，它常常不是固定的，而是移动的、带有方向性的。它同样体现在日本社会的各个方面。如日本文化中的“道”就是一种阴翳的表现，“道”在当代日本随处可见，像“茶道”

“花道”“武道”“香道”等，在这些日常文化中日本人有意识地将其庄重化以增加神秘性和深层境界。以“香道”为例，它源于佛教的熏香，传到日本后形成了一种雅致的文化，人们从香烟缭绕升腾中感受世间的虚幻，通过闻香冥想各自心中的景象以求得心灵的升华，这种有意将事物神圣化的倾向在传统建筑中表现为阴翳。如在日本神社的规划布局上，通过一座座鸟居经过幽玄的参道，感受深远的神社，通过深远、阴翳的空间产生幻想，生起对神灵的敬畏。对于神灵与空间深处的关系，加藤周一曾做过精彩的论述：“在冲绳，直到今天还保留着祭祀从大海的另一方来的神灵的传统，他们通常从森林的最深处开始迎接。从森林的入口直到深处的祭祀路线规定除了参加祭祀的女性外谁也不能随便进入，因为神就停留在那个秘密的场所……不仅仅是冲绳的山丘深处，日本的神社空间也是以走向深处的寓意为轴而被结构化，它的线路通常为参道、拜殿、内殿、神座，沿着这条轴线前进，空间的秘密性与神圣性也逐渐加强，那是流动的方向性，是向深邃的接近。”

这种“深处”也体现在日本人的住宅上，日本传统的住宅“书院造”是通过连接两个或者更多的不同特质的房屋呈现多个复杂的内部空间，然后通过空间的增加和分割来加以延伸的形式。平面布局如同大雁，它的内部不停地改变方向，从而呈线状空间序列，以达到空间的神秘感。从日本传统的木构架建筑中可以看出，相对建筑的形式而言，空间构成才是日本传统建筑更为有力的载体，并且这些空间的特征可以更轻易地恢复当代生活并具有更广泛的建筑含义。

日本这种传统的阴翳、混沌的时空认知，在当代日本建筑界被鲜明地表现出来，几乎所有的日本建筑师都会学习阴翳，并努力将其应用到建筑中，如在当代日本建筑师表述的两种理论中都提及此观点，它们是矶崎新提出的“间”空间和桢文彦提出的“奥”空间。

1. 矶崎新的“间”空间

矶崎新的“间”空间理念首次展出是在1978年巴黎举行的日本文化特集展上。他将其解释为一个能直线流动的从开始到终止都均质的绝对时间，并且以坐标轴的形式向X、Y、Z三个方向无限地、连续延伸，这是基于近代科学的演算基准而来的。在这次展会上矶崎新的《间——日本的时空间》展示的是将自己对于现代建筑的创作目标与日本民族对空间的认知相互融合的作品，如图4.17所示。

图4.17 《间——日本的时空间》的展示

用以说明日本人的空间认知具有当代建筑所追求的特质。从此开始,矶崎新的建筑作品上大量表达着"间"空间理论。对此法国学者伯克曾感慨地说:"对于这个作品如果有人看明白了的话,那可能只是专家。因为在西方人看来,日本人的空间和时间观念是永远无法弄清的神秘境界。如果能将'间'翻译的话,那么文化的概念也就没有存在的理由了。"2000年,矶崎新在东京艺术大学美术馆再次展出了《间——20年后的回归》,在这次展出中他专门举办了关于"间"的系列讲座,以全面阐述"间"空间理论。

矶崎新在1974年设计完成的日本群马县立近代美术馆,是对"间"创作概念加以解释的建筑作品。美术馆是由4个立方体和3个敞口立方体组成的南北两翼造型的建筑。在这座建筑的设计中,为使原本笨重的建筑主体显得虚无轻盈,为与建筑边的池塘倒影相呼应,矶崎新采用了一种镜面材料附着在外层表面上,为了获得建筑空间的阴翳感,他利用一个边长为12 m的立方体格子并将其无限延长,在建筑立面上也以正方格子为装饰迎合这种加法形式的立方体,目的是削弱物态化的建筑形式导入场所因素,经过修辞、引喻之后,使具象的建筑物在人的主观印象中消失,获得深邃抽象的透明度,主体的淡化使得空间充满流动感,并显得虚幻不定,完成了建筑和人的距离延伸。矶崎新在创作中更多地考虑建筑具有的中性和虚幻的特质,他将其解释为"空洞",如图4.18所示。

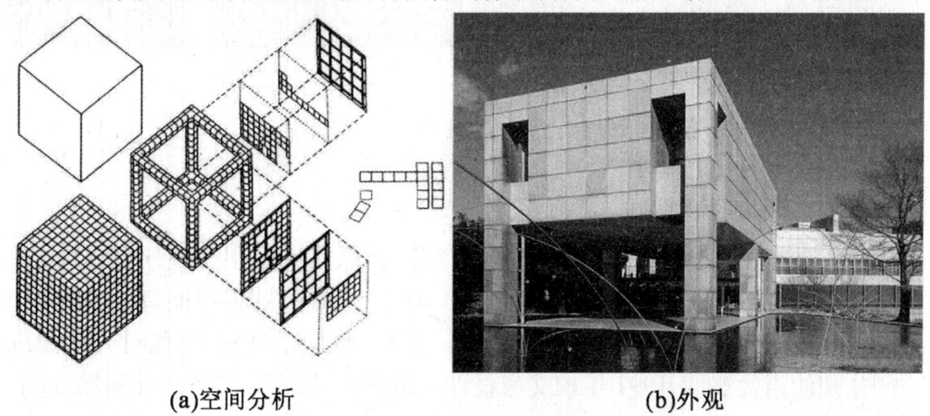

(a)空间分析　　(b)外观

图4.18　群马县立近代美术馆

图片来源:http://www.google.com.hk/imghp? hl=zh-CN&tab=wi/.

2006年矶崎新的新作品上海证大喜马拉雅艺术中心,是他近期建筑思想的集中体现,虽然建筑界对这个建筑的评价褒贬不一,但它真实地反映了矶崎新当前试图突破自己的创作心理,如图4.19所示。这座建筑是由多个立方体组合的复合型建筑,它集艺术中心、艺术家创作室、宾馆、公共开放空间和商业设施为一体。整体上采用中国传统庭院的九进布局,实现空间的穿越,建筑的核心部分是中央的艺术中心和一个能容纳 2 000 多人的多功能剧场，并设有空中庭院，与地上的广场和底下广场相配合，形成一个立体的开放空间。中央部分的造型采用的是进化论结构的最优化手法，这种结构体内包涵空间所形成的状态正是“间”的原理。这符合东亚国家国民的空间认知，能快速被中国人接受。作为酒店客房部分的立方体被摆放在高达 30 余米的平台上，在下部外墙上艺术地转化象形文字并嵌入到方格子中，用抽象演绎着传统，也使得内部空间富有阴翳感。喜马拉雅艺术中心由两个截然不同的部分组成，晶莹通透的立方体和自然有机的不规则“林”，二者的空间状态也不相同，一个是开放的商业空间，一个是封闭的办公空间，空间交融中混沌的地方就是矶崎新的“间”原理，这样创作两个鲜明的对比空间正是“间”的体现。

(a)外观

(b)细部

图 4.19 上海证大喜马拉雅艺术中心

2. 桢文彦的“奥”空间

当代日本建筑师利用民族对空间的独特认识完成了很多建筑创作理论。桢文彦的建筑创作理论成熟于 20 世纪 60 年代，主要有“奥”空间理论“群集理论”“场的形成”以及“文脉主义”理论等。其中“奥”空间理论是他对日本传统空间认知的当代解读，1997 年桢文彦设计完成的中津市“风之山”火葬场，坐落在郊区的山国川岸边一大片高地上，是他对建筑空间意向、建筑空间序列变化、建筑细部处理、日本传统美学优雅精炼的充分表达之作。这座建筑总面积 2 514 m^2，采取散置式的布局方式，犹如日本传统的枯山水庭院，如图 4.20 所示，并根据功能的不同划分为三部分，即露天红色的钢架三角形休息厅、混凝土正方形的火葬厅和砖砌的八角形葬礼厅。休息厅的作用是让悲者在平复心情和疲惫时得到休息的地方。因此，建筑师在设计时注重建筑所呈现的宁静感受，大面积的透明玻璃窗将室外安静优美的景色引入室内，同时使光线漫射于室内，无限悠远的空间使悲者感受到一丝丝暖意。火葬厅作为瞻仰遗体和火化逝者的地方通常是灰暗的，但“风之山”的火葬厅没有设计成完全封闭的，两侧是玻璃墙，并面向水庭，寂静的水面上微微的涟漪与火葬厅的宁静和幽暗形成鲜明的反差，给人以无尽的联想。葬礼厅是用于守夜和举行宗教仪式的空间，桢文彦根据这个使用要求创造了庄重、肃穆气氛的空间环境。葬礼厅的墙体是被架空的两片墙，在架空的缝隙处可以看到外面平静的水面。室内空间的光线很少，并能散漫式地射入。在日本人的传统观念中，火葬场是一个不吉利的地方，桢文彦用“奥”所创造的空间深邃感和冥想体验弱化了人们对葬礼的恐惧感，如图4.21所示。

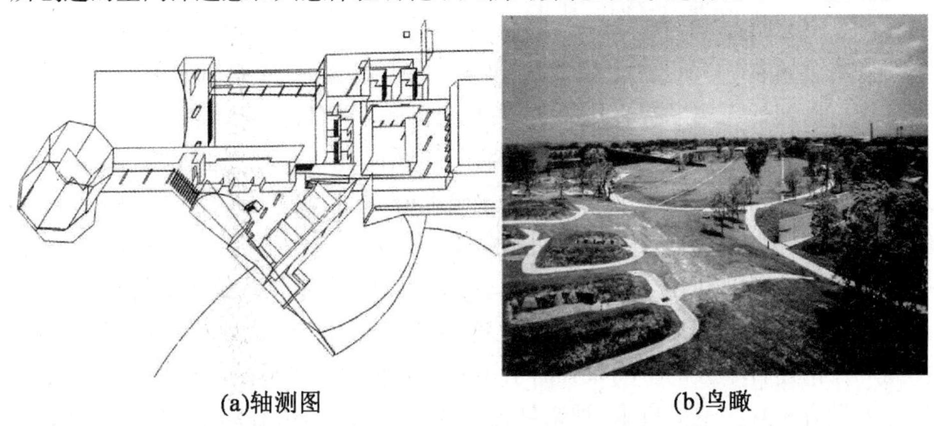

(a)轴测图　　(b)鸟瞰

图4.20　“风之山”火葬场

图片来源：http://www.google.com.hk/imghp? hl = zh – CN&tab = wi/.

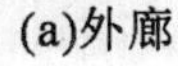

(a)外廊　　(b)中庭

图4.21　“风之山”建筑空间

图片来源：http://image.baidu.com/.

桢文彦在“风之山”火葬场的三个空间序列中形成了一个连续的“奥”空间，指引着悲者以一种近似于宗教仪式的路线行进。在这个行进过程中人们得到了平静—敬畏—冥想—超脱的体验。“风之山”火葬场通过流动空间的韵律和旅程表达了“奥”空间的概念。正如桢文彦所说:火葬场通过对控制自然光线来合成方向与深度,给人一种“奥”的深远感觉。

日本民族对空间的阴翳性认知对当代建筑界影响广泛,当代的日本建筑师都对建筑中的“阴翳”空间非常崇尚,其中关于“间”的研究是林泰义、富田玲子、矶崎新等共同努力的结果,它体现了日本民族的独特认知和理解方式。

4.2.4 空间水平线的强调

日本建筑在空间设计上带有很强的横向发展意识,回避纵向的空间形态,这可能与岛国地震频发有直接的关系,见表4.5。在日本的传统空间中,从来就没有西方高耸入云的攒尖建筑空间,唯一的纵向建筑佛塔是外来输入性的建筑。在日本原始神社建筑中从未出现过向上的空间,或者尝试营造过向上的空间。即使是佛塔,日本与印度和中国的佛塔形式差别也很大,日本的佛塔檐部明显向四周扩散,竖向也最多到五层,使这种佛塔带有很强的日本特色。为什么日本传统建筑会出现这种现象呢? 这源于民族对空间的水平线的崇尚。加藤周一在论述日本人的空间认知时引用日本神话来说明这点,日本的神与人在传说中没有相互往返的故事,神来到凡间并不回去,人也无变成神仙的欲望,所以也没有向上攀登的意识倾向。这是日本哲学对这种现象的解释,如果从建筑功能上说这一点应是建筑“扩张”的需要,日本的传统建筑是木构架建筑,不能纵向发展是客观事实,为了增加使用空间只能横向发展。这一点不光表现在神社上,也体现在城郭和普通的民居建筑中。例如大阪的天守阁虽然尺度巨大,但竖向的长窗和线条较少,取而代之的是大面积白色墙壁和横向的屋顶,显示它统治地位的是体积的庞大和建在地势极高之处。

表4.5 日本建筑水平空间创作传承分析图表

名称	城郭的水平线	室内的水平空间	建筑物合院布局
传统建筑	 大阪的天守阁	 高山阵屋	 东大寺的庭

续表 4.5

名称	水平的庭院布局	水平的庭院空间	水平大屋顶
近代建筑	 京都会所	 帝国饭店	 东京美术馆
名称	强调水平线的民居	建筑外观的水平流线	水平的大屋顶式建筑
当代建筑	 10ken 住宅	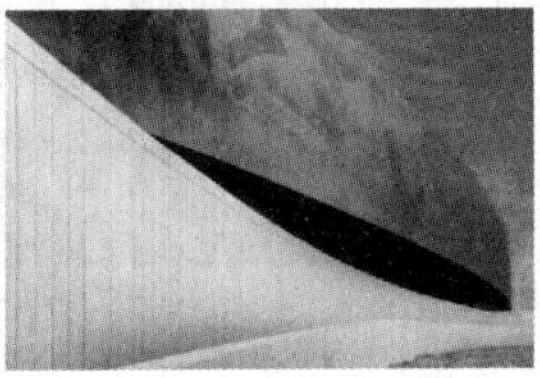 千叶县 Hoki 美术馆	 东京代代木体育馆

图片来源:http://image.baidu.com/.

近代的日本虽然大量吸取西方当代建筑形式,但并没有追求过类似于哥特式的那种攒尖顶,在空间设计上依然贯穿木构架的横向设计体系。如前川国男设计的京都会所用明暗关系和巨大的横向混凝土线来表现空间从高到低的变化过程。

当代日本的高层建筑已经随处可见,随着经济的发展及城市空间的紧张,日本建筑也开始向纵向发展。但是大多数建筑外形并没有由重视横向线条转向重视纵向线,而且当代的日本除高层建筑外其他建筑并没有放弃水平空间的强调。建筑师桢文彦在对日本传统建筑空间和西方现代主义空间本质研究的基础上提出"运动空间"的概念,就是"随着运动,或者是潜在的运动变化的空间。是线性的、水平向的空间序列的建筑中,可以非常清楚地看到越来越多的细微之处和复杂性"。这种水平向的空间创作,桢文彦早在1974年的丰田客舍设计中就全面展示过。但最具代表性的还是1997年设计的"风之山"火葬场,在这个设计中他尝试了一系列横向空间的组合,在与光影的配合中完成了"奥"和"运动空间"的理想。

象设计集团是当代日本建筑界非常杰出的设计组合,对于建筑的空间认识象集团建筑师富田玲子致力于日本传统空间的研究，倾向于水平空间的设计。1981 年富田玲子设计完成的名护市厅舍在空间设计上采用了日本传统的“雁行”形空间布局，东侧是市政办公厅，西侧为教育委员会和福利办事处，二者中间用遮阳棚架相连，北侧的三层是一个用作儿童活动和公共活动的开敞广场，在这个设计中，富田玲子采用一系列的遮阳棚架，这些棚架以梯级状排列，高低错落，显示出繁杂的外观，棚架的檐口和楼板外露的边缘强调着水平线的划分，以此加深水平空间的印象。另外，在这组建筑中富田玲子注重地域空间的历史骨骼和支撑地域文化的建筑语言，以陶制“唐狮”作装饰，并开创了与地域居民一起设计的新建筑设计方法，如图 4.22 所示。

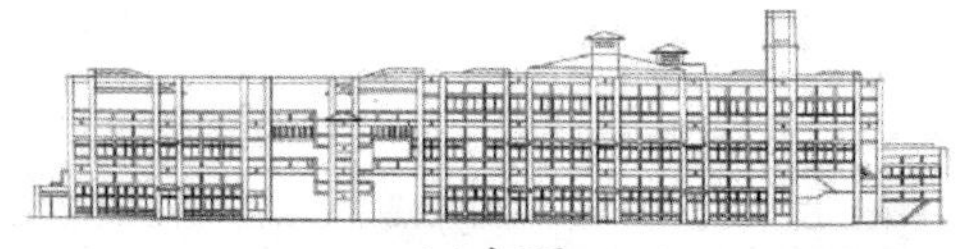

(a)立面

(b)鸟瞰

图 4.22 名护市厅舍

图片来源：http://riken - yamamoto. co. jp/.

建筑师原广司在 1987 年完成的冲绳那霸市立城西小学校，是他建筑集落理论的作品之一。这种“集落式”的学校建筑群体，以日本传统村落布局形式为蓝本，加之当代的流动空间，形成一个水平向的空间集落，建筑师认为传统的水平空间有利于培养学生的乡土意识和集体意识。另外，原广司的均质空间理论和山本理显的细胞城市理论，都是现代主义建筑设计理念和日本传统的自由聚落水平空间之间获得新平衡的经典理论。

2000 年山本理显设计的公立函馆未来大学是采用日本水平空间的典型建筑。在这里他创造了一个开放的空间，他认为这等于“开放的心灵”，建筑师想通过这种空间的作用来提高学生彼此交流的能力，“无论是一个人思考还是小组活动，这是一个在各种情况下都能自由使用的空间。我们将这样的空间称为‘STUDIO’。‘STUDIO’与研究室之间用透明玻璃隔开，‘STUDIO’的旁边就是老师们的研究室，师生可以透过玻璃看到相互的情况。”如图 4.23 所示。

(a)鸟瞰　　(b)外观　　(c)内部

图4.23　公立函馆未来大学

图片来源:http://image.baidu.com/.

当代日本建筑师在空间的创作思想、设计手法上都有着深层的同一性,这源于同一民族的模糊、短暂、阴翳的认知意识,这种认知意识是民族暧昧的根生性使然。当代日本建筑界出现了很多具有“日本趣味”的建筑空间创作理念和实例,他们用不同的方式解读着建筑创作,特别是日本民族传统的时空认知对当代建筑空间的影响,是“日本趣味”建筑的特点所在。很多日本当代建筑师对日本传统空间的认知都有自己独特的论述,有日本趣味的空间理论被大量提出,如矶崎新的建筑解体宣言、原广司的“地球外建筑”、伊东丰雄的“透层建筑”空间等。

4.3　民族环境认知在空间行为中的体现

建筑的空间行为是人为实现某种预期目的,与建筑周围各种尺度的物质环境之间发生关系时所做出的连续活动或连续反应的过程。它着眼于人与物质两系统之间的相互依存关系,这种行为、场所和人之间有一种联系就是时间,这一点在近代的环境心理学也明确地提出过,如:“Moore从场所、使用者、社会行为现象三个方面导入时间…… 指出环境行为学应立足于环境或场所的空间性状况、使用者与社会行为现象以及研究政策的制定、设计和结果评价过程在时间上反复循环和发展。”并以此建立了环境行为学框架,如图4.24所示。而在日本这个认识却早已存在,并被大众普遍接受,日本的传统建筑空间就是基于环境与人的行为在时间轴上的观点而建立的,对它的认识是“自然”即“空间的、行为的”,就像二十年一重修(式年造替)的伊势神宫,它是保持古代样式的当代建筑。穿梭其中的是时间,换言之,起始于遥远过去、保持不变形式的持续被原封不动地纳入现在的世界。这样使得人在其中的活动方式更加有意义,这种现象的形成不是基于某种科学的理论,而是基于对生存的感悟。

日本民族由于特殊的地理条件形成了对自然、对环境的强烈崇尚，更加注重站在人与环境调和的角度看待世间万物，对于建筑，他们认为日本的精神应该充斥在建筑中，建筑的空间体验高于形式感观，而高贵品质的空间是依据人的行为方式而出现的，这种思想是日本当代建筑师进行建筑空间创作的思想源泉。

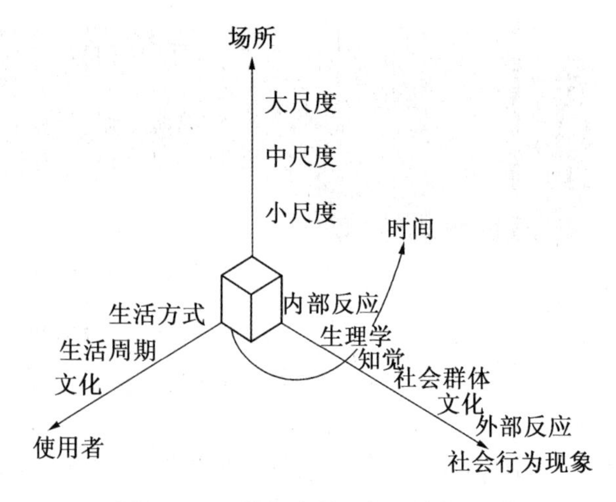

图 4.24　环境行为学的主要尺度

4.3.1　"自然"即"空间、行为"

丹下健三在 1963 年发表的论文《现代建筑的创造和日本建筑的传统》中表明，现代建筑创作与民族传统有统和的必要，并指出生成式的自然形态是日本传统建筑与空间创作的主旨，以及人的行为方式决定着空间的形式。在这期间，他在设计香川县厅舍时将混凝土梁直接伸出暴露在外，传统的缘侧空间在当代建筑上得以实现，笨重的混凝土展现了木构造的轻盈和神韵，在西方现代主义主导的建筑界中日本式"空间的、行为的"建筑创作思想脱颖而出。

1986 年伊东丰雄的自宅"银色的小屋"在东京建成，是日本"生成式"空间认知的当代解析。该建筑设计为局部二层的结构，建筑主体在一层，一层中间设计为中庭，北侧是客厅和餐厅，右侧是书房和卫生间，卧室在南边，儿童房被架在二层。客厅的右侧是茶室，最北边是储物间。整个建筑围绕着一层的中庭展开，它也是建筑与自然相互渗透的模糊空间和重要的交通枢纽，在这里人们可以通过中庭到达一层的任意一个房间，穿行于其中可以感受空间的节奏和开敞性的韵律。这看似简单，实则丰富，"银色的小屋"区别于普通意义上的住宅，是日本传统开放的、临时的、漂浮的、生成式的空间展示。伊东丰雄设计的建筑空间内外可以流动，有意弱化了空间属性，即使需要隔断，也是镂空或透明的推拉门，营造了建筑的"虚"与"实"，如图 4.25 所示。建筑采用轻质的钢结构棚式屋顶，由很多对三角形结构构成，共 7 个白色的拱顶扣在建筑上，上面裹上柔软的布，轻盈而又具有流动性。建筑色彩上，伊东丰雄摒弃了当代建筑常用的混凝土，转变为玻璃、铝合金、钢材和布等具有轻盈灵动的材料。在这些材料上均涂成白色,意味着空白、开放,建筑实体被忽略,建筑空间得以突出。从“银色的小屋”中我们能看出伊东丰雄建筑创作中所蕴含的日本民族的时空认知,尤其是对人在空间中的行为、流动性的把握以及追求民族传统空间的境界方面。

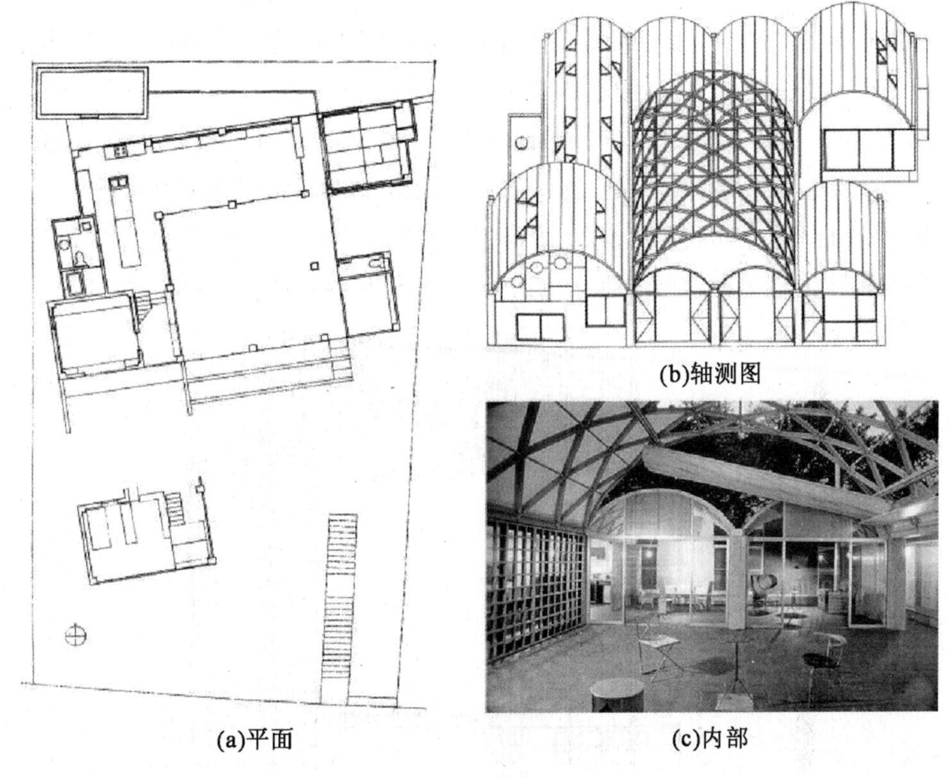

(a)平面　(b)轴测图　(c)内部

图4.25　银色的小屋

当代日本建筑师原广司是日本建筑界集理论与实践于一身的建筑师,他对建筑空间的理解是从机能到样相开始的。原广司所提出的建筑形式基础应由两种方式组成,分别是古典的、样式的、单纯的建筑和集落的、空间的建筑。前者运用装饰、样式、设计手法等就能够实现,而后者则需要通过地域性、场所性、制度的可视化等看见空间与事物的外观,建筑的状态、表情、记号、呈现、气氛等才能实现。这种被表达的现象就是空间样相,“在非否的境界中生成空间”是具有模糊性的日本空间传统的根本。在此之后原广司又提出了有空体理论、均质空间论和居住集合论,其中有空体理论是原广司的“原”理论。他提出有空体是空间单位“作用因子的制御装置”,有空体的外部形态是内部空间的反映,物质实体的视觉表现,能够给予建筑空间方向性,所谓的“空”是作用因子运动制御的最适合方式，有空体的空间单位是人行为的频度等空间创新理论。

原广司于1993年设计完成的梅田天空大楼是他众多空间理论的一个综合体，如图4.26所示。这座建筑被称为地球外的建筑，独创的浮游模糊空间，有空体的屋顶空间，建筑地面两侧的人间自然，建筑中心空间的空中天梯，中央空体形成的宇宙之柱，通过人行为于建筑之中，感受着地球的魅力，游走于建筑之外的天梯，体会着宇宙的浮力，信步庭院感受自然的宁静，在地面的自然体中原广司称其为“水和绿组成的新彗星”，通过自然的树木能够欣赏到这个代表着高科技的超高层建筑，给了这个庞然大物以自然的灵性，如图4.27所示。大江健三郎曾评价：“人类是创作模型的动物，而大阪梅田天空大楼是世界的或宇宙的模型建筑。”

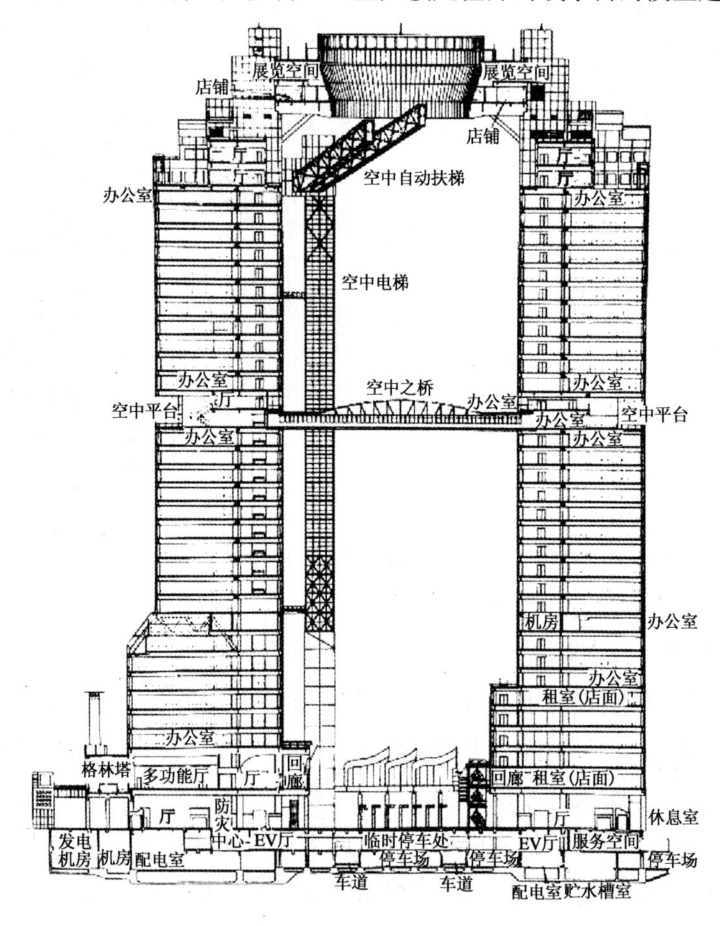

图4.26　梅田天空大楼平面图

(a)农舍田园

(b)自然园林

图4.27　梅田天空大楼前的中自然之林

4.3.2　环境的“运动空间”

日本民族对环境的认知是变化的过程,环境中的任何事物都是在时间直线上相继发生的,这个环境不仅仅是自然,还是空间环境。日本人对时间的认知是循环罔替的,认为自然环境中的季节是循环的,春天逝去后还会再来,在空间中环境通过人的行为方式而交流运动。这一点一直是日本传统建筑空间与人关系的核心,日本传统的建筑环境是一个介于室内与室外的两仪空间,人的行为方式决定着空间的属性。

在日本传统建筑环境中还有一个概念就是“扩张”,即“运动的空间”。日本的住宅原型是单体建筑,如果人在建筑中的行为活动需要扩大空间,就会在相邻处扩建一处房间,如无客观的外界干扰则可以一直持续下去,并且日本人还可以保持这个建筑的完整性。这种连续地发展形成了“环境的运动空间”,也就是所谓的建筑“扩张”,这种方式也被称为从局部走向整体,日本的传统建筑都是如此。例如桂离宫就采取扩张的方式。但在日本“扩张”绝不只是在单体建筑中出现,在城镇中这种富有运动状态的营建更是突出显现。如东京经过多次的毁灭,但在“扩张”的作用下又再次呈现;东京的地铁与法国巴黎的地铁在建造时区别也很大,巴黎的地铁是在经过系统的规划后一次性建完,而东京的地铁是需要时再建,经过多年后也未完成,出现这样的区别是两个民族对空间环境的认知完全不同造成的,如图4.28所示。

20世纪70年代建筑师桢文彦将建筑空间转向了传统线性空间的研究上来,他将这种空间与人的行为联系起来并与铁路相比较,认为这种空间的线性运动是日本建筑的主流精神,不同于乡土建筑,它追求的是简洁凝练。桢文彦在他的作品中一直有着明确的空间定义,联络空间是建筑中重要的组成部分,这种线性的空间即称为运动空间,这种运动空间与西方的现代主义有着某种相似性,但二者不尽相同。区别在于桢文彦的运动空间是建立在人的行为和目的上的,它与历史和场所紧密地联系在一起,这与日本人在生命和空间里总是用“无常”思考问题有关。

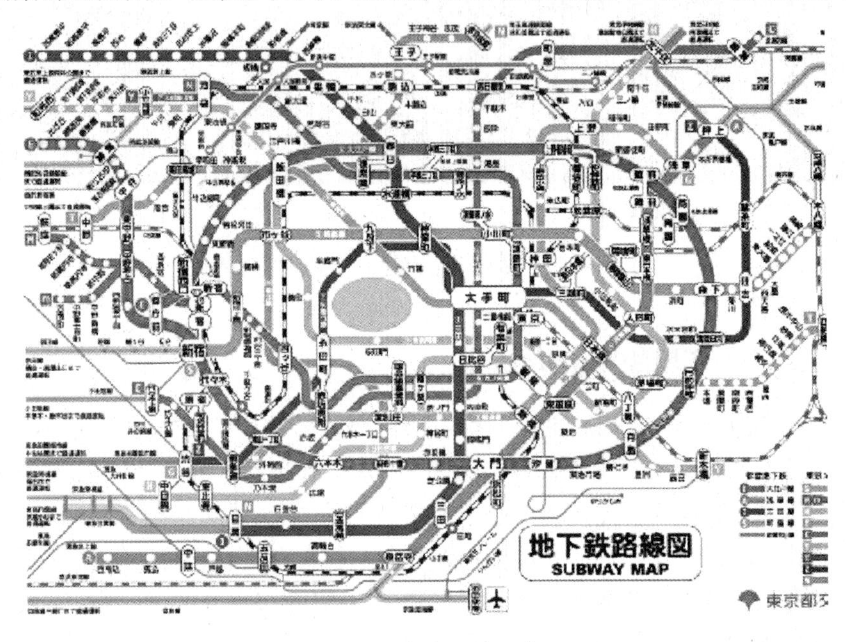

图 4.28 东京地铁网络

1985 年桢文彦设计了位于东京青山的华哥尔艺术中心,这座建筑受限很多,但它仍是很好的紧密联系在一起的运动空间的例子。在这里楼梯是印象最深刻的和最富表现力的,从入口处就能感受到它上升的动势,它是开敞和具有明确方向感的,这个厚重的元素与轻盈的服务性空间相连并优雅地结束,人的行为受建筑空间的影响,自动地走向前方,如图 4.29 所示。

图 4.29 华哥尔艺术中心

图片来源:http://www.archinfo.com.tw/.

安藤忠雄设计的京都府立陶版名画庭院,采取运动式的空间设计方法,整个展馆呈长方形,建筑随着绘画的指引而呈现出运动的空间,人在欣赏名画的同时也完成了建筑空间的运动过程,如图 4.30 所示。

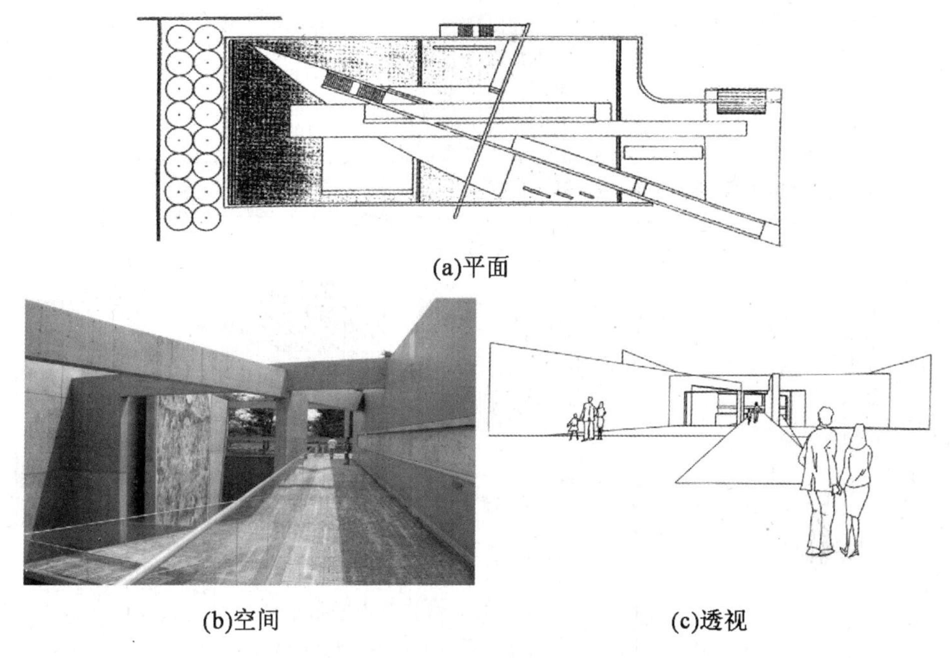

(a)平面

(b)空间

(c)透视

图4.30　京都府立陶版庭院

建筑师谷口吉生利用“座”的概念创造了有节奏的、流动的、静怡的建筑空间作品，并以此产生了丰富的回游性空间体验。他对空间的创作是以人的主体位置移动及视线的转移来变化空间的，感受日本式的传统神韵是建筑师设计的主旨。“座”是指设计之前的一个场所设定，它是指建筑空间与场所中的多种因素连续发生关系的一个概念。在空间环境中，各种因素需要通过“座”相互联系、相互交流、彼此附属、相封闭、相运动。正像谷口吉生所说的：“空间中存在不间断的视点转移，利用这种视觉中心的移动，产生对建筑空间的体验，进而感受到建筑与空间环境的总体印象。”1989年他设计的东京都葛西临海水族馆在建筑与环境的空间处理上体现了他的创作思想，建筑师借用东京湾的景色，形成了巨大的水景观，一切都围绕水来展开。用大片玻璃和轻薄的结构材料建造的建筑，外观造型相当简洁，但净白的空间极为突出，引导着参观者趋向弯曲玻璃顶的行动力，另一种空间的行动力则是大面积的水面临近大海所产生的离心力。观者从纯净、透明的六边形玻璃弯顶进入，经过扶梯逐渐潜入黑暗的海底世界，再由这个黑暗海底空间转向喷水池和面临大海的明亮外部空间。这种运动的、回游性的空间使观者感受到了空间的欢乐，建筑也因此呈现出迷人的风采，如图4.31所示。

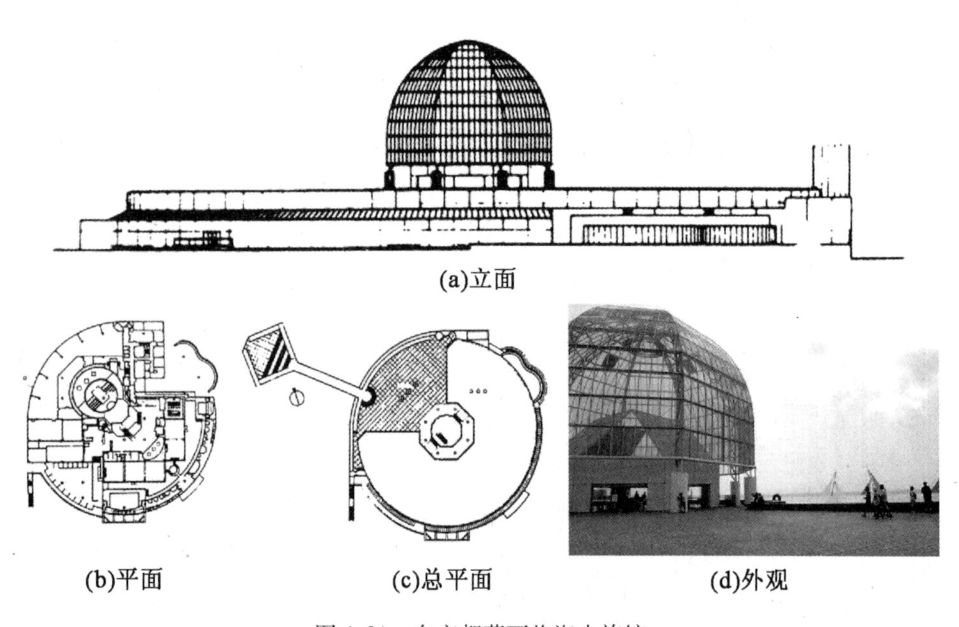

(a)立面

(b)平面　(c)总平面　(d)外观

图 4.31　东京都葛西临海水族馆

图片来源：http://seearchitecture. appscomb. net/.

建筑师妹岛和世和西泽立卫在2004年设计的金泽21世纪美术馆也体现着这种“运动空间”。美术馆由多个长方形与正方形的空间组成，各个空间可以根据人的行为需要由玻璃门重组空间，在这其中还有5个“光庭”，作为露天的公共艺术展示空间是建筑内与外的运动空间，同时还可以引入徐徐微风与温暖的阳光。整座建筑充满了环境与人的互动。例如，阿根廷艺术家林德罗·厄利什创作的透明游泳池作品，游泳池的材质由强化玻璃组成，在游泳池下面有一块公共空间，墙壁被涂成蓝色，使站在水面下的人和站在泳池边的人都可以通过泳池看到对方。这种互动正是人的行为赋予环境空间的意义，如图4.32所示。建筑师西泽立卫曾描述过：“这个美术馆为不

图 4.32　透明游泳池

妨碍作品的展示,最大限度地为作品提供展示空间,弱化建筑中的展示空间,以便做到单纯、清爽,使空间消失,不要去显示空间是如何的精彩,把光彩最大限度地赋予作品。”

“运动空间”是日本当代建筑师桢文彦提出的空间设计理论,环境的“运动空间”在这里指的是日本当代建筑中人的行为与空间互动的概念。这种“运动空间”在日本建筑设计中是一个传统话题,一直以来日本的建筑设计都是以局部到整体的方式进行的,建筑的完成依靠的是人在空间环境中的运动轨迹,这并不是当代日本建筑师的首创,准确地说应是民族认知的传承,这种传承潜移默化地在日本大多数当代建筑师的作品中体现出来。

4.3.3 空间行为的模糊性

日本人对于环境的认知带有一种“先天”的地域模糊性。由于日本国土四面环海、空气潮湿,一年之中大部分时间都雾气缭绕,温和湿润,使得物与人之间变得柔和、模糊。日本民族产生之初就与这种地理环境紧密相连,这使得环境中具象的物质被日本人发展为抽象的、模糊的想象,并进一步提炼成日本民族对生存环境的不规则与模糊的认知,体现在日本社会的各个方面。郁达夫评价日本的文艺时曾说过:“它似空中的柳浪,池上的微波,不知其所始,也不知其所终。”这种对事物模糊性的认知也反应在传统建筑与人的空间行为上,日本的传统建筑空间具有运动性,也具有“自然”性。但淡化与环境轮廓的模糊性,这种朴素的理念是日本民族的空间行为方式的重要组成部分。

在日本的文学里有一个词称为“挂词”,它是上句出现为表示下句的一种词,这种介于二者之间带有模糊性的词正是日本民族性的显著标志。在日本传统建筑空间中也有这种“挂词”出现,它就是廊下空间。在这里环境和建筑内的空间是交融的,它不同于全部开敞的亭,即使全部打开时也有限定,称为“结界”。“结界”出自佛教用语,原是形容为了僧侣遵守戒律而划分出的空间。在建筑中这种“结界”呈现出物体的影像,在日本寺院的本堂内的明障子及建筑上部设有的格子栏间形成的空间就是“结界”。如京都东本愿寺本堂内用精致的明障子围合出的、神灵的居住空间和僧侣的坐禅空间,人进入明障子的周围空间时是介于神域与凡域之间,到此会出现敬畏的行为方式,如图4.33所示,但又不同于直接在佛像前那样慎严,这就是“结界”带给人空间行为上的模糊性。这种“结界”同样也反应在建筑内与外之间的格子栏间,如京都清水寺中外壁格子栏间,如图4.34所示。在日本传统建筑空间中还有一种模糊空间“缘侧”,它是室内与室外之间的过渡空间,当“结界”的障子打开时,室外的景色进入室内,人和自然充满亲爱之情，建筑实体消失殆尽。“缘侧”成为日本建筑的标志，见表4.6。

图4.33 京都东本愿寺本堂

图4.34 京都清水寺的“结界”

表4.6 日本建筑的缘侧空间示意表

传统建筑的缘侧空间		
“结界”神域与凡域之间	空间行为上的模糊	室内、回廊、庭之间的空间
龙安寺的缘侧	龙安寺的缘侧	唐招提寺的缘侧
当代建筑的缘侧空间		
建筑与水域的模糊空间	大屋顶下的缘侧空间	建筑与外界的模糊交接
Fort Worth 博物馆	新津根美术馆	平等院宝物馆

图片来源：http://www.google.com.hk/imghp? hl－zh－CN&tab＝wi/；http://image.baidu.com/.

20世纪80年代，建筑师安藤忠雄从阿尔多·罗西的城市建筑和理性主义里找到了当代都市中的文明结构与时空模糊的连续性问题的答案，即场所的存在不仅是由空间决定的,更受制于在这些空间中所发生的连续不断的古往今来的事件,场所精神正是人们的连续性行为,而所谓“都市精神”更是存在于它的历史之中。以此为依据安藤忠雄设计完成了多个与历史时空模糊有关的连续性建筑空间,如京都的TIME'S。

京都TIME'S是1983年安藤忠雄设计的一座小型商业建筑,它位于京都市的高懒川旁边。入口处是京都很有名的三条小桥,这条街区是京都的一条传统老街,具有久远的历史,原来主要是木构架建筑为主的街区,现在是由1间展览室和10间店面组成的建筑,如图4.35所示。这里的店面入口是在高懒川一侧另设立的,并不临街开放,主要的意图是使人在购物前先体会清澈的川水,淡化商业建筑追求利益性和坚硬感。建筑空间在创作时特别注重人的体会,人们在建筑中呈现在眼前的是飘动的柳树和高懒川的溪流,建筑外观除开放的入口外,剩下的部分大多都是封闭的混凝土墙体,这种不断变化的空间序列使人们记忆深处的京都古老街巷景象延续至今,产生了空间模糊的体验,同时三面混凝土墙体迫使观者的注视点集中于高懒川旁的柳树和溪流,使建筑与自然的边界模糊。在这里安藤忠雄使用了流线回游的手法,他自称这一构思来自于威尼斯水边的旅行。TIME'S建筑外部空间的处理是围绕高懒川的溪流展开的。面向溪流安藤将建筑设计成四个层次的空间:混凝土露台、临水广场、建筑的主壁面和漏空的钢露台。人流通过台阶从上层道路桥来到下层,半室外平台广场亲切宜人,为观者营造亲水的气氛。安藤试图以各种可能的方式使建筑与河床发生联系,从而创造出了一个复杂的、互相渗入的空间。京都TIME'S是安藤连续性空间创作思想的又一次展现,设计伊始就是追求日本当代城市中的文明结构和建筑时空模糊的连续性体验,他认为日本应具有自己的建筑精神,京都TIME'S向世界展示了安藤的新创作思维,那就是连续性空间下的建筑。

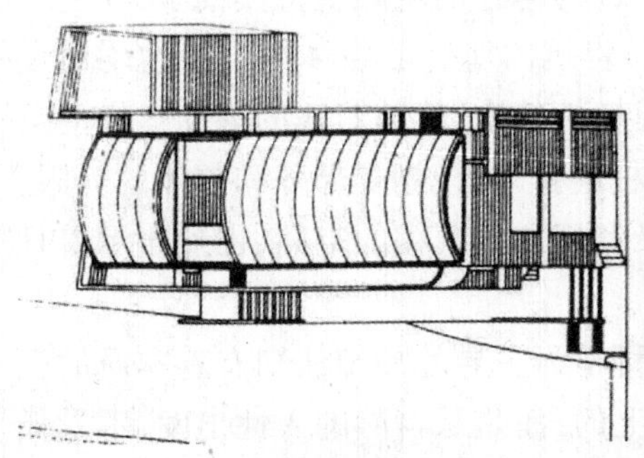

(a)建筑轴测图

(b)建筑外廊

图4.35　京都TIME'S

建筑师堤好幸并不像日本建筑大师那样让人熟知,但他一直致力于和风建筑的设计,对日本建筑中的空间行为模糊性有着自己的理解,从他身上能看到环境空间的认知是日本当代建筑界的普遍认知。堤好幸对环境空间中的模糊性认知用日语中的"表""里"的关系详细地阐述过,他认为"建筑中的空间对于人的行为而言应如同日语中的'建前'和'本音'(意为'口中话'和'心里话')一样,虽然有区别其实是相通的、也是模糊的。建筑空间中的'表''里'或者说'内''外',存在着一种柔软的、模糊的对应关系,没有明确的界限。空间何处为'表',何处为'里'是不存在的,二者可以相互转换。如同日本传统建筑空间没有私密性一样,空间以障子、奥相隔,拉开便成为相通的空间,这时的空间对于在其中活动的人而言是无界限的、模糊的。"

日本当代青年建筑师石上纯也于 2008 年设计的神奈川工科大学 KAIT 工房是空间行为模糊性的一个典型实例,如图 4.36 所示。这个建筑是该大学学生用于多种目的的作业工作室,建筑极富当代设计语言,同时又很好地表达了日本建筑中空间的模糊性。KAIT 工房位于神奈川工科大学校园内,是一个约 2 000 m^2带有四角平面的平房型建筑物。整个建筑是一个四周由 10 mm 厚的玻璃围合而成的透明盒子,建筑内由 305 根高 5 m 的白色柱子稀疏地竖立延伸而成,说是柱子,其实只有 42 根起支撑作用,其余是像薄板一样的物体,这看似无秩序、无目的的柱网,既是支撑建筑构造的支柱,又是疏密与模糊空间的划分,是石上纯也对建筑空间理解的实物表达。为了消除建筑内外的空间界线,建筑立面全部用玻璃墙体,从而不破坏建筑视觉上的纯粹性。在这里,消除了领域和境界,"处于室内之中"的感觉被极力模糊,建筑是自然环境的延伸,犹如森林般的室内空间给人以无限的想象。在这个建筑中,墙壁被完全省略,使得传统被墙隐藏起来的空间得到了完全释放,内与外的空间变得模糊了,在这种模糊的状态中,存在着非常微妙的平衡。建筑内所有的物体尽可能地均质设置,创造出一种没有对比的、不确定的、模糊性的空间,随着人的移动这样的空间也会在"此时"更新。石上纯也通过细柱的排列,模糊了部分和整体的界限,既诠释了当代科技领域下的建筑可能,又利用这种模糊的空间,强烈宣示着日本民族的环境认知。

日本民族的环境认知与以西方当代科学为主导的环境认知有着本质的区别。它不是建立在某种科学的理论基础上的,而是从自然的人性出发,不受任何科学的束缚,以人性、人情、人意为标准来感受和理解万事万物。这种对环境的认知使得人的行为在环境中的作用极为重要,在建筑中这点集中体现在空间设计中,这也成为日本建筑空间创作从古至今的主旨。在这种设计思维的指导下，当代日本建筑师在建筑空间设计中突出人的行为对环境的影响，并提出了很多与此有关的理论，如："自然"即"空间的、行为的"、环境的"运动空间"、空间行为的模糊性等。

(a)建筑内部

(b)建筑外观

图4.36　神奈川工科大学KAIT工房

图片来源：http://www.mt-bbs.com/.

4.4　民族文化认知在空间意象中的体现

民族文化认知是根据文化哲学中的认知场概念提出的，在日本民族文化中表现为"物哀""空寂""幽玄"的建筑空间意象。"意象"理论是源于西方近代建筑美学而言的，它更多地表达了对自然、人生、宇宙的感悟和想象。运用到建筑空间领域强调的就是精神感知和心理需求。"意象"属于文化认知中的审美范畴，意象所创造的某种情趣或氛围，调动人们的感悟和体验，进而形成精神上的共鸣，实现审美主体和客体的对话。

通过对日本传统文化中的审美观阐述，我们能够发现日本民族的审美与以西方现代科学为导向的当代审美文化区别甚大，日本美的源点或者说美的原像是站在感觉、体悟、情绪、情趣上的，而且是排斥说理、超越理性逻辑的。在这种民族审美的原像意识上日本的建筑文化也有着不同于当代科技文化的特色。建筑的创造活动是文化意识的物态形式，它直接地表达着建造者的意识倾向。日本无论是传统的木构架建筑空间还是当代的先进技术下的建筑空间都直观地反映着日本民族的文化认知，这方面集中体现在建筑的空间审美意象中。

作为传统文化形式的一部分，日本古典建筑空间充满着“物哀”(mono no aware)的情愫。传统建筑大多以结构简素、非对称开敞式的空间布局，使用原生的自然素材构造，

4.4.1 “物哀”式建筑空间

建筑造型保持垂直和水平的直线，忌复杂的曲线和色彩，注重细节，利用木质独有的生命力创造细腻冥想的空间形态与空间意象。在木构架的建筑中表达着纤细、优雅和顽强的生命力。当代的日本建筑大多数虽然遵循着当代建筑创作理论的规则，但符合民族传统文化是建筑“先天”的创作原则，例如今天日本的民居还保持着这种传统美的意识，如图4.37所示。

图4.37 京都的民居

当代，在日本建筑里，建筑构成的调和纤细、建筑比例的敏感含蓄、建筑空间的虚幻深邃等特征均来自日本民族“物哀式”的审美文化表达。它与现代主义所提倡的简约建筑区别在于体现了一种隐性的文化“无形”特征，是在建筑中以某种形式展现出日本的“物哀”精神，它不是建立在学术理论体系上的，而是建立在民族认知的感悟上，见表4.7。

表4.7 日本建筑“物哀”空间传承示意

传统建筑的“物哀”空间		
心灵体验的内部空间	对自然感知的建筑空间	感物生情的茶室空间
龙安寺禅室	新泻木屋	东阳坊

续表4.7

当代建筑的“物哀”空间		
创造细腻冥想的空间	单纯的线条创造出洁净空间	自然材质创造简素空间
白的家	京都府立陶版名画庭院	ANDO MUSEUM

图片来源:http://image.baidu.com/.

安藤忠雄是一位善于以日本式审美文化组织空间序列的建筑师,他的作品常常能够使人们在建筑空间中体会到宇宙和自然的神韵、东方的气质和当代的精神。2012 年安藤忠雄设计完成的 ANDO MUSEUM 建筑充分考虑原有环境,试图用最小的空间展现最大的空间体验,建筑利用一个曲面天井和依附于中心立柱的斜墙,寻求一种空间的意境和光影的虚幻,意图将传统和现在、木和混凝土、光明与阴翳这些对立的要素重新组合,以达到日本人对空间的“物哀”体验。美并不需要华丽的装饰,关键是那种不能用语言表达的“知人性、重人情、对思恋、哀怨、忧愁等情绪的充分感染力”。

图4.38　大阪宝塚大学大学院

安藤忠雄于2002 年完成的大阪宝塚大学大学院,是安藤忠雄作品里少见的混凝土很少裸露的玻璃与钢结构建筑,如图4.38 所示。整座建筑像一个巨型的磨砂灯笼,内外显露出少有的细腻感。在建筑立面细部的处理和材料的选择上,安藤忠雄巧妙地将玻璃和金属材料相结合,以精巧的钢结构横截面、联排纤细的金属线和磨砂的半透明的玻璃质感,在超高层建筑林立的地段中营造出一种轻巧、纤细、洁净、精致的造型感觉,丰富了街区的空间。建筑内部材料的选择上以纯白为主,以提高室内空间意象的纯净度。这种结构轻巧、空间纯净的造型效果,正是日本建筑师纤丽精致的“物哀”式民族审美文化认知的体现。

妹岛和世与西泽立卫于2004年设计完成的金泽21世纪现代艺术博物馆表达了他们对“物哀”式民族审美文化的理解。这是一个由多个几何形体组合而成的建筑,建筑的内外是以一圈围绕着建筑的玻璃幕墙区分的,玻璃的透明度使建筑空间显得细腻、精巧而优美,使空间极具流动性。与西方主导的现代主义建筑的机器式审美相比,金泽21世纪现代艺术博物馆的空间显现出的是一种孕育感性思想的宁静。在博物馆内部的空间上极少摆放家具,使简洁自由的空间体验得到充分展现,同时也流露出日本式的“留白”审美文化。透明的玻璃、细腻的金属、白色的素墙这些轻盈材料的使用,所表达的是建筑师“贵族的优雅、女性的柔软细腻,对万事万物包容”的意蕴。这是日本“物哀”式审美文化的主旨,是妹岛和世自身意识中的民族情感自然流露,这个外形看似与民族样式无关的当代建筑却强烈地表达着日本建筑的民族趣味,如图4.39所示。

2009年建筑师隈研吾设计完成的新根津美术馆在建筑空间方面同样体现着日本民族“物哀”的文化认知。新根津美术馆的大屋顶是带有日本典型传统的日式屋顶,建筑总面积约4 000 m^2,地下1层、地上2层,展馆主要由茶具馆、书画馆、陶器馆、漆雕馆、青铜器馆以及佛像雕刻馆等组成。室外设有约17 000 m^2的带四个茶室的日式庭院,建筑在外部形态上采用的是日本民间和风家宅的样式,展厅是一个宽敞的长方形冠以低矮的日式大屋顶,馆与馆的间隔极为简单,内部空间简朴优雅充满禅意,建筑构成调和纤细,建筑的材料内外均采用最传统的品种,包括木材和竹材、日本纸和砖石等,建筑色彩为银灰色、灰黑色,与庭院中的古树融为一体。这是一个极具东方韵味的日本当代建筑。周围的喧嚣在宁静的庭院空间阻隔下恍如隔世,建筑外部庭园的景观经门厅的超大落地式玻璃窗而引入室内,模糊了建筑的边缘,使建筑内外空间浑然一体,艺术品和庭院同时映入观者的眼帘,互为衬托,使传统温和地融入当代,建筑出现了虚实相间、境生意外的空间意象,如图4.40所示。

(a)建筑内部

(b)建筑回廊

(c)建筑庭院

图4.39 21世纪现代艺术博物馆

图片来源:http://www.google.com.hk/imghp? hl = zh - CN&tab = wi/.

(a)建筑外观

(b)建筑外廊

图4.40 新根津美术馆屋顶

图片来源:http://www.google.com.hk/imghp? hl = zh - CN&tab = wi/.

日本当代建筑空间的形式与现代主义建筑空间理论有着密切的血缘联系。但它在表现当代建筑理念的同时却彰显着日本传统文化的继承,二者的区别微妙而明显。日本当代建筑师在创作建筑空间时强调直观的感觉,即所谓的知人性、可人心、重人情、解人意,从自然人性出发,不受道德约束,对万事万物包容,尤其是对哀怨、思恋、悲伤、忧愁等情绪有充分的感染力。即使是钢筋混凝土也要有最原始的属性,注重形态的简素和空间的意境,日本建筑师认为纯粹的几何形态空间是宇宙构成的原理,建筑作为这一原理的视觉化对象,必须保持纯正性,这也符合当代建筑的创作原理,所以二者能快速而优质地融合。

日本作为东亚国家有着东方人特有的思维模式,他们受神、佛、道、儒等思想影响,不光将建筑看作是居住的物体,还将它看作一种思想、意识的载体,与建筑的实用性方面相比更加注重建筑的意境。这里包含着人们的喜、怒、哀、愁和对自然的敬畏,这些因素促使日本建筑师的建筑带有一种无意识的纤细、优雅和冥想,具有难以名状的幽暗性。

4.4.2 “空寂”式建筑空间

日本民族的“空寂”(open and quiet)意识来源于禅宗“无”的精神,这种意识在日本建筑中得到了有序的继承,见表4.8,即陶渊明诗句中“结庐在人境,而无车马喧”的含义,表达平静、安宁、无喧嚣等含义,但也并非指刻板的清净,而是强调在有无喧嚣之中感受平静。“空寂”美的意识最先出现在日本传统的草庵茶室中。草庵茶室是茶道大师千利休设计完成的、带有日本简素文化意识的草庵茶室不仅体现着“物哀”精神,在细腻、优美中还蕴含着幽闭、孤寂与贫困,无所执着的情怀。藤原俊成将其称为“空寂的幽玄”，明确地提出了“空寂”的审美意识，千利休的草庵茶室成为这种日本趣味的建筑，被世代传承。

表 4.8 日本建筑空间“空寂”分析

	代表建筑	创作思想	“空寂”建筑空间特征
传统建筑	草庵茶室中的妙喜庵	“和敬清寂”茶道思想融入茶室中，不受外界干扰的寂静空间里，体现“静寂”“空闲”美的精神，内心深深的加以沉淀的触觉体验	用材质的原生性和朴素性来塑造空间，对光线的有效利用使空间表现出不同的光影效果
近代建筑	冈田邸	日本传统建筑中的“空寂”与现代主义的简约洁净相结合创造建筑	构成式的隔墙、楼梯、家具和竖向的细柱加上日本式的庭院，组合出空间的趣味
当代建筑	TH house	Baqueratta 建筑设计工作室，多个空间侧面向庭院敞开，简洁的整体框架与空间协调流露出“空寂”的房间氛围	梁柱、屋顶、墙体等构件以构成、秩序、层次性排列，加上白色粉饰，创造空间的宁静
	石的博物馆	用石材和砖砌一排排的孔洞，光从孔洞进入室内。使建筑视觉简练，功能自然、平静。将日本传统中“空寂”的意境进行现代发挥	利用石头材料罗列方式的不同和不同的装饰纹样，使其形式构成具有虚实结合、张力对抗的效果

图片来源：http://bbs. wenhuacn. com/. ;heep://www. google. com. hk/imghp? hl = zh - CN&tab = wi/.

千利休设计的草庵茶室强调去除一切人为装饰，全部构件都只能是自然的体态，这样的茶室通常由出入口、壁、窗、床、造作、水屋组成，内部空间面积仅为二铺席或一铺半席，出入口中的躙口更小，大约在70 cm×60 cm，即使将军进入也得弯腰解刀。墙壁为混入藁的土墙，多数情况下是灰色、茶褐色，墙的腰围粘贴和纸，再配以同样的粗茶碗、字画和插一朵鲜花的花瓶。千利休利用这个极小的空间完成一生只有一次的会面，称为"一期一会"。它的出现代表了对奢华的否定，回归到日本民族的原生状态，从"无"的状态中发现完全的、纯粹的、精神的东西，这里的"空寂"不是贫瘠的消极情绪，而是一种积极的精神富足的内核，这也被认为是日本审美的正统代表，为日本当代建筑师所向往。在西方现代主义影响日本的百年间，日本的建筑始终有草庵茶室的审美意识。

在近代，日本传统的建筑形式面临着被淘汰的命运，但作为文化的审美认知，草庵茶室的"空寂"意识在日本近代建筑进程中发挥着独特的作用。日本建筑师堀口舍己在20世纪初利用茶室与近代建筑艺术形式相结合的形式完成了称为"非都市之物"的紫烟庄，这是民族传统审美意识与当代建筑的初次合作。这个建筑在当时因显露出折中主义倾向而遭到批评，但它自身所具备的轻盈的构造、直线的构成、裸露的材质、可动性的界面、无限定的平面、排除细部等，正是现代田园建筑构成的要素和现代艺术所追求的对象，再加上日本传统建筑独有的"随缘任运、顺其自然，无所执着"的空间意象，使得这个建筑在当时极大地触动了日本建筑师，他们看到了基于日本民族趣味的现代建筑发展方向。

日本当代建筑师隈研吾在建筑空间理念上强调"空寂"的文化认知，强调事物的隐弱性和人的主观能动性。隈研吾将这种隐弱性和能动性表现在建筑的消解上。他认为建筑创作最好的方式是柔胜刚、弱胜强，用人主观的体验来弱化建筑的形态，以一种谦虚低调的方式，将东方文化认知贯穿在整个建筑之中。隈研吾试图创造的是一种净土空间意象，一种形式上的"空"对应着精神上的"寂"。2003年隈研吾完成的东京梅窗院是为逝去者服务的建筑，如图4.41所示。这是一个古寺的再建项目，建筑造型上采用的是现代主义风格，大面积玻璃幕墙的高层建筑，从外观上看很难与古寺院联想在一起，只有主馆入口的古庙门和它前面的一列参差不齐的竹林可以看出是净土禅宗的道场。体现寺庙精神的主要是建筑的空间意象。他没有把建筑作为一个体量而是作为一个内外空间的过滤体来考虑，以实现古寺向都市开放的概念，梅窗院的空间序列首先是通过竹林的小路与古寺门，人的心灵得到净化，进入寺内右侧是洁净的玻璃幕墙的高层建筑，在反光原理的作用下建筑形态被消解，建筑的入口是从二层开始的，需要走过很多的楼梯才能到达。进入门厅内是寂静且幽暗的长方形空间，空间显示的是深沉的思索和深切的情意，形式优雅简朴，构成纤细调和，展现出一种和静的境界。

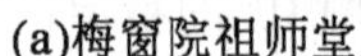

(a)梅窗院祖师堂　　(b)梅窗院竹林小路　　(c)梅窗院内部

图 4.41　东京梅窗院

建筑师栗生明的作品以一种平淡天真、清纯绝俗的方式阐释着民族固有的“空寂”情愫。他的建筑理念强调“建筑环境整体性”，就是建筑、自然与人之间顺其自然、无所执着、不刻意遵循设计理念，任凭主观意识的想象。并且，栗生明在建筑空间的创造上始终致力于“灰空间”的表达，他认为建筑边缘的过渡空间正是消解室内与室外的重要构成，这也是禅宗中通过“无”实现对“无”突破的表现形式。栗生明很多作品都有这种中间领域，并将其打造成公共活动空间，得到了日本社会的普遍认同。在建筑材料和细部处理上他将金属和混凝土相结合，创造出轻巧、精致的建筑造型以追求禅宗茶室的空间纯净度。2001 年栗生明设计的平等院宝物馆可以说是“建筑环境整体性”理念的代表作品，如图 4.42 所示。平等院宝物馆是京都著名古寺平等院中珍藏宝物的陈列馆，所以建筑必须集实用性与纪念性于一体，使历史文脉得以延续。栗生明在设计这座建筑时特别注重空间意象的营造，建筑空间以一种寂静的方式出现，主体建筑分为地上部分和地下部分，地上采用钢结构，地下采用混凝土结构，两个空间形成鲜明的对比。统领整个空间的是光，因为建筑是展览馆，所以对光有特殊要求，自然光从地上空间引入至地下空间，在微妙的光线中建筑空间出现了宁静、空寂的境界。

(a)建筑鸟瞰　　(b)建筑内部　　(c)建筑细部

图 4.42　平等院宝物馆

图片来源：http：www. google. com. hk/imghp？ hl = zh – CN&tab = wi/.

建筑师长谷川逸子在日本传统“空寂”文化认知思维的影响下发展了“空无”和“空域”的建筑创作理论。“空无”是在她一系列住宅作品中提出的概念，她认为人的生存空间具有多种变化可能，而“空无”正是为满足这种变化的柔软空间。“空域”是相对“空无”在公共建筑领域内提出的，它是由空地、森林、无数视点和声音组成的场所，是流动、变化的自由空间。具有“空无”和“空域”的空间应有三个特征：内向性、几何性、象征性。

1992 年长谷川逸子在山梨县设计的水果博物馆中使用了她的“空域”词汇。该建筑是分散在场地四周的帐篷式建筑，其顶棚为装备有全面可动的百叶玻璃屋顶，3 个弯顶为不同规模和材料形成的和谐对比关系，隐喻水果的生命力极其多样，表现为参天大树的形象。这样，建筑通过分体量的构成讲述水果的演变故事，同时决定了建筑的形态。在这里“空域”是分散的各个单体的空间，单体内由于技术的支持展现着分割空间的原始自由性，是出于自然、归于自然的空间意象，如图 4.43 所示。

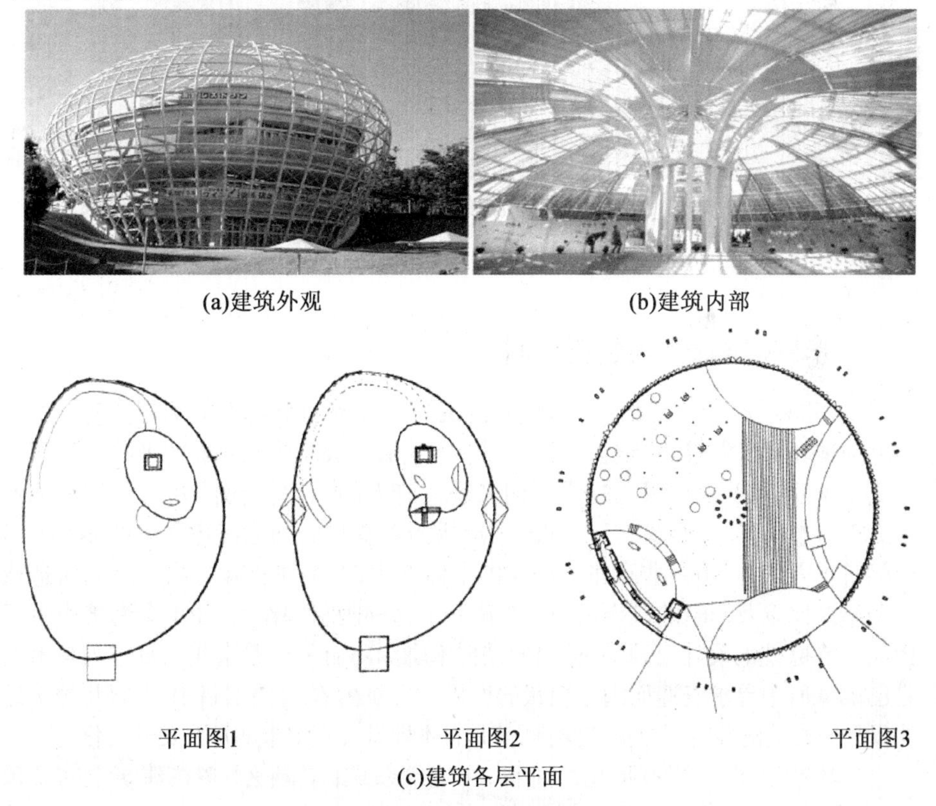

(a)建筑外观　(b)建筑内部

平面图1　平面图2　平面图3

(c)建筑各层平面

图 4.43　山梨县水果博物馆

图片来源：http://image.baidu.com/.

建筑师隈研吾在2000年设计石头博物馆时，运用砌体结构的施工方法表现了自然的建筑，全馆只用石头一种材料，为了打破人们对于石头的厚重、封闭的习惯印象，用砖砌出一排排的孔洞方式，使建筑变得轻盈。而空洞将光线引入，使室内采光也变得自然、平静而美妙，这种设计令建筑视觉简练，这种简素的形式将日本美学传统中“空寂”的意境进行了当代的发挥，如图4.44所示。

“空寂”作为日本审美文化的原像成为民族独特的美学范畴，在当代日本建筑创作中起到重要作用，尤其在空间意象的表达上，在这方面“空寂”表现为“空相”“余白”“余情”，表现出“无”即“空”的状态，使得小空间可以无限地转化为大空间，由有限进入无限，引导出一种“空寂”的情趣，从而达到抽象净白而意境丰富的空间境界效果。在这方面当代的很多日本建筑师都曾阐述过，如黑川纪章的“利休灰”理论、安藤忠雄的清水混凝土，隈研吾的“消解建筑”等。

(a)博物馆外观

(b)博物馆内部

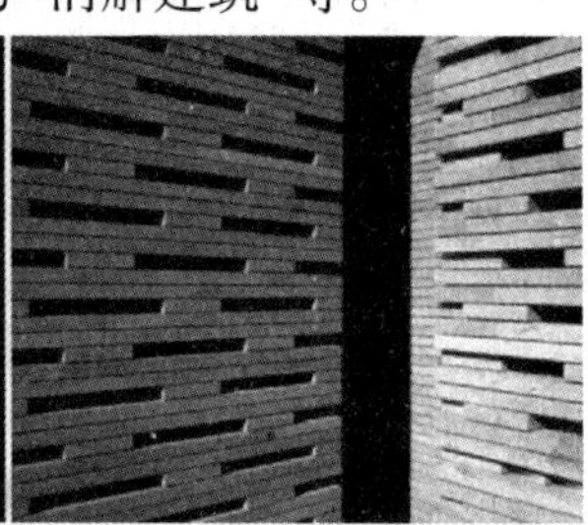

(c)博物馆细部

图4.44　石头博物馆

4.4.3　“幽玄”式建筑空间

与“物哀”和“空寂”相比，“幽玄”被认为是日本的最高审美文化范畴。基于日本地理环境所促成的“幽玄”理念深刻而独特。“幽玄”一词最初来源于我国古典文学中的诗赋，常常用“幽玄”一词来表达诗人的“言外之意”及诗句的韵味悠远。而日本书学中的“幽玄”一词原本形成于对森林的幽远深邃之美的体验。多数的日本人认为“美并非存在于物体的本体之中，而是在物体与物体之间所造成的明暗对比以及阴暗的模样……如果离开了这种阴暗的作用，便不会有美产生。”因此，“在庭院的设计上，我们提倡的是树木幽深阴翳……看来我们日本人具有在自己的处所中寻求安逸而满足现状的性格……沉醉在这种幽暗中，并极尽努力地去发现自己美的独特。”可见，“幽玄”美是日本建筑一直追求的重要美学文化之一。

“幽玄”是将“禅”有形化的过程，在建筑领域内“幽玄”多在建筑空间意象中表现出来。在传统的日本建筑创作中是以贵族的优雅为“幽玄”的原则，贵族认为只有避世闲居方可静心，面对幽暗感受世事的虚幻无常，所以在传统的日本建筑空间里对于光的需求是与众不同的，一般很少喜欢明亮的光线，特别是茶室空间刻意地将窗户缩小,而且还要用和纸遮挡,以便在间接的弱光和微暗中显现出美感,追求暧昧的模糊性,如图4.45所示。

图4.45　日本现代室内空间

图片来源:http://image.baidu.com/.

当代的日本建筑空间常以日本传统审美作为蓝本,尽可能地将日本思想融入当代生活环境中,尤其是花道、茶道、书道在空间中的体现,形成一种独特的“幽玄的禅境”。在当代的日本居室空间中,经常会出现空无一物,或者只摆一个花瓶、花瓶中只插一朵花的形式,这便是“多即是一、一即是多、无即是有”的空间意象,用实物的“少”去追求精神上的“多”,这时候的空间可以使人静坐冥想,心中自然生出一种“幽玄”,一种无限的精神空间,见表4.9。

表4.9　日本建筑空间“幽玄”分析图表

传统建筑的“幽玄”空间		
幽暗感受世事虚幻无常	和纸与树影的接触	廊道追求暧昧的模糊性

当代建筑的“幽玄”空间		
消除人工与自然的界限	纯然的白色与雪景的呼应	木条编织出的空间

横滨市基督教会学校	金泽市的白洞住宅	福冈木材回收公司

图片来源:http://www.google.com.hk/imghp? hl = zh - CN&tab = wi/.

这样对建筑空间弱光和微暗的追求在当代日本建筑设计中也充分体现出来。建筑师黑川纪章利用日本传统美学中的“幽玄”与当代建筑空间理论结合，并追溯到千利休的茶道色彩“利休灰”，提出了“灰空间”的概念。黑川纪章所倡导的“灰空间”其实是一种组织空间的方法，即把内部空间外部化和把外部空间内部化，局部和整体都给予同等价值，它概括了各种对立因素的矛盾冲突，在相互矛盾的成分中，插入第三空间，即中介空间，描绘出一种对立因素经过相互抵消而达到并存和连续的状态。同时在“灰空间”里又使用了“利休灰”的颜色，可以起到加深“灰空间”体量的作用。如黑川纪章设计的东京国立美术馆的中庭空间，他用日本传统的阴翳意象，在巨大的玻璃幕墙与混凝土组成的封闭空间之间形成了一个室内与室外的过渡空间，即“灰空间”，它介于室内与室外空间、公共与私有空间之间。在这个空间内还布置了两个圆锥体与连接浮桥。人们可以在这个空间里体会室外的大自然与建筑物互相延伸的空间感觉。建筑的内部墙体采用灰色材质装饰，以达到与空间和谐的效果，如图 4.46 所示。

(b)建筑走廊

(a)建筑外观　　(c)建筑大厅

图 4.46　东京国立美术馆

对于“幽玄”，日本建筑师安藤忠雄在作品里用另一种方式诠释。光之教堂是安藤最为著名的作品之一，它最大的特点就是建筑中利用光创造的空间意象。在这里安藤将讲坛后面的墙体上留出垂直和水平方向的开口，将自然中的光引入到建筑的中心部分，形成了著名的“光十字”，光线照射在墙壁和地面上，拖出一个长长的十字架阴影，使原本平淡无奇的方形建筑获得了极具特性的空间体验。通过“光十字”让人们感到建筑的一种超自然性和神秘性，这种情绪的净化和纯粹使人们感悟出这座殿堂内在的精神世界和外部的物质世界。让人感悟到一种微暗、朦胧的深远感,从而体验到"幽玄"的真实意义,光从安藤设计的各种空隙中滤过,携着幽情与玄寂一起涌入空间中,如图4.47所示。安藤说过:"光配合着建筑,使其变得纯洁。光随时间的变化以一种最基本的方式表达着人与自然的关系。"

(a)建筑入口

(b)建筑礼堂

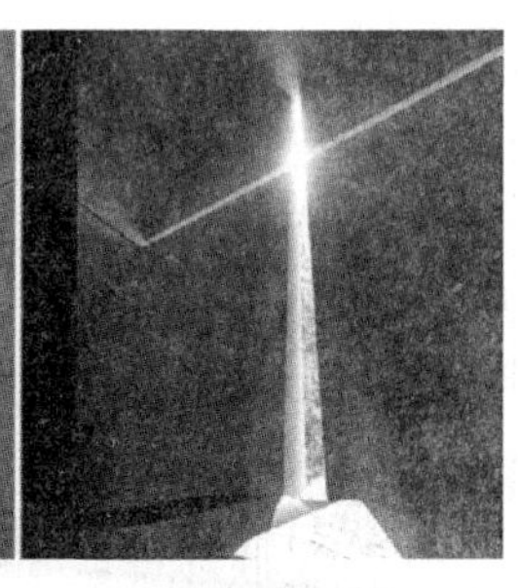

(c)建筑细部

图4.47　光之教堂

图片来源:http://image.baidu.com/.

日本民族的审美文化认知具有东方美学的精髓,是一个由自觉发展而来的认知意识,主要体现在"物哀""空寂""幽玄"三个方面,这一点也影响到日本当代建筑创作思维。日本当代建筑师对传统建筑的外部形式已经没有兴趣,普遍追求着精神上的独我,无论是怎样的理论指导,他们的作品里都有着含蓄、空灵、幽暗、神秘、缥缈的感觉。

4.5　本章小结

本章主要是从日本民族根生性的外在表现形式——民族认知对建筑空间创作的影响方面来论述的。主要分析了日本民族暧昧的根性对民族时空、环境、文化认知所产生的影响,形成时空的混沌认知、环境的模糊认知、文化的悲悯认知等特点,阐述了它们对建筑空间中的场所、行为、意象三个领域的影响。

首先,论述了日本民族认知中具有明显的暧昧根性,并在建筑空间中转化为模糊性。形成它的因素主要有日本民族生存的自然环境、岛国的情感、神道的信仰。其次,介绍了日本当代建筑空间的创作中,民族的时空认知、环境认知和文化认知是形成日本独特建筑空间的三个方面,它们构成了日本当代建筑与民族根生性之间的联系,并且用来认识日本当代建筑的发展特征。最后,提出日本当代的建筑师正是抓住了民族认知中的暧昧根性,提出了"灰"空间、"间"

空间、“奥”空间、“连续性空间”等富有“日本趣味”的建筑空间创作理论，具体体现在以下三方面：

（1）民族时空认知在空间场所中的体现。日本民族的时空认知带有东方特有的神秘性，这种时空的认知表现在建筑空间上是带有暂时性、“消亡”性、阴翳性和水平性的特点。在这种认知的作用下，日本当代建筑呈现出不确定性、临时性和模糊性特征，据此建筑师分别提出过新陈代谢、短暂建筑理论、建筑解体、均质空间论、有空体理论和居住集合论、“间”空间、“奥”空间、集落式空间等众多理论。它们都有各自的特点，但带有明显的相同性，日本的空间是封闭与开放并存的空间，人们在建筑中能通过共感来感受秘密空间中神灵的存在和活动。建筑中的时间与空间又是相互依存的，时间在空间中流动和循环，在这样的时空环境中建筑表现为以空间为主体，以局部来统率整体。

（2）民族环境认知在空间行为中的体现。日本民族对于环境的认知主要来自于自然，它承袭了老子的思想，“顺其自然”“无为而治”。这种环境的认知表现在建筑空间上就是带有行为意识性，建筑空间的形式是以人为标准的，在建筑理论中形成了“自然”即“空间的、行为的”，环境的“运动空间”，空间行为的模糊性几个理论要点。表现在建筑空间中就是根据环境“自然而然地生成的”，这里突出的是人对环境的感性行动力和环境赋予人主观的行为可能。另一个是空间的“扩张”，表现在当代建筑中就是“运动的空间”，这种理论是建立在人的行为和目的上的，它与历史和场所联系紧密，总是用“无常”的思想考虑问题。日本民族对环境的认知带有一种地域的模糊性，这是日本自然环境决定的，这就使得当代日本建筑空间有着模糊性的倾向。

（3）民族文化认知在空间意象中的体现。日本民族文化认知主要表现在建筑审美上，带有一种先天的悲悯、幽幻性，在建筑空间意象中突出表现在“物哀”“空寂”“幽玄”的体会中。具体体现在建筑空间构成的幽静阴翳、幽玄敏感、轻盈灵透等建筑空间具体的形象中，这些空间形象表现出抽象的民族审美意识，二者之间有一个纽带使它固定在“日本”的格式中，这个纽带就是展现建筑的“日本趣味”，就是解悟生命之美，即我们透过建筑空间意象，深入到民族认知的内在本质而获得的审美感受。

第5章　民族理想制约下的日本当代建筑审美表达

民族理想是一个民族的最高价值追求，它是民族情感和民族认知的共同目的，属于意识形式的最高层次阶段，而建筑审美是建筑艺术的高级层次，表达着建筑的精神需求，作为同是高级层次的民族理想更能突显建筑的审美需求。所以，本章以民族理想制约下的日本当代建筑审美表达展开论述。

民族理想是民族"先天"的纯形式，是民族内心深处对实践活动的统摄和提升，是超越普通科学和逻辑的思维形式，它能洞察民族更加真实的本性，它蕴含着对客观世界必然规律和发展趋势的理性认知，是符合规律又符合目的的创造性想象活动成果。它的基本特征有主客一体性、未来图示性、创新超越性、实现可能性等。每个民族都有自己的最高理想，并且他们的一切意识形态都受民族理想的支配。

建筑审美是民族理想的表现形式之一，建筑审美与民族理想的基本属性与特征是相一致的。在这种理想关系借助物质化形式或物态化形式外化的过程中，不仅它本来的某些属性和特征得到进一步强化，而且又因为有特定感性形式作为转化媒介而具有了新的属性与特征。在建筑中这种属性与特征是与外在形式、空间与蕴含的意义所表现出的审美意识联系在一起的，它的最高层次就是民族理想。

日本民族理想具有典型的"古道""空灵""自然"的追求，它是日本原生"神道"根性的意识体现，在建筑中转化为对自然的审美追求。进而形成了围绕这一审美主旨的建筑创作思想，如生成式、阴翳性、透明性等具有"日本趣味"的理论体系。

5.1 建筑审美中的民族理想特征解析

日本民族独特的审美表现为以感性形式去模仿宇宙万物及其规律,创造出具有普遍感染力的自然美。日本人对美的认知可以归纳为“物哀”“空寂”“幽玄”。在上一章中对这三种审美文化有过详细的论述,在这里不做过多的解释,但需要阐述一下它们与日本民族最高理想之间的关系。首先“物哀”是日语中的“物の哀われ”的汉字直译,“它是贺茂真渊在契冲‘古道’理想的基础上提出的日本民族文化的原型,又被本居宣长发展为以‘物哀’为中心的独特美学,这里的‘物哀’突出的是质朴、浑厚的美感。”“空寂”来源于佛教禅宗的“无常”思想,禅宗认为所谓“空寂”就是幽闭、孤寂与贫困,“空寂”是“无常”的具体显现,“空寂”最本质特征就是通过“无”而达到对“无”的突破。“幽玄”之美源于自然,是无限缥缈、扩展弥漫的余情美,无限幽深的沉潜美,有着深刻而丰富的“自然感”。所谓“自然感”即以自然物为对象的审美体验,对人本身而言已经将自然转换为一种艺术体验,如图5.1所示。

(a)茶道艺术

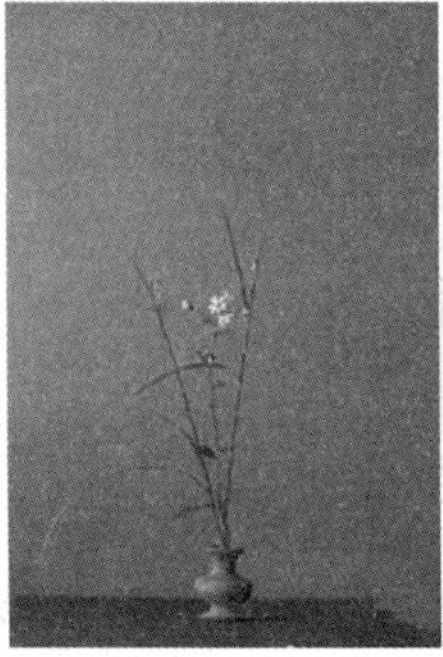
(b)插花艺术

(c)坐禅

图5.1 日本民族独特的审美

图片来源:http://www.google.com.hk/imghp? hl = zh - CN&tab = wi/.

日本对建筑审美的取向一直有两种倾向,从室町时代到安土桃山时代是以草庵茶室为代表的审美价值取向和以金阁为代表的审美价值取向,到了江户时代就更加明显地形成了两大对立体系,一个是表现朴实和淡雅,如桂离宫,注重原始的自然性,表现至简至朴;另一个追求奢华和浮艳,以日光的东照宫为代表,追求华丽雄伟,加入大量的人工装饰。这两种审美取向在日本历史上有过激烈的交锋,最终因日本民族根生的纤细淡泊、简朴素雅的民族理想追求而拒绝华丽雄伟的人工装饰,所以以日光东照宫为代表的追求奢华和浮艳倾向逐渐退出日本的历史舞台,而表现朴实和淡雅的如桂离宫似的审美保留至今。

5.1.1　民族理想的神道根性

日本民族根生的感性意识和自然赋予的物质环境,使得民族理想带有先天的神秘性和神圣性。古时的日本人一直在缔造着具有神圣感的统一生存空间模式,他们重视生活的精神活动甚至是带有宗教的需求。对于日本民族理想的归纳,日本国学的四位泰斗有过系统、完善的分析。日本国学家本居宣长在18世纪的文学家契冲开创的以和歌和古学为研究对象的"古道"基础上进一步对其加以解释,在他的《古事记传》中揭示了"古道"作为日本"皇国"固有精神之道的理想追求。另一位国学家荷田春满相对于契冲的"古道",提出日本民族的另一个理想层次——"神道",而平田笃胤进一步解释这是以死后的世界和其中神的观念为导向提出的,他赋予"神道"以宗教性和规范性,更加指出它对于异教的优越性,这后来被演变成以天皇为中心的日本国民的神格化理想。户田一雄在他的著作中指出"神道"的特点是"太阳所具有的自然感觉性和作为祖先神的理念性……把这样的理念性与直接具体的感觉性合二为一,并不是来自恩惠的抽象理论,而是基于具体的体验。人们往往习惯于把握这种恩惠的具体体验称为'恩赖',这实际上也就是神道。"

日本的民族理想中带有东方人特有的感性哲学观点,其中以"佛理"为最高境界,并发扬禅宗思想,日本的禅宗认为宇宙间最高的理想层次便是"无常"。它对应着真实的物质形态世界,存在的原因在于"无",但"无"并非是精神还原的最终点,"在超越'无'的意识里,精神得到了最高的沉醉,这样的高层次沉醉超越'无'之上,将精神引向了绝对的存在"。日本的禅宗思想具有哲学智慧和感性思索,它以人的认知和自然万物为对象,以人的直观智慧为主导,以人的现有感知为工具,以"佛理"的规律和目的为原理,以人类理想与佛家最高理性为目的,将万物真理展现在世人面前。这些观点反应在日本社会的各个方面,其中影响最大的是日本民族对一切艺术的独特审美,这里也包括建筑审美。而这两种理想的本源都是日本民族对自然的追求,所以形成日本民族三个最高的理想境界应是"古道""无常"和"自然"。

1."古道"中的"神道"

"古道"的概念是本居宣长在论述日本精神中明确提出的,它是以独特的日本民族精神世界开始的,论述日本民族的理想寄托于所谓"古道"的"大和魂"中。在本居宣长看来所谓"古道",就是"神典"《古事记》所记录的、未受中国文化影响的日本土著的诸神世界。这是与中国信仰的“圣人之道”完全不同的日本“神之道”,即所谓神道教的传统。“日本趣味”中质朴的情愫是“大和魂”的审美表现,而“大和魂”的源头则是所谓的“古道”。因此,他认为日本的质朴是与“古道”密不可分的。在当代日本学术界,对于“古道”的理解除上述本居宣长的观点外,很多日本学者认为这种“古道”的追求其实就是对日本未受外来文化影响的绳文文化和弥生文化的统称。

日本的“古道”中有一个重要的内容“神道”,这是一个带有宗教概念的词汇。日本本土的神道教实际上是对自然崇拜、祖先崇拜的精神寄托而来的,它的产生是日本民族原始的根生性起到关键的指导作用。“神道”一词最早出现在《日本书记》中记载的“天皇信佛法,尊神道”,《古事记》又对神道进行了以下注释:“凡称迦微者,从古典中所见的诸神为始,鸟兽草木山海等,凡不平凡者均称为迦微。不仅单称优秀者,善良者,有功者。凡凶恶者、奇怪者、极可怕者亦称为神。”

因此,日本民族的神道内容广泛,包括自然、太阳、植物、神灵、君主、皇室、有功的伟人、很高事业成就的人,也包括凶神恶煞。这种宗教信仰使得日本人认为与太阳之神、天照大神有着亲族关系的君主是神的化身、他的子民也应具有神格化,这是世界上其他民族所不能有的荣誉。在日本信奉神道教的人数众多,据日本书部省的调查显示,截至2009年年末,日本国民中信奉神道教的有1 084 271万人,占全体信教人数的52.33%。日本人认为日本是神产生的国度,认为神与人之间是相互授受的关系,在“神道”的观点中,人和神是相互依存的。日本民族自古就具有种“有人才有神、有神才有人”人神共生的生命观。中国儒家文化中的“和”也被“神道”吸收利用,并发展成日本群体主义价值观,强调对天皇、国家的誓死效忠,使得“神道”也成为为日本国体服务的政治性宗教,如图5.2所示。

图5.2 日本的神道仪式

2.“无常”的理想

“古道”的美是一种朴实的美，它来源于日本原生时期的文化。但日本的传统建筑除朴实美以外还有一种轻盈、纤细、幽雅、空寂之美，这实际上与外来的中国大陆文化影响有关，尤其是佛教中的禅宗文化对其具有深刻的影响。作为一种文化形式禅宗对日本的艺术影响巨大，尤其是建筑艺术，最能体现出这种思想的是日本建筑创作中的“空寂”和“无常”。

日本的佛教认为，世间一切事物都是在均灭的过程中，迁流不居、绝无常住性，故名“无常”。永承七年(1052年)，藤原氏的奢侈达到顶点，成为日本贵族的主流文化，但一系列的天灾人祸让贵族感到恐惧，之后统治者引入佛教，以平息民怨，并大量建造寺院，如藤原赖通在京都南郊建的金堂、天喜元年竣工的阿弥陀堂，这些都是本着极乐净土的思想，以绚丽的姿态呈现净土思想，预示着藤原一族永远繁荣，这就是所谓的“永远的象微化”。但藤原一族却没有因此得到好报，所以日本书学上借用《平家物语》前言的一句话“世间变得诸行无常”来形容此事。在此之后，日本的佛教经过了一个过渡期，并且形成两个流派，其中一个是秉承着净土思想的禅宗，他们认为这个世界是一个“无常末法的世界”。在净土思想的影响下，日本很多贵族从繁华中走出来，寻找禅宗的边缘化世界，经过提炼、上升最终成为日本民族的最高理想之一。禅宗认为五彩缤纷的世俗世界只不过是“无常”中的幻影罢了，生命也不过是一种“无常”的存在，并非真实地存在。

禅宗的最高理想认为，世间一切事物的最终目的就是要超脱尘世，最终达到涅槃的境界。为了达到这个目的，禅宗主张一切众生皆有佛性，佛性存在于每个人的心中，特点就是空无、无常，即“本来无一物”。日落月升、花开花落，它们本身都是无所思、无所悟、无目的和无计划的。但在这些无之中，却可窥见一切“人心”，一切所谓的人与自然、此岸与彼岸、有限与无限、瞬间与永恒之间的差别都泯然消失，都同归于“无常”。禅的“无常”思想否定了一切现有美的形式。与此同时，禅的“无是最大的有”的思想又使“无常”获得创造无数自由自在的艺术形式的可能性。铃木大拙在他的《禅与日本文化》中曾说:“非均衡性、非对称性、一角性、贫乏性、单纯性、寂居、空寂、孤独性以及其他可以构成日本艺术与文化的最显著特性的同类观念，全部都发源于从内心里认识‘一即多、多即一’这种禅的根本真理。”

3.“自然”的追求

日本人认为自然本身就是美的，不需要矫揉造作，即使是寒冷的冬季，植物由秋到冬的状态也是美的。因此，产生静寂、余情、冷寂等情怀。“自然”是日本最终的审美境界，“物哀”“空寂”的美离不开日本的自然环境，“自然即美”，是日本固有的民族认知。这种意识形成了日本民族强调与大自然浑然一体的自然观。

这种自然观与西方人的自然观具有鲜明的不同。西方人认为自然与人类是相互对立的，大自然是人类所征服的对象，日本民族始终认为人是大自然的一部分，应该顺应自然，并也应置身于自然之中，与自然共生，日本人不仅尊重自然，与其和谐共生，而且遵从自然法则，并将人转化为它的一部分。

5.1.2 建筑的自然审美特征

“自然之美构成了日本民族审美意识的主体和基底。”拥有美丽自然风光的日本，从民族之初就一直感受着自然的美，对自然有着深切的爱和特殊的亲情，日本人对建筑美的认知首先是自然，自然美成为日本建筑审美文化的原型。日本人对于自然不是靠观察而是靠情绪、想象力去感受的，并将其升华为美德和情操。在日本的很多器物上如衣服、食具、徽章，我们都能看到自然的花，世阿弥在《风姿花传》中谈到日本的花时表示，美是花的神性，是日本人的精神底色，花因其美而呈现神性，万物如花，皆趋于美。这种风姿美也体现于自然之中。

1. 自然理想转向生态审美

在西方现代主义后期，生态一词已成为一种全新的建筑创作思维模式而被广泛接受。它强调人与建筑、自然与建筑的关系和建筑本身的再生性，并且以结构生态化和循环使用作为衡量各种建筑形式优劣的标准。这一点完全符合日本建筑传统到当代一直以来对建筑体系的评价标准。在此背景下，这种对建筑生态审美的转变，则成为安藤忠雄、隈研吾、藤森照信等建筑师追求生态与自然有机结合的最基本宗旨，并在建筑创作的探索过程中，显现了“纯粹自然建筑”到“自然生态建筑”的审美意识转换，见表5.1。

表5.1 日本建筑师自然与生态的建筑

建筑师	建筑创作思想	仿自然的建筑	生态建筑
隈研吾	侧重建筑与人、建筑与自然的关系，让建筑消失在自然里，从形态上与自然融合到建筑功能的生态化	 广重博物馆	 Yusuhara 市民中心

续表 5.1

建筑师	建筑创作思想	仿自然的建筑	生态建筑
黑川纪章	认为建筑从机械走向生命，人与自然的共生，建筑与自然共生	中银舱体楼	东京国立新美术馆
长谷川逸子	提倡建筑“包容”与“共生”的空间理念，体现建筑与人、建筑与社会、建筑与自然和谐相处的意境	湘南文化中心	珠洲多目中心

图片来源：http://www.google.com.hk/imghp? hl = zh - CN&tab = wi/.

日本当代建筑师追求一种以日本民族理想为核心的建筑创作思维，即将建筑从现代结构主义的运用和崇尚中摆脱出来，并从传统与当代的自然观方面去理解建筑美学的量化定制过程，从而实现“建筑与人、建筑与环境的融合”。此时，生态目标成为选择建筑技术手段的前提，使建筑表现出生态体系中的建筑审美建构方式，显现出生态美学的特征，这种美学特征成为一种建筑审美观，使日本建筑迅速融入当代生态建筑的大环境中。

2. 原生性的构造审美观念

原生性是指事物最初的状态，是一种可以形象表达事物最初状态的形容词。建筑中的原生性强调在建筑个体形态中，通过建立形式表征与深层审美的关联，引起人们对艺术的想象。这里的原生性有两方面含义：一方面是指民族根生性中即有文化思维的有机体；另一方面是指建筑物态化本体的本来状态。在日本当代建筑审美观念中，民族的原生文化意识发展成对建筑优劣评价的一部分，使日本当代建筑创作思维呈现出“民族原生意义与建筑本体特性同时具备的新特征”，并通过建筑审美、建筑评价标准等出现在日本当代建筑界中。对日本建筑师而言，民族的原生性带有事物最初的质朴本体构造意味，日本自古就有对事物原始状态研究的喜好。如在传统木构架建筑中对白茬木的钟爱,甚至是砍伐的痕迹都要保留,这也发展成对建筑构造质朴的审美观念,并仍然在当代建筑创作中担任重要作用。

3. 含蓄性的精神审美体验

含蓄性是日本民族暧昧根性的表现方式之一。这种表现方式在日本常常和“无常”思想相对应,与生长、循环、再生等建筑机能联系在一起,并在当代语境中与审美体验相结介,以此回应隐含在形式与空间背后的美学规律。日本当代建筑师不在针对现代主义以来建筑形体理性表层的审美体验进行研究,而转向蕴含着带有典型禅宗思想的“无常”的精神审美体验,这正是日本当代建筑的审美内涵。他们认为当代的建筑机能主要是注重人的行为体验,在人与自然之间营造一种与神灵共生的“含蓄”“模糊”的关系,才能让人们获得深刻的审美体验。

5.1.3 日本当代建筑审美创作思想

日本当代建筑界无论是伊东丰雄、安藤忠雄,还是矶崎新、妹岛和世,他们的建筑创作思维中最大的相似处,也是最大的特点,就是审美原则的一致性,即将内在的精神寄托于外在的建筑形式表现上。审美形式上有着民族的同一性,均追求所谓“含蓄”“轻盈”“简洁”“模糊”的心理感受,如图 5.3 所示。

1.“风”一样的创作思想

“风”的创作思想是伊东丰雄提出的具有生成式的一种建筑创作思维,早期是以“风”的流动和建筑的状态进行研究的。伊东丰雄认为“风”有流动、飘逸和轻盈之美,从某种意义上来说“风”也是后现代主义建筑的一个典型象征。伊东丰雄追求这种“风”的轻盈与流动感和如同摆脱地心引力的漂浮感,轻盈是日本当代建筑的美学观,由于这种来自于自然的追求,使他对当代建筑产生了“变化”的深刻领悟。“变化”是“不确定性”的延伸,也是“短暂”的另一种表现,伊东的建筑追求一种暂时性与短暂性,这方面与日本人传统思想或者禅宗思想的“无常”审美观有着深刻的渊源。日本传统建筑的式年替造制度与非耐久性都是暂时性的一种表达,“风”的“不确定性”和“短暂性”理论观点就是建筑由于处于未完成的状态,总是能让人有很多遐想和憧憬。这实则就是利用“变化”产生美的原理来表达“风”一样的创作思维,赋予这种“风”理念审美上的价值。

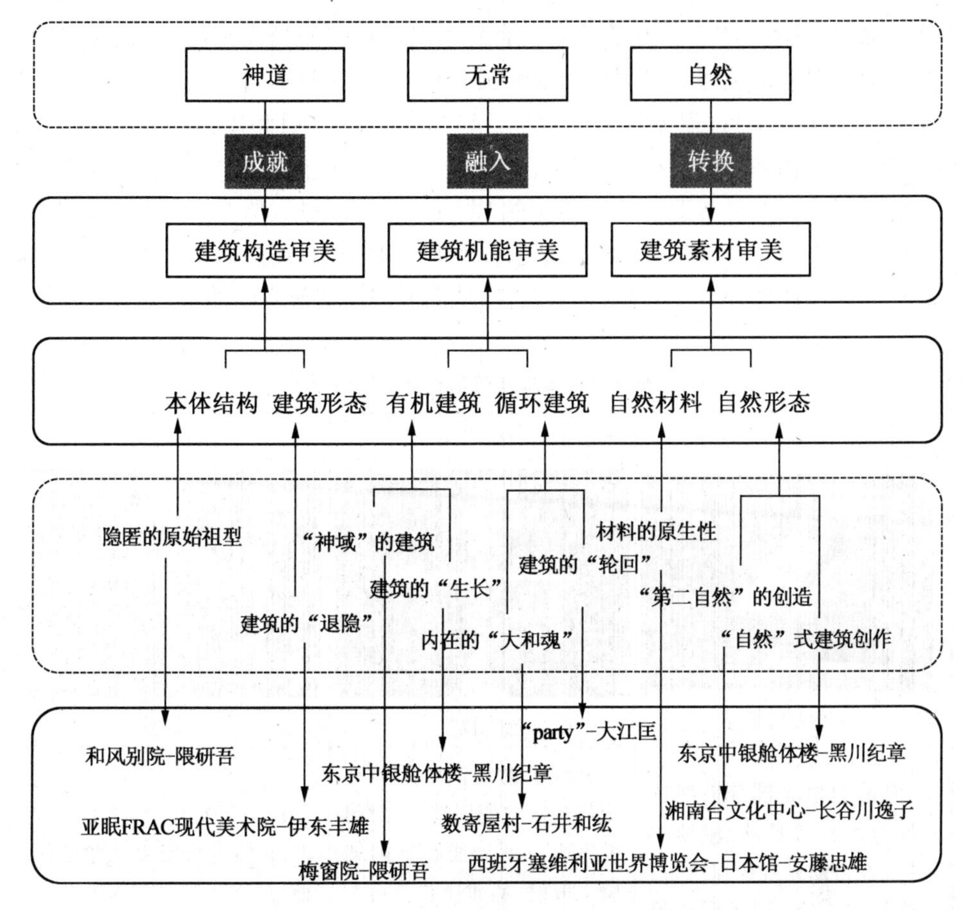

图5.3　日本当代建筑审美创作思想分析

2.“阴翳”之美的创作思想

日本传统建筑以具有“阴翳”审美自诩。日本唯美派文学家谷崎润一郎在《阴翳礼赞》中有过精彩的描述:“我们的先祖没有选择地只能居住在幽暗的房屋中,不知道从何时起竟然在黑暗中发现了阴翳之美,此后为了要达到增添美这一目的,以至于利用了阴翳。实际上,日本居室的美否,完全取决于空间阴翳的浓淡,别无其他秘诀……我们先祖的天才,就是能将虚无的空间任意隐蔽而自然而然地形成阴翳的世界,在这样的空间里使之具有任何壁画和装饰都不能与之媲美的幽玄味。”当代的日本建筑师几乎都学习过这本书,很多建筑师从中提炼出自己的创作理论。

20世纪以来,日本建筑师从“阴翳”美学中抽离出了“间”“奥”“灰”等建筑创作思想,见表5.2。并开始关注具有日本民族趣味的当代建筑创作审美理念的探索。因为建筑师对“阴翳”之美特质的深刻体悟,日本当代建筑中较少表现出反常、浮躁、迷惘、荒诞等审美取向。建筑师篠原一男利用洞将光线引入室内,形成昏暗的效果,具有日本传统特色;安藤忠雄在他设计的建筑空间中,娴熟地运用光影折射塑造了日本传统的“阴翳”审美思想。光影作为安藤忠雄建筑中的主要媒介,不仅具有塑造空间、量度时间的作用,还能通过对光影反射在墙上的效果处理,产生不同的场所精神,从而展现出建筑空间的氛围。

表5.2 日本建筑阴翳之美的传承

阴暗之美	折射之美	斑驳之美
 龙安寺的禅房	 光的教堂	 水御堂
依靠自然光部分散射进来,光线比较黯淡,屋顶的木窗在帮助光线传递之余,也让它在几经周折后变得微弱黯淡,房间里偏暗的部分才更有幽深的美感	光线折射而产生的美在现代建筑中使用较广,封闭的室内方便光线在室内墙壁上散射,从而让它变得柔和庄严,最终洒向室内各个角落,形成的气氛通常会有一种神圣感	光线穿过窗户,投射进室内,在墙上折射出斑驳的阴影,并会随着季节的更替和时间的变换而衍生出无穷的变化

图片来源:http://www.google.com.hk/imghp? hl = zh - CN&tab = wi/.;http://image.baidu.com/.

3. 建筑透明性的创作思想

当代日本建筑呈现出一种对建筑透明性的关注,寻求建筑“隐身”效果。将这种透明性应用在当代建筑中,日本并不是最先提出的,但与西方砖石建筑不同的是,日本传统建筑中透明性表现的却是最全面的。如古代日本,建筑用“明障子”来进行室内外的软性区分,还有日本建筑极具特点的“缘侧”,在空间的外围有连廊相连,可以从室内外进行自由穿梭等。这种对建筑透明性的喜爱传统与日本民族崇尚自然的根性有密切的关系，因为出于对自然的喜爱日本人总是想方设法将建筑隐匿在大自然中，使人、建筑与自然达到合一的状态，于是建筑的透明是最理想的状态。当代对日本建筑的研究中不难发现当今日本建筑师对建筑的表现形式不再停留于体块之间的构成组合以及由此造成的强烈的光影对比上，而是在具有冲击力的建筑几何形态之外建筑师追求的建筑形体的纯净品质和消失之美。他们大多数采用轻盈的材料和丰富的表现方式，使用巧妙精致的手法构筑建筑表层，见表5.3。

表5.3　日本建筑透明性传承

日本传统建筑		
无外墙维护	和纸围和的空间	室内的缘侧空间
传统民居1	传统民居2	传统民居3
日本当代建筑		
干净明亮之美	与自然融为一体	通透空间
KAIT工房	日本教会学校	Onishi市政厅

图片来源：http://image baidu. com/. ;http://www. google. com. hk/imghp? hl = zh - CN&tab = wi/.

5.2 “古道”信念成就建筑构造审美

日本当代建筑界对带有“古道”精神的建筑创作研究开始于二战后。在纽约近代美术馆中展示了日本的光净堂,这些展出把“日本趣味”的创作思想推向了高潮,尤其是针对桂离宫的石元泰博摄影、丹下健三写序文的《桂》在日本艺术界引起了很大的讨论。这时期的日本艺术家冈本太郎总结日本美的本源是绳文时期质朴的陶罐纹样和弥生时期值轮简洁的美。在这之后,日本很多建筑师从各个方面论述绳文和弥生时期的艺术,如矶崎新、藤森照信等,并称之为日本美的原像,也比喻为原始祖型,见表5.4。日本当代建筑师的建筑创作手法较其他国家的建筑师有着明显的区别。他们对建筑的创作认识基于一种“日本的”潜意识中,这是民族理想中“大和魂”精神使然。他们的意识深处固守着祖先的传统造型,建筑创作中展现朴拙、谦逊、暧昧、感性等感觉,突出日本式思维的沉默、两义性、非逻辑性、状况伦理等特征。这一点使得外国人很难融入日本式的创作方式中,“和”字代表着众多意思,在建筑中主要指调和,而日本建筑师由于经过了多次的全方位学习先进文明的阶段,具备了能快速融入其他文化的素质,但民族固有的理想又很快将建筑的思维重新引回“大和魂”的理想中,所以在快速学习后,日本建筑师又将日本式的方式重新引入建筑的构成中,而赋予所谓的“日本”建筑。

表5.4 日本建筑原始祖型的当代继承分析图表

原始祖型		
高台式建筑	切妻顶	四坡顶
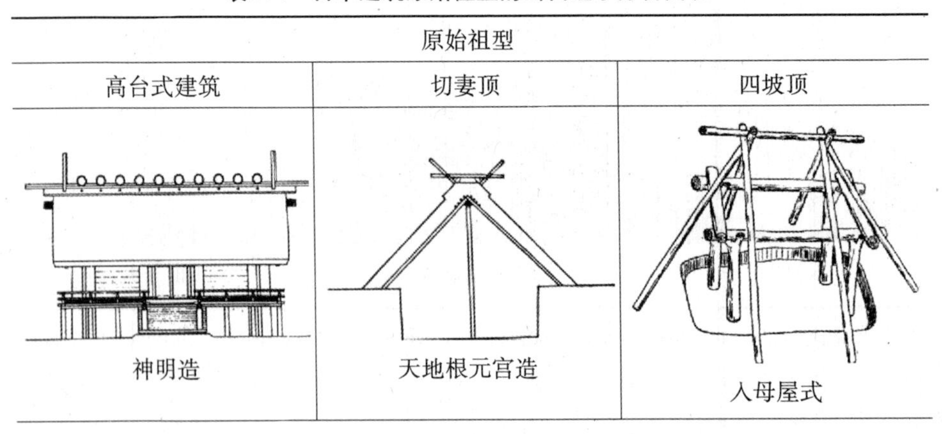		
神明造	天地根元宫造	入母屋式

续表 5.4

当代祖型的继承		
高台式建筑	切妻顶	仿大屋顶

东京江户博物馆	和风别院	东京代代木综合体育馆

“神道”是日本民族的精神底蕴。在日本，古代“神道”的有形建筑便是神社，日本的建筑师在民族情感深处都有神道观念的存在，这种宗教的观念已经转化为民族普遍的理想，这对当代建筑创作思维起着主观显现的影响。

5.2.1　隐匿的原始祖型

日本当代艺术中的原始祖型也称为日本的原生文化，通常指的是绳文与弥生时期所形成的无任何外来影响的文化形态，日本民族对这种文化具有强烈的自我认同意识。在日本传统建筑中被认为完整保留这个时期的代表建筑是伊势神宫，它是日本至今依然存在的“古道”建筑中最朴素、最纯粹的形式，也被认为是日本民族原生精神的载体。伊势神宫采用最单纯的建筑材料，松软的葺草、芳香的桧木，营造出弥生时期高台式的建筑形式，在苍松绿柏的围绕中建筑浑然天成，如图 5.4 所示。进入神宫的道路是深山密林、蜿蜒曲折的，之所以在密林里布置建筑是因为“古道”理想中认为神灵就是神宫周围一草一木，神不住在神宫中，神宫只是人与神交流的场所。因此道路都围绕树木而修，从设计规划的角度看这也为前来参拜的民众形成一道天然的遮阴路。神宫的主体建筑物采用了“神明造”的建筑形式，正面为三开间，进深两间，屋顶为切妻式顶。高台式的神殿主体离地很高，类似于中国西南少数民族的干阑式建筑，这样的建筑形式至今在日本民居中还能看到，伊势神宫流露出了日本民族与自然的情感，作为民族审美的原像也引导着日本当代建筑的审美意识。

绳文和弥生是日本建筑艺术的祖型。日本当代建筑大师丹下健三在他的《桂——日本建筑的传统与创造》中提出，绳文文化是竖穴式的，它是日本古时平民的建筑形式，弥生是高台式的，是日本古时贵族的建筑形式。桂离宫的书院从寝殿造到书院造是一个日本上层谱系的传统,弥生时代建筑构造的特点是平静的平面性、平面的空间性、形态均衡性等。但是为了使空间活跃,防止建筑形式化,给予建筑自由调和,还要增加绳文传统,绳文时代构造的特点是奔放的流动性、未形成的形态感、调和破除均衡,在这里秩序和形式同时被赋予。丹下健三以这个理论为基础设计了两个非常著名的建筑:广岛和平纪念馆和仓敷市厅舍。在这两座建筑中丹下健三向世人显示了基于日本原始祖型的当代建筑宁静、朴实的构造美。

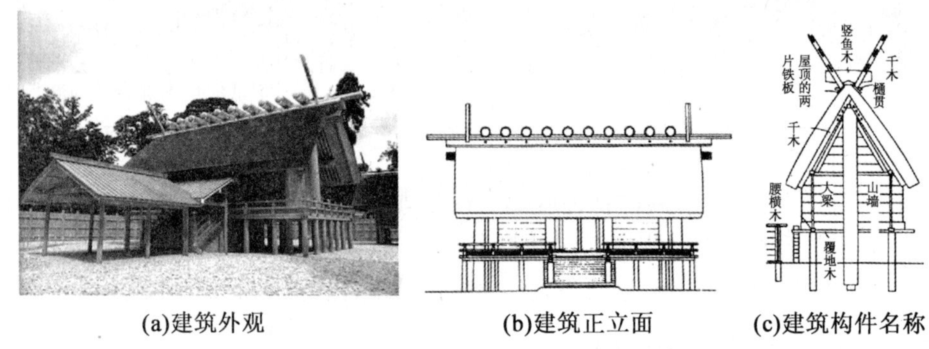

(a)建筑外观　(b)建筑正立面　(c)建筑构件名称

图 5.4　日本伊势神宫

1955 年丹下健三设计完成了广岛和平纪念馆,它的构造形式是日本弥生时期的高台式建筑。这个建筑利用木构造的构成比例,使当代的钢筋混凝土营造出清透灵动的空间,底层的架空淡化建筑与自然的边界,人行进于空间中感受着遥远的过去和现在的滋味,如图 5.5 所示。

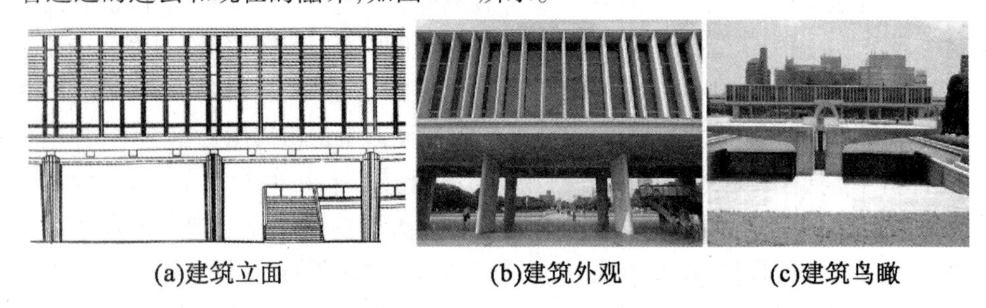

(a)建筑立面　(b)建筑外观　(c)建筑鸟瞰

图 5.5　广岛和平纪念馆

图片来源:http://image. baidu. com/.

如果说广岛和平纪念馆是丹下对弥生高台式祖型的探索,那仓敷市厅舍便是对绳文美的阐释。在这个作品中丹下表现出对传统构造方式继承的进一步成熟,在建筑处理上显得更加自由、更加具有质量感。在空间处理上也使用了以往从未使用过的方式，实现了由小空间过渡到大空间，但最有感染力的还是建筑构造形式所表现的审美已经由江户以来的细腻、优雅转换为以绳文时期的粗犷艺术为代表的意识形态，并在日本当代建筑领域中显现出来。

在丹下健三之后又有很多日本建筑师对建筑中祖型艺术审美与当代艺术相结合提出了自己的观点，其中内藤广以“原生建筑”加以概括。他一直关注日本文化中最难理解的源根文化，同时他又敏感于时光的流逝，在许多作品的创作中他一直试图传达时间流逝的信息，并使建筑中蕴含着时光流逝的痕迹。

内藤广于 1992 年设计完成的三重县鸟羽市海的博物馆是用来展示当地传统渔业用具的建筑。第一期是管理用的办公楼和重要的民俗文化遗产储藏库，第二期是六个展览馆。它们规模相等，六个建筑以单体的形式有序地排列着，朴素的外观与周围的环境巧妙地融合在一起，营造出一种和谐静谧的氛围。建筑师在建筑外形的设计中，采用了弥生时代的仓体式建筑形式，“切妻式屋顶”和“高台柱子”连为一体，从外观形态上看与当地的民宅很相似。在材料的选择上使用当地传统的杉板材料，这是一种由碳和焦油混合物来处理而成的材料，这样不仅能做到与周围自然环境融为一体，还可以降低成本。建筑组群“体积大小不一，并位于不同的地面标高上，且有着不同的方向感，在适应地形的同时，利用高差来自然组织功能，真正地使建筑与地区自然环境融为一体。”在一层展览馆的维护结构中使用了玻璃墙体来进行采光，营造出一种空气与光线水平流动的氛围。并且，屋脊上的天窗也提供了自然的采光，由屋顶进入的光线可以随着时间的推移而产生变化，突出了切妻式屋顶在自然采光方面的优势。海的博物馆是展现日本原生审美思维的代表作品，简朴的构造之中蕴含着民族深厚的文化，如图 5.6 所示。

隈研吾 2007 年的新作品和风别院，用切妻屋顶的和风建筑展现现代性，该建筑地处沿海的公园内，建筑基地 20% 是水，建筑采用樱桃木和亚铅的钢板材质建造传统的切妻顶，屋顶下的 H 型钢筋围合成围廊，整个建筑努力表达了一种日本原生的建筑构造，将当代的构成主义运用到和风建筑中使二者完美结合，如图 5.7 所示。

建筑史学家藤森照信对于建筑祖型审美的理解主要是绳文时期的自然构造和素材的使用上。他提出内向空间、自然素材论、现场论和参与论等建筑理论，成为日本当代独树一帜的建筑师。他创作的建筑在材料上基本是木、土、布、绳。为了“在外面看不到当代工业制品”，连照明器具都请人用手工打制，甚至连机制的玻璃也不使用，仿制了明治时代人工吹制玻璃，彻底使用自然材料和构造方法是他建筑的指导方针。

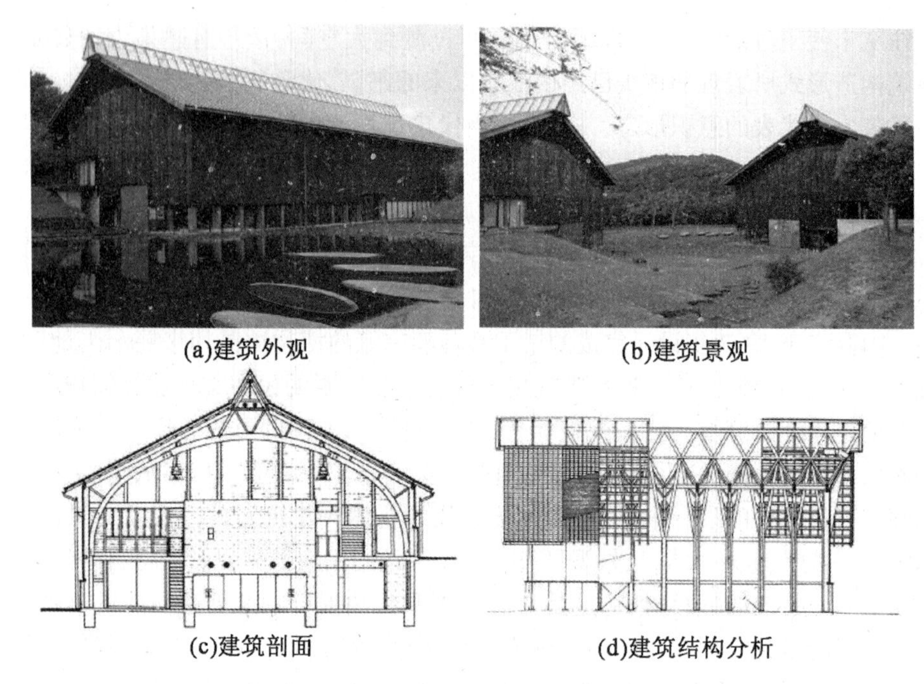

(a)建筑外观　　(b)建筑景观

(c)建筑剖面　　(d)建筑结构分析

图 5.6　内藤广设计海的博物馆

(a)建筑局部　　(b)建筑庭院　　(c)建筑屋顶

图 5.7　和风别院

1991 年完成了他的处女作神长馆守矢史料馆,这是一个利用自然材料的原始性,运用原始构造方法来创造的当代建筑,如图 5.8 所示。这个建筑面积仅有 185 m^2,史料馆平面为一个正方旋转 45°插入一个长方形的组合体中,建筑主入口开在东南面的山墙上,有四根穿透石板的屋顶,直指青天的木柱,下部柱身古朴粗糙,顶部枝杆细腻灵动。建筑结构采用了钢筋混凝土,室内是"洞穴"般效果的"泥土"墙面,内外装饰使用自然素材,铁平石的屋顶,木板的外墙和土质的塔楼,使建筑格调古朴、庄重。建筑力求与周围环境相协调,木材劈砍的机理、石板切割的棱角、玻璃吹制的纹理、铁器的打造是人工自然的使用方法。建筑师在这个建筑中努力摆脱对日本传统建筑形式的普遍认识,而将无外来影响的日本书明开端时期的祖型与当代建筑相融合,从另一个角度诠释日本传统建筑创作思想的审美。

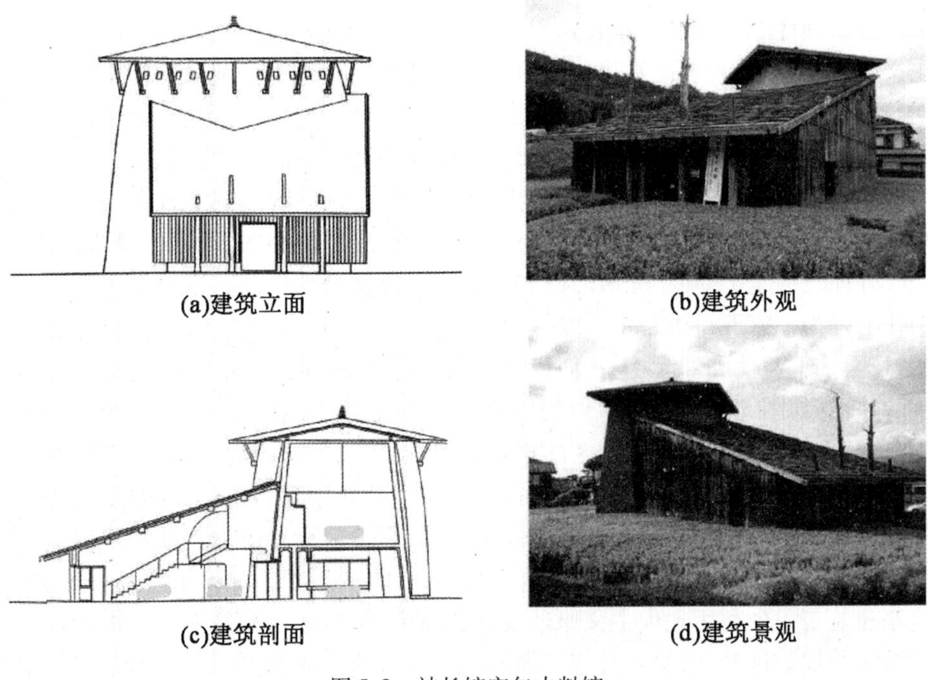

(a)建筑立面 (b)建筑外观

(c)建筑剖面 (d)建筑景观

图5.8 神长馆守矢史料馆

图片来源:http://www. google. com. hk/imghp? hl = zh – CN&tab = wi/.

5.2.2 建筑内在的"和魂"

日本的"古道"即"大和魂",也就是本居宣长所论述的日本精神,在当代建筑中也是驱使建筑审美"日本式"的精神基础。松本三之介曾论述过日本的传统文化:"不仅在情的世界中发现新的文学领域,而且看到了与'异国'思维方法相区别的'皇国'固有精神。"

这种"皇国"精神是被神格化了的以天皇为中心的日本全体国民理想价值的统合。这种"皇国"精神也被日本人称为"和魂",今天的日本人较其他民族更加关注自己与外国人的行为、思维方式的差异性和意识不同性,从而划分出"我们"与"他们"的界限,这都根源于他们对"和魂"精神的坚定持有,我们在这里姑且不论这种理想的极端性和丑陋性,仅从艺术的角度说"和魂"的精髓在于"和"字。

从艺术美学上说同一民族的建筑师在创作思想、审美认识、设计手法上都有着深层的相似性,这源于这个民族对事物相同的、自觉的认知。这种认知逐渐形成相同的风格、行为、心理模式，并最终上升到相同的民族理想价值。这种理想价值不管经由多少层面的变异或时光转换依旧在强韧地延续着民族核心精神，以具象的形式在社会各界展现出来。

建筑师篠原一男在日本建筑界是一个个性鲜明的人，他拒绝接受西方现代主义，是一个明确地提出在当代建筑中保持传统的建筑师。他试图把日本传统建筑的原型通过抽象的手段融入当代建筑形态中，用抽象的意象、语言传递出日本传统空间的审美，尤其对日本的传统住宅构造有着浓厚的兴趣，但他反对简单的形式继承，强调日本内在"和魂"精神表达，在他的影响下日本当代建筑师伊东丰雄、长谷川逸子、妹岛和世都深刻地研究过"内在的日本"的表达方式。

篠原一男于1966年完成的白的家是他最负盛名的作品。这座在东京市郊的住宅是为一家五口设计的二层小住宅，建筑面积1 413 m^2，建筑材料主要是木材，再加上玻璃和混凝土，平面设计是传统住宅的连续房间、外廊与侧庭院结合的住宅，如图5.9所示。室内的中心是一个支撑柱，使内部空间由两部分变为三部分，增加了类似和式住宅的连廊空间，而传统推拉门的使用，使空间的方向感消失，把连续的空间变得更加暧昧，大屋顶的使用阻拦了阳光的摄入，传统的阴翳空间得以保留。室外的庭院并不大，但尽量多地种植物。植物不仅遮挡视线，使建筑在朦胧之中，还使建筑用最传统的方式对空间和光影进行解读。这座建筑是一个利用现代主义原理设计的住宅，但在建筑构造上由于进行了日本传统的抽象化处理，使其具有很强的象征性。这座建筑出现于日本对现代主义热情高涨时期，表面上是建筑师对传统的固守，实际上是日本民族"和魂"信念的流露，是日本式审美的继承。

建筑师丹下健三是日本现代主义建筑的先锋者。他在设计中努力表达着现代主义建筑的创作原则，但他敏锐地发现现代主义的机械化、普世化并不被日本的普通民众所接纳。日本当代的民居大多还保持着传统的形式，这是日本人强烈的自我认同意识所导致的，当代建筑如果没有这种"和魂"在日本是没有生命力的。丹下健三于1991年设计的新东京市政厅具体体现着这种"内在的日本"建筑创作思维。这座建筑是当代工业文明的成果，它表达着当代先进的建筑理念，但同时又顽固地流露着日本传统的"和魂"思想。虽然建筑师极力地想将建筑与传统撇开，但自身所具备的民族根生性使得他在创作设计中无意识地融进了"和魂"的思想，形成了所谓"内在日本"的建筑。在这座极具新时代风貌的当代建筑立面上，却固有着日本江户时代的传统形式。建筑的立面大量采用横长和纵长的有格子的窗，这种严谨纤细的纹样，很容易让人想起传统的和风住宅，日本传统住宅的墙体上并不开窗，而是方格的推拉门，这种样式被丹下健三提取并设计在充满现代造型的建筑上，可见建筑师对传统的固守。

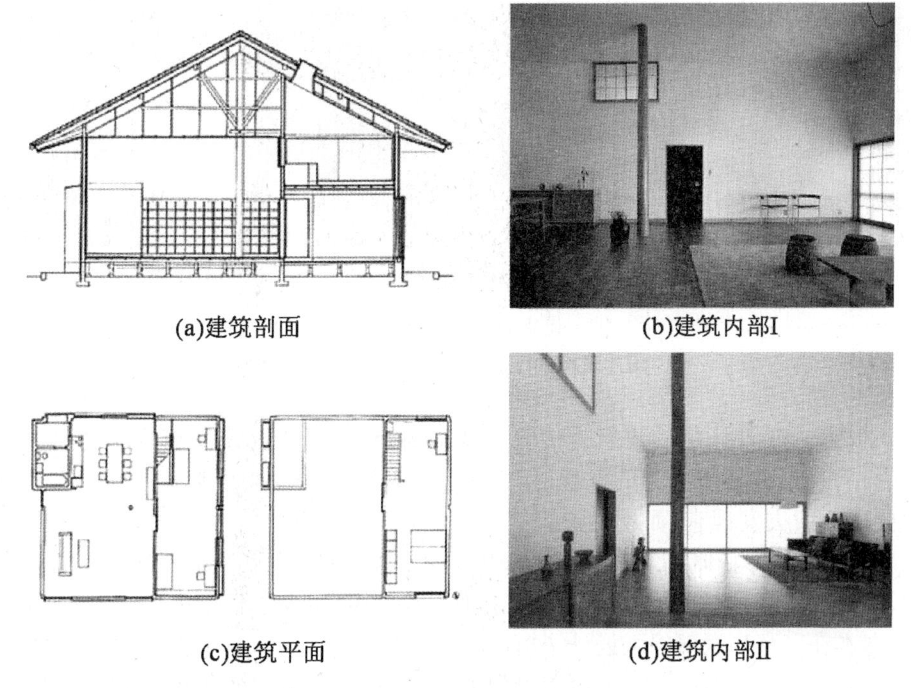

(a)建筑剖面

(b)建筑内部I

(c)建筑平面

(d)建筑内部II

图5.9 “白的家”内部

图片来源:http://www.google.com.hk/imghp? hl = zh - CN&tab = wi/.

从丹下健三开始,自下而上探索日本传统建筑的创新与审美成为东京工业大学的某种传统。这种传统的继承者之一坂本一成对当代建筑审美的日本式表达有着自己独特的见解。坂本一成是东京工业大学建筑系的名誉教授,是日本当代著名的建筑师。他的作品“HOUSE F”曾获得日本建筑最高奖日本建筑学会奖,虽然坂本一成否认自己的作品与日本传统之间的联系,但却被建筑界划为“筱原派”的建筑师,这是他所无法回避的。

他的建筑常以“简明性”“消解性”作为关键词,建筑透露出一种日式的开敞空间,错位、并置、游移结构的变化,寻求日本建筑的代谢规律和人与自然一体的状态。“HOUSE F”的灵魂就是这种“和式”,建筑的屋顶、地面、楼板、窗户都各自独立,有一种可以随时改变的感觉。屋顶更是绝妙,坂本一成使用了一根树形的柱子,“树”的枝杈可以调节长短,使得屋顶的高度和倾斜的角度得以相应变化,将室外景观导入到室内来,内部空间没有严格的功能区划分,消解了走廊、楼梯等半公共空间。母亲做家务时能随时看见在书房的孩子,在这里人的状态达到自由的极限,使得房子在内部散发出亲和、调和的魅力,如图5.10所示。

(a)建筑外观　(b)建筑内部　(c)建筑细部

图 5.10　HOUSE F

图片来源:http://image.baidu.com/.

坂本一成否认他的建筑是传统形式的继承,但强调建筑民族灵魂的传承。“传统存在于你对于自身的发现,因为那已经是沉淀在你的日常生活中的东西,你要用心灵去发现它,而不是形式。”

建筑师塚本由晴与坂本一成是师生关系,他继承了东工大的传统,认为建筑应该一边承袭传统的血脉一边创新,在他的创作中注入了日本人的灵魂。2003年,塚本在东京都世田谷区设计了“GAE house”住宅。这座占地面积79 m^2 的建筑,被做成一个巨大的屋顶下覆盖着的方盒子,自然界中的光从它们之间投入室内,缩小了自然与人之间的距离。屋内四周全部涂成白色,有意思的是将一辆自行车倒挂在屋顶之上,像一个杂技演员在表演一样。室内光线非常柔和,室外的光经过金属板折射到室内并没有阴影,将窗户开在屋顶上,不仅阳光能自然全面地射入,使人们欣赏到蓝天和植物,而且当代社会的文明也被阻拦在视线之外,这正是日本民族与外界隔绝、与自然共生的“和魂”理想的体现,如图 5.11 所示。

(a)建筑外观　(b)建筑内部

图 5.11　GAE house

图片来源:http://www.google.com.hk/imghp? hl = zh - CN&tab = wi/.

图5.12　数寄屋村

图片来源：http://www.google.com.hk/imghp?hl=zh-CN&tab=wi/.

建筑师石井和纮对日本原生“和魂”文化的探求体现在建筑创作中对“数寄屋”的偏爱上。他在1990年完成的“数寄屋村”就是他“和”思想的集中体现，如图5.12所示。该作品位于冈山县浅口郡，是一个总面积约390 m^2的私人住宅。这个住宅的特点是发挥了由局部到全体的日本传统审美，建筑中心是“富勒拱顶”构成的佛间，其他部分则以散布的形式点缀着。石井将这个建筑整体上分为一个个单体的如同传统茶室的建筑，将这些单体的组合统称为“村”，整体设计是以“和魂”展现出来的。石井在此设计中通过“村落化”试图寻找数寄屋再生的途径，这也是石井及日本近代数寄屋建筑师代表作品。

进入21世纪，日本建筑界对传统建筑的样式已无兴趣，很少涉及仿古风格，但对“和魂”的精神表达却广泛存在。以丹下健三、篠原一男等老一辈建筑师为核心的日本当代建筑界用自己的民族认知解读着建筑的发展，并把它变为一种模式应用在创作中，在这种思维的引导下建筑既赋予其强烈的民族色彩，又保留了现代主义的功能性，他们深刻、准确地把握着民族文化的灵魂。

5.2.3　“神域”中的建筑

英国艺术家巴纳得·里奇曾说过：所有日本文化的根底上都有神道。“神道”是日本民族的精神底蕴。在日本古代“神道”的有形建筑便是神社，在传统的日本建筑中，人与诸神授受的场地就是神社，祭奠神灵的神社在日本占据着重要的地位，日本在文明之初就已经有神社了，从没有任何构筑物的常磐木或玉垣到规模宏大的明治神宫，如图5.13所示，日本人的神社遍布日本社会的各个时期和角落，可见作为一种宗教形式“神道”对日本建筑的巨大影响。在当代日本建筑界，虽然并没有出现专门研究“神道”的建筑热潮，但日本当代的建筑师在民族情感深处都有“神道”观念的存在，这种宗教的观念已经转化成为民族普遍的理想，对当代建筑设计创作思维起着主观显现的影响。

(a)明治神宫的庭

(b)日本传统的“玉垣”

图5.13 日本的神域

图片来源:http://www.google.com.hk/imghp? hl=zh-CN&tab=wi/.

日本当代建筑师矶崎新曾对于建筑中的“神道”思想总结为:“日本的空间认知与西方的空间认知在表现方式上的根本不同是可以主观想象空间在某一瞬间充满了气—灵魂—神,空间基本上是空白的……空间由于发生在其中的事件而被感知存在的……这是存在于生活感觉和艺术表现中的独特的认知方式。”

这种对神灵共感的意识使建筑师对建筑空间产生了特殊的感悟。之所以对神灵产生安心感和亲近感是因为感觉亲近、并看得见;而对神灵产生的神圣感和神秘感是因为感觉远、看不见。这种既能看见又不能看见的感觉才给了日本人充分感受神灵存在的想象空间。矶崎新于1995年设计的京都音乐厅,内部大厅以12根立柱围合成一块空白的域,加之通往大音乐厅深远、幽暗的坡道形成一个充满灵气的空间,使人感知了音乐的神圣感,如图5.14所示。

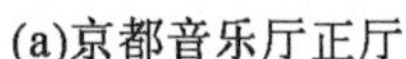

(a)京都音乐厅正厅

(b)京都音乐厅正厅鸟瞰

图5.14 京都音乐厅内部

建筑师桢文彦将这种古老的“神道”精神内涵总结为建筑空间审美的“奥”。他认为在日本城市作为集体的居住地,围合了许多这样的“奥”空间,这种“奥”的概念可以用神道教的物化形式——神社做出解释。如日本的神社建筑呈现出深奥、神秘的气质，这种神社一般坐落在深山中，形成了以深远的道路为轴线的参道，形成许多层“膜”增加了神社建筑崇高、神圣的“奥”意味。桢文彦把这种“奥”通过与当代的建筑美学相结合提出自己的建筑空间理论并赋之于实践，如我们上一章所讲的他设计风之丘火葬场和代官山集合住宅的整体规划都带有这种“奥”的意蕴，如图 5.15 所示。

在当代的日本这种“神域”到处都存在，日本城市空间与欧洲的、中国的都截然不同。对于日本人来说建筑的中心区域总是被藏起来，在它的四周总有森林环抱着，这不仅仅是因为当代的环境景观概念，同时也是日本民族“神道”思想的直接作用。作为中心的皇宫、神社、寺庙周围总是由一圈森林遮盖着，无法看到建筑的主体。所以日本人的都市中心是山、水、森林环抱着的圣地，这是日本民族神道信仰所致，神道中认为神灵是居住在自然中的，是不可视的，传统的日本纪念性建筑很少能一目了然，它们大多隐匿在山林之间，需要穿越森林，走过蜿蜒漫长的路才能到达。

(a)建筑外观

(b)建筑内部

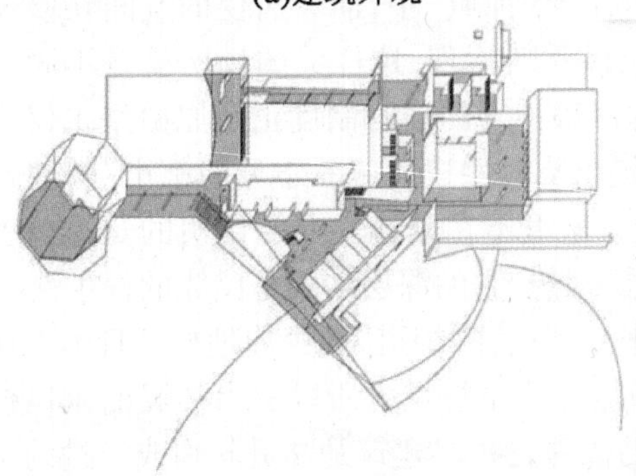

(c)建筑轴测图

(d)建筑细部

图 5.15　风之丘火葬场

这种多个层次、更加向心的空间构造在当代日本建筑的场所中也有所表达，如原广司的梅田天空大楼，前后都由农舍田园和自然园林包裹，大楼虽然气势宏伟但走进它却需要穿过人工自然，净化心灵；再有丹下健三设计的东京都厅舍和代代木综合体育馆前同样有着自然森林，与它前面的明治神宫形成呼应，作为城市的中心，它们显得格外安静与肃穆，这正是日本民族神道理想对当代建筑场所的影响，如图 5.16 所示。

日本建筑师隈研吾的杰作——梅窗院祖师堂在创作中也在寻求这种“神域”的境界。该建筑位于东京的青山区，是闹市区的一小块基地，如何在这样的基地条件下突出建筑的宗教性，隈研吾借鉴了日本传统的神社建筑以最朴实的构造形态出现。建筑立面以直线格栅倾斜而下，犹如神社建筑的切妻顶，深色的材质在竹林的阴翳里消隐了很多，这座建筑规模很小，但对充满神灵的地域表达却很圆满，体现了建筑师对日本“神道”审美的过人把握能力，如图 5.17 所示。

图 5.16　从东京都厅舍俯瞰明治神宫

图 5.17　梅窗院

对于“神域”的理解在日本还有另一种形式。在日本的都市空间里充满了不可视的神灵，日本人认为神灵应该居住于“神域”中，而灵居住的空间在漫长岁月里被日常化的聚集行为所污染，应该重新清理，这样灵的场所就是不固定的，我们今天所知的日本最具正统性的伊势神宫的迁宫制度正是原始祭祀仪式的要求，当代日本建筑师也受此影响，提出临时性建筑、“看不见的都市”等建筑创作思想，在上一章中我们已经论述过，这里不在阐述。但要说明的是这些思想的最高主旨是源自原始日本的“神道”理想，它的深层动因是民族的根生性。

日本当代建筑的创作思想很多都来源于这种“神道”的民族理想。日本人认为神灵的善与恶是非常具体的，势力与能力才是神灵之所以成为神灵的永恒标准。神灵是“可敬畏的、具有不同寻常的优秀之物。”建筑是神灵降临或经过的具体场所，所以应当具有某种统一的规律，在创作中要表现它。这与当代西方强调科技构筑建筑的思想有着本质的区别，这也许就是日本建筑的特色所在。

日本的当代建筑形式从整体上说，以柔和简约朴实作为外表，内里却蕴含着深刻的精神性构造形式。在当代日本建筑上很少出现追求繁复的结构和浓艳的色彩,多是结构简雅、色彩调和、注重线条的纯粹几何性和色彩的淡泊性,以幽婉清丽的情趣为主,富于恬淡的韵味。在日本当代建筑师中赋予建筑浓重体量的很少,他们轻盈淡雅的审美趣味有着鲜明的统一性,这是日本民族共同的理想在起作用,民族理想体现在每一个民族成员的行为中,这是一个无法回避的问题。日本民族理想的最高层次就是"古道"的追求,就像巴纳得·里奇说过的:"所有日本文化的根底上都有神道。它根植于日本文化的各个方面,是日本文化界认为没有受过外来影响的纯正日本文化,如果细细品味,会发现当代日本的每一件建筑作品中都有这种审美的体现。"

5.3 "空灵"思想融入建筑机能审美

机能一词具有两方面含义,既可以指事物存在对其他事物存在所起到的作用或具有的意义,也可以指某种事物存在的活动或过程。在建筑审美中主要指的是机能情感,日本当代建筑师认为建筑应体现"生命的机能"并将其作为一种审美形式融入建筑创作中。在日本,自禅宗传入之后,"空灵"的审美与其民族固有的审美经过长期融合,逐步发展为日本美学追求的主流,尤其是在建筑、庭院等艺术创作中,无不渗透着禅宗的"空灵"之美,具体体现在"无常""轮回""退隐"的表达上。

5.3.1 建筑的"无常"表达

"无常"的思想在日本社会的各个领域都有所体现,尤其是在传统建筑与庭院上,将这种禅宗的思想以"无常"的方式呈现出来,是日本当代建筑机能的主要体现。最深刻表达"无常"的是日本的枯山水。"没有池子,也没有流水,只是立着石头,这就是所谓的枯山水。"这是《作庭记》中对枯山水所下的定义,这种庭院不同于其他庭院,它既没有水也没有树,它只以石、白沙、藓苔作为材料,造出动的感觉,虚幻出具象的宇宙万物,用"空"代表"无"、由有限进入无限,舍弃自我,达到无我之境。

"枯山水"的代表作品是京都的龙安寺,建于15世纪。占地3.3 m^2 的长方形庭院里摆放着15块形状、大小不同的石头,再用白沙做成一望无尽的大海,用藓苔抽象成茂密的森林,让人坐在建筑的缘侧上幻想出宏大的自然世界,如图5.18所示。

在无常思想的影响下,日本当代建筑师的作品总给人一种"虚幻""冥想"的感觉,建筑师也以此提出了具有日本"无常"思维的建筑理论。如限研吾的"消解建筑",他本人曾提及这种创作思想来源于日本的庭文化。1994年限研吾设计的龟老山展望台就是他“消解建筑”的体现，他在这个建筑中采用了自身隐退的新手法来表现建筑中的“宁静”。该建筑位于濑户内海中一个岛屿的山顶上，主体建筑是几个被山顶绿树丛掩盖的平台组合而成，平台间由嵌入山体的步道相连，像是裂缝一样连接着建筑，人们在山下看不到建筑体。他认为通常意义上的展望台是高高在上的、被看的物体，经常突出在环境当中，与人们展望自然的初衷不符。在这个设计中，隈研吾为了“消除”展望台，将建筑体量粉碎、解体在山顶的土中，为了使它与周围的环境融合而消失，隈研吾在一种混沌的环境中镶嵌了一座无序的建筑，也就是他后来所倡导的粒子构筑，即建筑需要分解组合，通过重组后的粒子建筑获得更大的自由度，如图5.19所示。

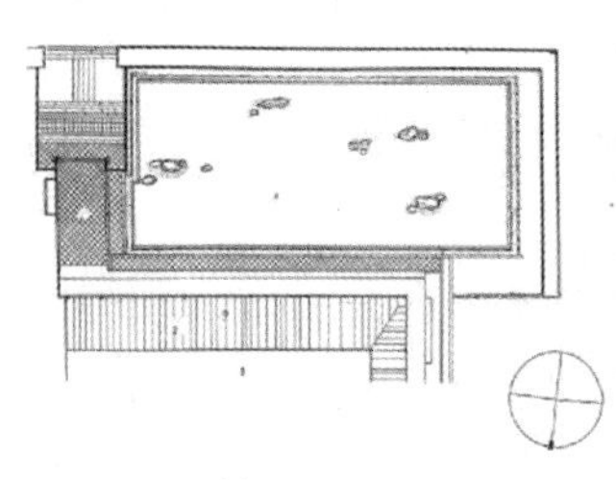

(a)“枯山水”平面图

(b)“枯山水”庭院

(c)“枯山水”与缘侧空间

图5.18　龙安寺中的“枯山水”

隈研吾的另一个作品是1995年设计的“水/镜之家”，也是他消解建筑观的一个范例，这幢建筑建于热海市的海边缓坡上，是一个连屋顶和地板也大多由玻璃做成的建筑，为的是突出“建筑的非构筑性”与玻璃材质的模糊性。光影从屋顶上的不锈钢百叶隔栅折射下来，经过玻璃表面再反射和折射的复合运动过程，形成建筑消失了一样的幻景，让人拂去俗尘，体悟清净寂静的佛心，如图5.20所示。

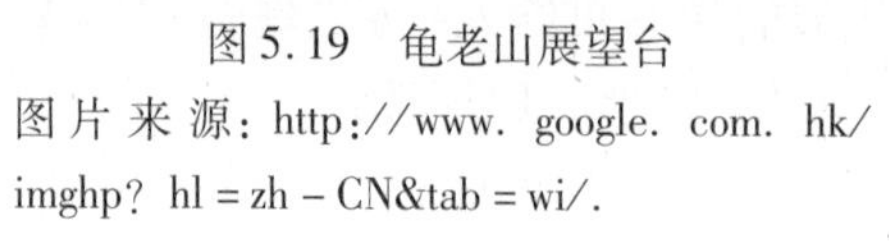

图5.19　龟老山展望台

图片来源：http://www.google.com.hk/imghp?hl=zh-CN&tab=wi/.

图5.20　水/镜之家

安藤忠雄对建筑“无常”审美精神感悟的杰出表现就是他所设计的宗教建筑。安藤忠雄的真言宗本福寺水御堂深刻地表达了建筑的“无常”审美认识。该建筑建于兵库县淡路岛上，东邻大海，西靠山丘，水御堂是一座古寺的改造项目，新建筑在穿过原有的寺庙建筑时经由一条小径进入一片“白沙之海”后到达，为了能与环境融为一体，建筑采取嵌入地下隐去主体的创作手法，裸露在地上的部分是一个由直墙面、莲花池与曲墙面围合的景观，曲墙和直墙的延伸强调了山的高度，莲花池的水增加了人的亲近感和神秘感。这个景观如同现实社会与灵界的分界点，内与外是两个完全不同的世界。安藤利用原有建筑的宗教属性，将新建筑与周围环境融合，建筑主体以这种低调的姿态完全埋入原有地貌当中，从外表看，就好像在自然环境中生长出来的一样，已经完全与原有环境融为一体。所有在空间里的事物一起组成了协力的场，使局部与整体、物体与环境、外部与内部交融。进入埋于地下的主殿后建筑突然变得明快、强烈。建筑师有意用大面积的红色来强调建筑的意义，使人忘却了地面上的世俗烦恼，产生了与神灵共生的冥想，水御堂材料在选择上强调原生性。如建筑师一贯的做法，不增加任何人工装饰，采用清水混凝土墙的冷灰色和光的照射创造出一种灵隐、安宁的心境，使观者静心体会禅宗的“无常”，使佛教中无常与空寂意念自然而然地由心发出，如图5.21所示。安藤忠雄以其静寂、纯粹、肃然、抽象、纯粹几何型创造空间，让参观者的精神世界能找到憩栖之所。

日本当代建筑的一个特色就是建筑材料的原生性和色彩的枯淡。如竹木、砖石、清水混凝土、钢铁、铝板等，特别是清水混凝土的应用，寻求“无做作、无装饰”的感受，用极其单纯的线条与淡泊的色彩表达建筑的精神韵律，使人从“无”中悟道出最大的“有”。建筑师安藤忠雄一直坚持使用清水混凝土，以此表现民族的传统，如他的京都府立陶版名画庭院、Collezione商业中心和21_21DESIGN SIGHT。这三个建筑室内外均是浑然一体的清水混凝土，局部采用了玻璃、金属板，建筑表面虽然未加任何装饰，但却呈现出细腻精致的纹理，以一种绵密、近乎均质的质感来表达建筑的神韵，它们没有了建筑的炫扭与轻浮，素简的混凝土墙面上均匀的罗列着圆孔，这是安藤建筑的特色，也是“无即是有”的表达。而清水混凝土反射出的灰光影的变化，传达了时间的流逝和自然的阴晴，既是刹那的，又是永恒的一种透露出生命无常的苍凉态度，如图5.22所示。

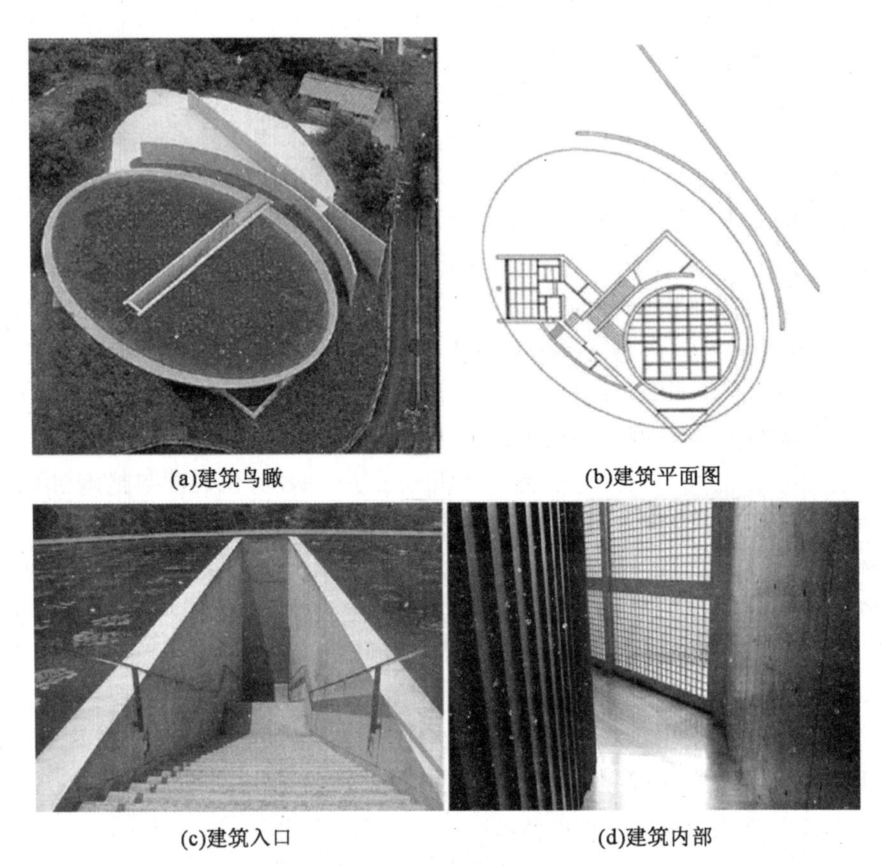

(a)建筑鸟瞰　　(b)建筑平面图

(c)建筑入口　　(d)建筑内部

图 5.21　真言宗本福寺水御堂

图片来源:http://www.google.com.hk/imghp? hl = zh – CN&tab = wi/.

(a)京都府立陶版名画庭院　　(b)Collezione商业中心　　(c)21_21DESIGN SIGHT

图 5.22　建筑清水混凝土的应用

5.3.2　建筑的"轮回"表达

日本禅宗中的审美意识除"无常"感外还有一种佛教的基本精神"轮回"。

日本书学家桥本峰雄在他的文章《佛教与日本人的审美意识》中曾说过："来自前进性的历史观、立身竞争性的生命感之深处的这种永久回归性的历史观、轮回性的生命感和无常感，就是日本人的幸福感的核心。"

在日本民族的理想中"轮回"与"无常"一样具有建筑机能审美的价值取向。在日本传统建筑中"轮回"是在原始朴素的时空认知基础上的带有宗教意义的美学升华。在日本传统建筑中迁宫制度就是"轮回"的表现，典型的实例是伊势神宫，这种制度即使是在禅宗的发源地中国也不曾有过。这种对建筑的独特认识是暂时性时空认知与禅宗哲学相结合的民族独特概念。而这种美的意识又与"现代的"建筑创作观念有相似之处，现代主义建筑也反对将建筑永久化，这种即传统又现代的思想在这里得到了统一，所以说日本当代的建筑在很多方面是一种自然转化过程，它有确立当代建筑创作思想的原始基础。

日本建筑师大江匡在他的建筑中提出短暂性的"时感"机能思维，这是一个来自于禅宗的相对时间的哲学概念。就是说历史与记忆在时间的单一线体上融合了空间的内容，形成了一个复杂状态，明确提出建筑不是永恒的。当代建筑的本质应是短暂性的，建筑创作应始终紧随瞬息万变的社会和时代主流并进发展，保持着瞬间的状态和高度可变性与灵活性。这是一种动态的、机能性的建筑观，这不仅是当代瞬息万变的网络时代和环球化消费社会的认识，还是日本民族特有的民族理想的独特体验。例如，"party"是大江匡的理论例子，"party"是一种允许不同地域的人们为了某种理由聚集在一起的系统。在这里人们生活的居住场所不再是起点和终点，而只是整个人生过程中的一个中间点而已。在迅速变化的城市中，共同体作为需要时，连续性的地域系统将会消失——再生，循环罔替。

这种"轮回"的意识不仅体现在建筑的时间机能上，同时也体现在建筑的空间机能上。当代的日本建筑师擅长设计建筑的流动空间，并且注重空间的回归，这与日本民族传统上就欣赏"轮回"美的意识有关。如妹岛和世于2005年设计的鬼石多功能设施，是由如同水滴的曲面形态的玻璃围合而成的3个不同体量构成的，这种流动的形态产生了复杂的空间，曲折回环使内外空间交织在一起。

在同一年伊东丰雄设计的福冈岛城中央公园核心设施创造出螺旋状的连续流动空间，自由曲面形态使得建筑与地形融为一体，这个设施主要由3个大小不同的展示温室组成，它们被各种各样的绿色包围着，人们在这里不仅可以看到不同的展示主题，还可以参与种植活动，屋顶被全面绿化，与可以展望全园的散步道相连，人们行走在此时可以看到内外相连的空间，如图5.23所示。

图 5.23　福冈岛城中央公园核心设施

图片来源:http://www. google. com. hk/imghp? hl = zh - CN&tab = wi/.

5.3.3　建筑的“退隐”表达

在日本当代建筑中还有一种极具东方色彩的审美思想,就是建筑的“退隐”观。它是日本建筑美学意识的根基,最初来源于日本民族传统的“无为”哲学认知,这种思想认为眼前呈现出来的只是虚构的快乐,时间在流逝,感受安逸“无为”的时光,才可以让原始感觉复苏,才可以开启一个“新世界”。美并不是被放置在超越的位置上,并不是强大的和辉煌的,而是脆弱和纤细的。所以,抱有这种意识的建筑师的创作思维就是将这种“退隐”空间化,设置一重重的屏障,使人与目标拉开一定的距离,从而构思出一个与社会相分离的世界,把人与现实社会无形的网络割断“隐退”起来。

这方面在日本传统的神社建筑中就能体现出来,如日本的住吉神社,这种建筑并没有什么中心,穿越重重的屏门,展现在眼前的是空白的神社中心,神灵的存在并不是主体,也不显现存在的根源,因为中心不过是一种退隐的意向,如图 5.24 所示。这方面的代表建筑师有竹山圣,他设计的蓝屏住宅就是把世俗的价值观念颠倒过来的理念。通过将光、风、水等作为强调距离的媒介,与功能、目的区分开来的手法来表达退隐的概念。这是一个超越功能和目的的空间,建筑师伊东丰雄于 2004 年设计的德国亚眠 FRAC 当代美术馆在立面处理上沿用了他在表参道的 TOD'S 的方式,利用抽象的树形复制和叠加,形成连续的图案围和建筑的循环交错从而感觉到空间的撤退,或者说退隐。

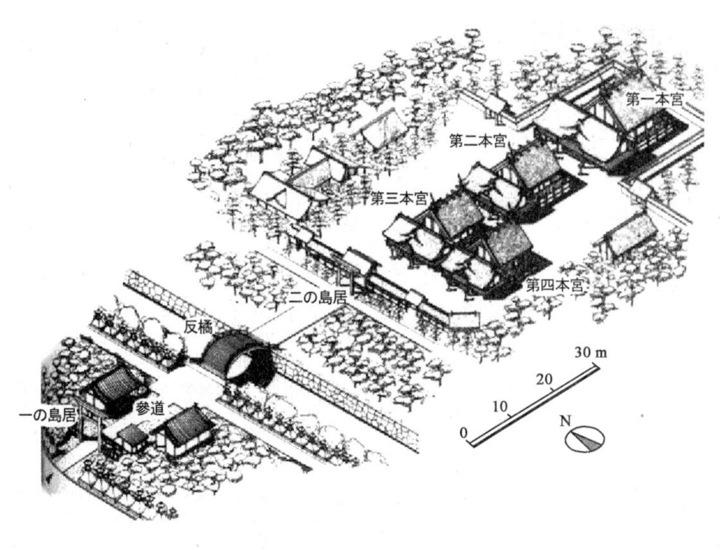

图5.24 住吉神社

而另一种“退隐”的方式是建筑的“透明”。古代日本建筑用“明障子”来进行室内室外的软性区分,以及使用“缘侧”空间,或者在空间的外围有连廊相连使室内外进行自由穿梭等等。这种对建筑透明性的喜爱与日本民族“空灵”的原始宗教观有密切的关系。因为喜爱自然并认为神在自然中,日本建筑中总是想方设法将建筑隐藏在自然中,使人与自然达到合一的状态,于是建筑的透明是最理想的状态。当代日本建筑呈现出一种对建筑透明性的关注,普遍寻求建筑“隐身”的效果。

在对日本建筑的研究中不难发现当今日本建筑师对建筑的表现形式不再停留于体块之间的构成组合以及由此造成的强烈光影对比。在具有冲击力的建筑几何形态之外建筑师往往追求建筑形体的简洁、纯净品质和消失感,他们大多数采用轻盈的材料和丰富的表现方式,使用巧妙精致的设计与构造手法构筑建筑表层。

以妹岛和世于2013年设计完成的“A邸+S邸”为例,建筑用30 mm厚的透明丙烯为表层材质做成圆形构造,展示着关于荒神明香的作品。S邸以远处的山和附近的民宅为背景,用借景的手法使之成为建筑的一部分,通过透明的建筑重新组合成新的景观。A邸从中庭中能看见周围,作品与相邻的建筑、附近的草木融合为一体,建筑用透明完成了“隐去”和“呈现”的机能美,如图5.25所示。

(a)建筑鸟瞰

(b)建筑外观

(c)建筑内部

图 5.25 A 邸 + S 邸

日本建筑师藤本壮介 2013 年设计完成的伦敦云建筑是对透明性诠释的又一个作品，藤本壮介将作品的主题定为“自然和人工物体的航程”。这个建筑是由 40 mm 和 80 mm 钢角组成的格子空间，格子的疏密度和高度以及围合感和开放感都是时时变化的。生成人体与空间的多样性变化，美丽的自然和人工几何学的相互渗透，做出新自然 + 人工环境的想法，利用通透的空间使进入者感受一种由人工物体合成的新自然，理解人与自然合成的机能美，它不单单是建筑或是自然，而是介于二者之间的新建筑，如图 5.26 所示。

(a)建筑外观

(b)建筑夜景

(c)建筑细部

图 5.26 伦敦的云建筑

建筑师栗原健太郎与岩月美穗于 2013 年设计完成的爱知产业大学语言与情报中心，建筑坐落于爱知产业大学校园内，整个建筑是一个透明的回廊，建筑的立面由 10 mm 厚的玻璃包围，建筑按回廊秩序分布着白色结构柱，柱子之间并不是完全围和的，部分直接立于草地上，整个建筑的空间非常通透，完全开敞的大空间又被划分为若干区块。为了模糊室内外的空间界线，尽可能的少破坏玻璃立面，不破坏视觉上的纯粹性，墙壁被省略室外与室内完全融合，建筑如同景观的延伸，如图 5.27 所示。

除建筑的透明性外，日本当代建筑还利用科技手段完成建筑的“退隐”。随着信息技术和动漫、计算机技术的大众化，他们的核心理念——“虚拟”在日本当代社会的各个方面越来越普及。这里也包括建筑机能的虚拟化，在日本虚拟建筑并不是新名词。当代日本建筑发展以来一直都在寻求“退隐”体验，传统的方式是利用空间与人的混淆来达到，而当代的这种“虚拟”建筑是通过科技手段完成的，在真实的建筑上制造数字的模拟，利用这个媒介完成虚幻与现实的转换。对于这种建筑史上的新挑战需要多种因素共同作用完成，先进的科技是基础，创造它的民族的集体认同才是核心。

图 5.27　爱知产业大学语言与情报中心

日本新生代建筑师似乎对这种建筑更加有兴趣，隈研吾就是一个一直热衷于虚拟建筑研究的建筑师。2003 年他在改造 JR 涩谷站时创造出一种介于材料和非材料、二维和三维、真实与虚拟之间的立面效果，如图 5.28 所示。以穿透视觉的云朵重新打造建筑的立面，这种效果在白天与真实的云朵相衬托，减弱了建筑的体量，夜晚又与炫目的灯光一起构成了暧昧不明的状态。隈研吾曾解释道：“这是一个关系到对真实性显现的问题，如果呈现给大家是一个完全和真的东西一模一样的时候，大家反而要对这个东西产生疑问。而我做这个东西的时候是对云的再现，想让大家去想象这是真的云，这个过程是真实和虚拟之间最好玩的一个地带，在这个地带上怎样让作品成型是我要做的。”

这种虚拟的建筑的另一个发展趋势是完全的虚拟世界，也就是利用计算机模拟一座建筑，让它达到真实建筑的效果，如三维立体的博物馆、植物园等，很多建筑师认为这是未来建筑发展的必然趋势，随着建筑虚拟动画演示的进一步发展，这种建筑形式还会给我们带来更多的惊喜。

(a)JR涩谷站云朵

(b)JR涩谷站入口

图 5.28　JR 涩谷站

图片来源：http://www.google.com.hk/imghp? hl = zh – CN&tab = wi/.

5.4 自然理想的生态转换建筑素材审美

日本当代建筑师强调一种以日本传统民族理想为核心的系统建筑创作观，即将建筑对现代建筑结构主义的崇尚与运用中摆脱出来，并从基于传统和当代的自然观的角度去看待建筑美学的量化定制，从而实现“建筑与人、建筑与环境的融合”目的。此时，生态成为选择技术和材料手段的前提，使建筑表现为生态体系中对建筑素材审美的建构方式，呈现出生态的美学特征，这种美学特征成为一种建筑审美观，使日本建筑迅速融入当代生态建筑的大环境中。

5.4.1 “自然”式建筑创作

日本人对美的认知首先是自然，自然美成为日本文化各种形态美的原型。日本人对于自然不是靠观察而是靠情绪、靠想象力去感受，并将其升华为美德和情操，在建筑上对自然美的认知主要是建筑的素材上，这种认知最先产生于日本文化的原生时代。

现代主义的机械美学几乎统治了当代国际建筑界的审美标准。在建筑的材料选择上他们大量采用钢材、玻璃等一些工业材料，改变建筑的基本结构和建造方法，在形式上出现了简单的立体几何外形，空间上出现了数学式的理性逻辑，例如立柱支撑的取消、色彩普遍选用白色、结构形式以框架为主等，形成理性且冷漠的结构主义新形式。当代日本建筑在创作的过程中也受其影响，日本现代主义建筑师前川国男就曾紧密地追随着这种标准。到了 20 世纪 80 年代，由于经济的高速发展和民族主义的影响，日本的建筑重新寻回自己的标准，其中重要的一点就是创造自然美的意识。

日本民族根生性中最重要的组成部分就是敬畏自然。他们热爱自然并顺从其本来面貌，追求与大自然融合共生，如图 5.29 所示。日本的传统建筑注重形体的自然，环境的融合、材料的自明，这种特性在当代日本建筑师的设计理念里更是根深蒂固。

1992 年西班牙塞维利亚世界博览会上日本建筑师安藤忠雄设计的日本馆，是展示日本民族传统自然美学思想的经典作品。该建筑地上共 4 层，长60 m、宽 40 m、高 25 m，入口设计一个具有日本传统韵味的太鼓桥，将传统的木构架建筑空间与当代木结构工艺有机结合在一起，整个建筑大量使用层积木墙，由太鼓桥上到建筑的中间部位是一个高达 11 m 的观景平台，它同时也是建筑的入口。这是一个巨大的开放门廊，由一个汉字“斗”演变而来。展馆内部采取的是一个日本风格的大空间，屋顶是半透明的特弗龙张拉膜结构，建筑南北外立面是用条形木板做成的硕大弧面外墙，这一设计既突出了材料的自然属性，又富有当代建筑的造型美意义，如图5.30所示。在这个建筑中安藤表达了他对人与自然和谐的渴望，建筑外墙的条形木板不涂油漆，屋顶采用的特弗龙张拉膜结构，能将自然光直接引入室内，使光线与建筑的木结构相互衬托减少建筑能耗。展示馆是一座强调当代建筑创作生态理想的典范，又突出了日本传统的自然美学的追求，用了一种日本民族的形式向世界展示日本传统美学的魅力。

(a)平安神宫　　(b)金阁　　(c)二条城

图5.29　与自然融合的日本建筑

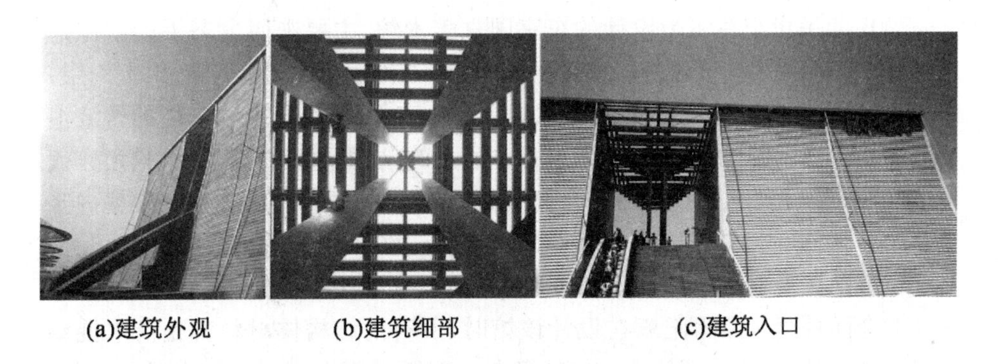

(a)建筑外观　　(b)建筑细部　　(c)建筑入口

图5.30　安藤忠雄设计的日本馆

图片来源：http://www.google.com.hk/imghp? hl = zh - CN&tab = wi/.

建筑师川崎清于1996年完成的京都市勧业馆坐落在京都的文化中心，周围是京都会馆、美术馆、动物园、平安神宫等富有京都特色的建筑和大量的风景园林。与周围环境相融是建筑创作的重点，川崎清所设计的勧业馆用新的形式实现了建筑与环境、建筑与自然的共生，表现出他对建筑与自然关系的独特领悟。勧业馆分为地上3层，地下2层，是围绕中心的半圆形室外中庭布置的建筑，建筑面积约10 000 m^2，共有3个大型展示厅、会议室和特别展示厅等辅助空间。为顾及周围的历史建筑和景观，勧业馆做成半地下的，露出地面的部分在环廊屋顶和侧面墙体上都种植上了植物，以半圆形室外中庭为中心整个建筑都被庭园化了，如图 5.31 所示。这个中庭即为整个建筑采光，更是起到协调建筑空间组织的作用，地下 1 层的展示厅围绕着中庭，通体透明的玻璃，配以日本传统的竹帘，让人们在有限的空间中去追求自然美。川崎清所倡导的风景中的建筑，就是以人的存在为原则的空间中使建筑与环境和谐共处、物我同一。

图 5.31　京都市劝业馆中庭

2007 年黑川纪章领衔设计的东京国立美术馆，主要采用生态手段创作建筑，如图 5.32 所示。该建筑占地面积 14 000 m^2，分为 12 个展览馆，地上 4 层，地下 1 层，建筑的入口处是黑川设计中常用的三角形锥体，外墙采用的是波浪形玻璃幕墙，展览馆的展示空间是全日本最大的，这里不设长期展品，只用作流动展示使用。一进入馆内就有一个高达 21.6 m，的共享中庭，在这个中庭内竖立着两个巨型清水混凝土圆锥体，与入口处的三角形锥体形成互补。

东京国立美术馆是黑川纪章晚年的一个作品，表达着他对建筑和自然共生理念的全面解读。黑川纪章在设计该馆时，所有的结构体材料都是清水混凝土，建筑师利用建筑外部的水波纹造型曲线遮断了阳光对室内的直射，墙面的双层空间是为雨水再利用、自然换气和抗震等功能而设计的。建筑地面从内部一直到外头走廊都铺设为婆罗洲的铁木地板，在馆的内外都种植了大量的树木，整个建筑采用的都是生态材料，并且未加任何装饰。黑川纪章曾表示过：共生的一个重要现象就是集合了全球化和本土化的特点。我用混凝土、玻璃、石头、木头与钢铁来打造这个建筑，但没有改变材料的颜色，仍保留了它的自然状态，这是非常传统化的概念。同时，建筑的功能又是全球化的。只要是方式得当，它可以储藏任何形式的艺术品。

(a)建筑内部Ⅰ　(b)建筑玻璃幕墙

(c)建筑外观　(d)建筑内部Ⅱ

图5.32　东京国立美术馆

“日本工匠对自然材料潜在美的认识能力，在世界上是最出类拔萃的。世界各个国家的民间建筑都重视利用自然材料的美，但比起日本的建筑都有所不及。”自然美是日本传统建筑的根本认识，这与民族根生性有着密切的关联，日本民族的根性中蕴含着与自然共生的理想、生命一体感以及精农主义意识等内容，这些都与自然都有密切联系。进而转换成建筑的审美标准，形成了“空寂”等独特的日本传统建筑美学，尤其是在建筑素材的选择上可以说自然材质的应用是日本传统美的灵魂。这是因为美丽的岛国环境激发了日本人审美的情绪。日本人认为，人类生命的延续与自然有直接的关系，复归自然就是复归生命，建筑材料选择以木、茸草等为主，更是建筑生命一体感意识的体现。

再有，日本本土宗教——神道教是一种泛神论的宗教形式。他们崇拜和信仰自然中的一切事物，从古到今他们一直相信山岳、花草均可化为神，日本民族对花草树木有着一种特别的情感，对自然的依赖、敬仰、亲和及畏惧形成了日本审美的原始之因。即使在以后的岁月中有大量的外来先进文明的影响，但日本民族的审美底蕴依然以原生文化为选择基础。正如日本学者上山春平所说："日本原生文化虽经历了古今变迁，但仍成层地潜在于日本各个文化的深层之中，并且不断地变换形式保存下来，它是日本文化的精髓，它也是日本在大量吸收外来先进文明后而没有被中国化，西洋化的决定性基因所在。"

5.4.2 "第二自然"的创造

以民族传统的自然美学与现代西方美学相结合的生态美学是日本当代的建筑美学精髓。在日本当代建筑师的创作思维里有一种对自然的特殊理解，也就是类似于城市景观的形式，当代西方将其称为景观都市主义，也称为"第二自然"的创造，其实就是景观化的建筑。在这里景观和建筑同样重要，它们大多迎合地形，是由空地、树木或无数的视点和声音组合而成的重叠交汇的场所，是流动而变化生长的自由空间。在当代的日本这样的建筑非常丰富，如横滨码头、福冈岛城中央公园核心设施等都是对自然的重新解读，建筑师长谷川逸子和安藤忠雄的作品里鲜明地反映着这种理想。

1990 年竣工的湘南台文化中心是长谷川逸子的代表作之一。它的主体设于地下，地上是一组象征性建筑，场地四周是下沉式花园，主建筑是城市剧场，采用球状外形，象征宇宙，另外还有天文馆、无线电室等四个球体，使整个建筑群具有未来主义特征，中央广场四周是用金属铸造的像森林和花朵似的小屋顶，创造了有如隐形自然的建筑，天文馆的正下方有一喷涌水头，如同小溪注入水塘一样，在小溪旁边有一条曲折休闲的小径在小屋之间穿行。在这里鲜明地表达了长谷川逸子独特的建筑语言：第二自然。顺应周围环境将大部分建筑埋入地下使本来体量巨大的综合建筑与周围低矮的建筑融合在一起，地上空间即是自然的象征又有着功能性的要求，小屋顶既可以通风、采光，又可以给市民以休息的空间。在这里长谷川逸子表达的是当代建筑对自然的破坏无可避免，但可以用人类的语言遵从、表述自然，如图 5.33 所示。

建筑师安藤忠雄在建筑创作中始终致力于寻求建筑与自然的共生。安藤忠雄的建筑思想实际上很明确，建筑是梦、是绿色、是自然、是地域性、是日本精神。他所追求的自然是民族固有意识的自然，并不是花团锦簇的直观自然，而是人工自然，在他的作品里强调作为模拟自然的光、水、树木。

(a)建筑鸟瞰

(b)象征宇宙的球体

(c)象征森林的屋顶

(d)建筑立面图

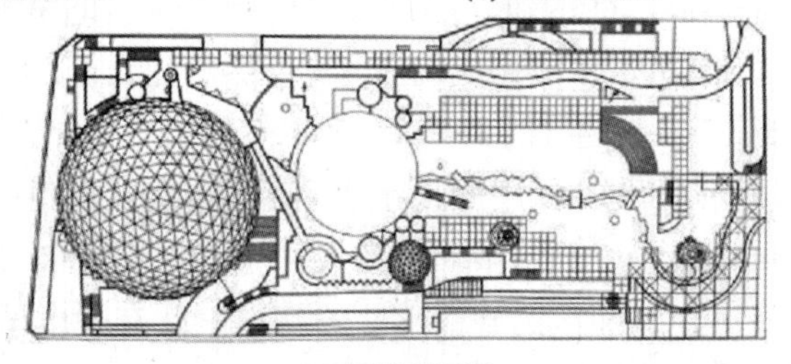
(e)建筑平面图

图5.33　湘南台文化中心

首先,这里所说的光不是视觉中的光,也不是单纯照明的光,它是空间构成的第一原理,形成了一种没有素材的抽象空间。1989年的建筑作品光的教会、2004年的地中美术馆都鲜明地显示着这种光。其次是水,从1984年TIME'S完成后,安藤忠雄的作品里频繁出现水,他善于利用自然的水,并且要求水是流动的,即使是平静的水面也应是循环的,他的水是人工的水,是操作的水。对于安藤而言,自然是覆盖都市的绿色,但是他的建筑里并没有一棵树,他做的是环绕周围的庭,是人工环境的都市。21_21DESIGN SIGHT的庭就是安藤开展的种植花、树运动的结果,如图5.34所示。他让都市和自然平凡化地进行抗争,让自然与建筑在矛盾中得到同一,通过对抽象化了的自然实现他营造空间意象的目的。正如普利茨克奖的评委们给安藤忠雄的评语中所指出的:“他在追寻自己设定的目标——恢复建筑与自然的同一。”安藤忠雄曾说:“日本的自然并非是原始的自然,而是人安排过的一种无序的自然或者是从自然中概括来的有序自然——即人工化自然!”他认为种植只不过是对现实的一种美化方式,仅以创作庭院及其依靠植物的季节变化作为象征手段极为粗糙,而人工化的自然是由素材和以几何为基础的建筑实体同时被导入所共同呈现的。

(a)建筑环境

(b)建筑景观局部

(c)建筑与景观

图 5.34　21_21DESIGN SIGHT

隈研吾在谈论“第二自然”时认为:有效的解决城市的空洞化就是利用‘第二自然’的创造。在 2008 年他完成的著作《自然的建筑》中认为所谓自然建筑主要的是材质和素材的原生性,例如 2010 年隈研吾设计的下关川棚温泉交流中心,该建筑屋顶与地面连接,用屋顶来表现轻薄,在这里他提到“物质性的复权”即自然物的回归,自此以后,隈研吾的设计大多围绕着自然这一主题。

对于自然,日本建筑师从民族根生性的基因里就有种虔诚的热爱。这种情怀与当代建筑界对生态建筑的重视相一致,使得日本的传统建筑创作理念能够迅速地被当代国际建筑界所接受,这也增加了日本建筑师对民族传统理想的信心,几乎所有的日本当代建筑师的创作观点中都有对自然的论述,也创造了大量关于自然素材的建筑,这也使得自然的建筑美成为日本当代建筑的审美标准。

5.5　本章小结

本章主要介绍日本民族神道理想作为民族的最高理性认知,对日本当代建筑创作中审美意识的作用,以“民族理想”为切入点,阐述了民族神道理想是决定日本当代建筑“古道”“空灵”“自然”审美标准的根本原因和遗传基因。

日本民族理想中带有“神道”的先天性,它是民族根生性的高级体现。这源于民族特定的生产与生活方式、思想文化,这些因素上升为三种理想:“古道”

"空灵"和"自然",它们成为隐性因素表现在当代建筑创作中,出现了内在日本、消隐建筑、透明性建筑、看不见的都市等建筑创作思想。日本人对审美标准有着民族原始的认知,那就是素雅和神秘,从他们对雾与风、木的肌理、山水田舍的喜爱便能略知一二。这种美的标准对建筑的构造、机能、素材的创造有着深刻的影响,使得日本当代建筑表现出以下的审美品质:

(1)日本当代艺术中一直存在着对原始祖型的应用。主要集中在对绳文和弥生时期的建筑构造应用;"和魂"精神在建筑构造中主要体现在调和性上,有空间调和、材料调和、意识调和;神道中的神域体现在建筑和城市空间上,日本建筑中的神域是空白,是自然场所,是空间瞬间充满了的灵气。

(2)日本当代建筑中品味"空灵",享受"无常"的境界,寻求"轮回""退隐"的感觉。日本建筑师认为建筑应体现"生命的机能"并将这作为一种美融入建筑创作中。日本当代建筑师根据"无常"的思维提出了具有日本特色的建筑理论,如限研吾的"消解建筑";大江匡提出的短暂性"时感"机能思维便是这一思想的体现。在日本当代建筑中还有一种极具东方色彩的审美思想,就是建筑的"退隐"观,在这种观念下日本当代建筑出现了"透明性"及追求"虚拟"的建筑创作思维。

(3)日本当代建筑师强调一种以日本传统民族理想为核心的系统建筑创作观。将建筑对当代结构主义的崇尚与运用中摆脱出来,并从基于传统和当代的自然观的角度去看待建筑美学的量化定制,从而实现"建筑与人、建筑与环境融合"的目的。此时,生态成为选择技术和材料手段的前提,使建筑表现为生态体系中对建筑素材审美的建构方式,呈现出生态的美学特征,这种美学特征成为一种建筑审美观,使日本建筑迅速融入当代生态建筑的大环境中。具体体现在建筑素材的"自然"式创作和"第二自然"的创造上。

总之,日本当代建筑创作中所体现的消隐、短暂、阴翳、自然的审美倾向皆来源于日本民族"古道""空灵""自然"的理想追求,而这些理想是民族神道根性的外延体现。

结　论

正像罗马时代著名建筑师威特鲁维所说的:“建筑反映着人的本性。”建筑之所以能成为艺术而不是物品就是因为人的差异性,而任何一个人在出生之前,就已经有一种根植于民族的传统先于他而存在,也就是所谓的“民族根生性”。

本书的写作过程实际上也是作者对日本当代建筑创作思想发展的认识过程。通过对文献资料的收集、整理和研究,发现中外建筑理论对于建筑民族性的研究大多局限于是否提倡民族性或它在建筑中的表现形式,对于当代建筑为何具有民族性的研究却很少。再者,当代的日本建筑师们大多从来不提民族性,甚至有意回避,但他们的建筑一看就是日本的,产生这一现象的原因是什么?这是值得我们思考的问题。因此,作者将日本当代建筑的民族根生性作为研究方向,运用形式逻辑推导方法,结合建筑民族学、文化哲学理论进行论证,提出形成日本当代建筑特殊性的原因是日本民族的根生性,并利用日本当代建筑的创作思维与表现加以论述。在充分研究日本建筑文化与民族文化的基础上,总结日本当代建筑界的“日本趣味”现象形成是民族的根生性直接影响以及具有岛国性、暧昧性和神道性的特点,并深入挖掘支撑这一形式的民族内核原因,以及在这种思维作用下的日本当代建筑形态、建筑空间、建筑审美显现出的民族情感、民族认知和民族理想,最后推导出日本当代建筑的“日本趣味”是民族心理无意识的积淀,是一种自觉与非自觉相互转换、逐渐形成的动态过程,它是在一个民族的原始根生性作用下的结果。在此基础上,本书得出如下创新性结论:

(1)以日本当代建筑“民族根生性”为切入点,建构了日本当代建筑创作研究的理论支撑体系。

(2)以“建筑民族学”和“文化哲学”为理论支撑,提出了日本当代建筑的民族根生性的理论内涵。

(3)从岛国的民族情感、暧昧的民族认知和神道的民族理想,以及对日本当代建筑形态、空间、审美的突出影响,揭示了日本当代建筑创作特殊性的深层结构。

结合论文的创新性结论,本书进一步做出未来可能发展的预期研究:

(1)本书对于当代建筑创作理论的研究,是以建筑的民族根生性为切入点、以日本的当代建筑创作为研究对象而展开的,而作者认为建筑的民族根生性具有普遍性,它不仅体现在日本的当代建筑创作上,其他国家和民族的当代建筑也具有这种民族根生性,对其展开进一步研究对完善建筑民族根生性理论体系有着积极的意义。

(2)当代建筑民族根生性的概念研究有待深入。作者在研究中还认识到,建筑的民族根生性是一个上升到意识形态的哲学问题,作为一个建筑理论应该具备规范的专业术语作为标志,而现阶段只能以民族学中的"根生性"暂作定义,希望今后有机会能够继续完善这个理论。

(3)针对当代中国建筑的民族性回归展开研究。日本当代建筑所具有的鲜明的民族性对我国当代建筑提出了一个重要的议题,我们的建筑怎样才是"我们"的。2012 年中国建筑师王澍荣获普利兹克建筑奖,这对中国当代建筑来说具有划时代的意义,这说明建立在乡土气息思想上的中国建筑形式被世界认可,也说明了民族性的回归是当代中国建筑成功发展的必然之路。而建立基于民族根生性的中国当代建筑创作思维学理框架对中国当代建筑的"中国趣味"研究具有意义。

限于作者有限的研究时间和能力,本书还存在很多不足之处。首先,对于民族根生性的认识和对当代建筑理论发展的了解是没有止境的,而作者在短暂的时间内无法令人满意地扩展已有的知识面,显然对于研究工作会产生一定的影响。其次,虽然着重研究了日本当代建筑的民族根生性表现,但是,作者不能说对日本当代建筑发展非常了解和熟悉。因为日本当代建筑呈现出多元性和复杂性,有关这些方面的研究资料无法完整地收集和学习。最后,除了本书对日本当代建筑的民族性研究之外,还存在不少其他研究者的成果,对这些观点的完全整理和讨论不是本书的篇幅所能够囊括的。除此之外,书中肯定还存在其他的偏差和不足之处,欢迎广大读者批评指正。

附　录

附表 1　20 世纪以来日本建筑的民族根生性传承纵向列表

年代	活跃的建筑师	部分建筑师的言论	重要的建筑理论	重要的建筑实例
1900	辰野金吾 	“被外国人问及日本建筑时，无言以对而觉得无地自容。”（辰野金吾）	工部省附属大学开设日本建筑及研究的课程，系统深入地研究日本民族的建筑形式	日本银行总行；奈良旅馆
1910	伊东忠太  妻木赖黄 关野贞 后藤庆二	☆“日本应以日本为本体进行自身进化，而非折中，更没有西化的必要。”（伊东忠太） ☆“以日本建筑表现的趣味精神为基础，再参考西洋式，塑造出一种清新的国民样式。”（关野贞）	☆日本建筑学会讨论：日本将来的建筑样式要有国家象征性 ☆倡导和风建筑 ☆成立关西建筑协会	日本劝业银行；旧奈良县物产陈列所；丰多摩监狱  （日本劝业银行）
1920	下田菊太郎 浜口隆一 大江新太郎	☆“呼吁帝冠合并式。”（下田菊太郎） ☆“‘自然’即‘空间的、行为的’是日本的建筑主旨。”（浜口隆一）	☆帝国议会议事堂样式争论带来和式与西式样式的讨论 ☆分离派：与传统分离	京都市立美术馆；明治神宫宝物殿  （京都市立美术馆）

续附表 1

年代	活跃的建筑师	部分建筑师言论	重要的建筑理论	重要的建筑实例
1930	堀口舍己 藤岛亥治郎 森田庆一 坂仓准三 	☆"现代建筑应表现日本趣味。"（堀口舍己） ☆"能用最新时代科学的合理性表现日本民族精神，且表现日本传统之美是大东亚建筑构思至高的特点。"（藤岛亥治郎）	☆提出桂离宫是机能主义杰作，伊势神宫是世界建筑根源。 ☆倡导"新日本风格"用西方现代的建筑手法来表现日本传统的建筑形式	紫烟庄；听竹阁；巴黎万国博览会日本馆；东京帝室博物馆  （巴黎万国博览会日本馆）
1940	前川国男  山口文象 土浦龟城 山田守	☆"将真正的现代主义扎根于日本。"（前川国男） ☆"日本的住宅充满了精神的意义。"（莱特）	☆强调帝冠式的建筑样式是亚洲共同体的建筑标准；强调日本象征。 ☆提出"大东亚共荣圈"的建筑样式。 ☆亚洲主义样式。 ☆日本青年建筑家联盟挑战帝冠式建筑	帝国议会议事堂；名古屋市厅舍；京都美术馆；军人会馆；筑地本愿寺  （筑地本愿寺）
1950	谷口吉郎	"我们面临的困难课题就是如何使现代建筑在日本的现实中生根。"（丹下健三）	☆战后大面积的建筑需要重建，建筑创作理论集中在如何快速建设上，出现了"日本特色的现代主义建筑的方式"。 ☆日本风格融入现代主义的新建筑形式 ☆认为现代建筑创造有与民族传统统和的必要，提出对民族性的继承应是对日本传统建筑形式语言的转换	日本文化会馆；近铁神宫驿舍；东京山口自邸；广岛和平纪念公园

续附表 1

<table>
<tr><th>年代</th><th>活跃的建筑师</th><th>部分建筑师言论</th><th>重要的建筑理论</th><th>重要的建筑实例</th></tr>
<tr><td>1953</td><td>丹下健三 </td><td>“找出日本建筑传统手法的典型,与现代建筑的方面加以融合。”(丹下健三)</td><td rowspan="3">☆战后大面积的建筑需要重建,建筑创作理论集中在如何快速建设上,出现了“日本特色的现代主义建筑的方式”。
☆日本风格融入现代主义的新建筑形式
☆认为现代建筑创造有与民族传统统和的必要,提出对民族性的继承应是对日本传统建筑形式语言的转换</td><td>广岛平和会馆 </td></tr>
<tr><td>1956</td><td>村野藤吾
谷口吉郎
大江宏</td><td>“远看是现代建筑,近看是历史风格。”(村野藤吾)</td><td>和平纪念圣堂;铁父水泥第二工厂;政法大学1955馆</td></tr>
<tr><td>1959</td><td>菊竹清训 
村野藤吾</td><td>“我们并不打算把新陈代谢看作是一个自然的历史过程……而是要努力地通过我们的设计在社会中提倡积极的新陈代谢过程。”(菊竹清训)</td><td>大阪新歌舞伎座;日本艺术院会馆;
羽岛市厅舍;朝鲜大学;香川县厅舍;空中住宅;东京日佛会馆 
(空中住宅)</td></tr>
</table>

续附表1

<table>
<tr><th>年代</th><th>活跃的建筑师</th><th>部分建筑师言论</th><th>重要的建筑理论</th><th>重要的建筑实例</th></tr>
<tr><td>1960</td><td>川崎清
大江宏
大高正人
冈田新一
吉田五十八</td><td>“日本建筑的主流仍然是在一丝不苟地追随西方文化的基础上,逐渐加入日本的佐料、如今终于成为世界建筑舞台上一支不可小觑的力量。”(大江宏)</td><td rowspan="4">☆新乡土派:民族传统与现代主义手法相结合
☆新陈代谢派:日本第一次系统开始进行建筑理论的研究,提出以生物性的新陈代谢方式研究建筑
☆“集合体”理论:城市中人们公共交往的领域形成了一种特殊的场所,组合这些场所的结便是“集合体”理念
☆后现代主义:重视传统、个性、地方特色和新空间概念
☆新兴数寄屋:以和风住宅创作为本
☆对现象理论:日本传统空间理论发展而来,当一个现象出现时,相对的另一个现象也会出现</td><td>东京北川邸;京都妙心寺花园会馆;
八大厚生会馆;东京伴邸;东京新宿车站地区;大和文华馆</td></tr>
<tr><td>1961</td><td>前川国男
丹下健三
吉田五十八</td><td>“传统就像处于化学反应中的催化剂一样,在最后的结果中,传统是不会被发觉的。可以肯定的是,传统可以参与到创作中,但是它本身不会长久地具有创造力。”(丹下健三)</td><td>东京文化会馆;仓敷市立美术馆;五岛美术馆
(东京文化会馆)</td></tr>
<tr><td>1962</td><td>吉田五十八</td><td>“现代生活即数寄屋住宅。”(吉田五十八)</td><td>罗马日本学院;玉堂美术馆</td></tr>
<tr><td>1964</td><td>大谷幸夫
丹下健三
菊竹清训
山田守</td><td>“城市的文脉表现在各个方面,其中城市建设与自然环境的协调,也是重要的组成部分。”(大谷幸夫)</td><td>京都国际会馆;代代木奥林匹克综合竞技场;出云大社厅舍;日本武道馆
(代代木奥林匹克综合竞技场)</td></tr>
</table>

续附表 1

<table>
<tr><th>年代</th><th>活跃的建筑师</th><th>部分建筑师言论</th><th>重要的建筑理论</th><th>重要的建筑实例</th></tr>
<tr><td>1965</td><td>吉阪隆正
菊竹清训
丹下健三</td><td>“‘当代’为丧失古典式的‘统一’的‘不连续’的时代。”(吉阪隆正)</td><td rowspan="3">☆新乡土派:民族传统与现代主义手法相结合
☆新陈代谢派:日本第一次系统开始进行建筑理论的研究,提出以生物性的新陈代谢方式研究建筑
☆“集合体”理论:城市中人们公共交往的领域形成了一种特殊的场所,组合这些场所的结便是“集合体”理念
☆后现代主义:重视传统、个性、地方特色和新空间概念
☆新兴数寄屋:以和风住宅创作为本
☆对现象理论:日本传统空间理论发展而来,当一个现象出现时,相对的另一个现象也会出现</td><td>大学研究所之家;东京铃木邸;东光园宾馆;山梨文化会馆</td></tr>
<tr><td>1966</td><td>岩本博行
清家清
筱原一男
东孝光
矶崎新
前川国男
岩本博行</td><td>☆“传统并不是流于表层的具象表现,而是存在于知觉深层抽象结构。”(筱原一男)
☆“塔式住宅的设计构思,却来自传统的榻榻米精神。”(东孝光)</td><td>万国博览会日本馆;塔状住宅;白的家;国立剧场;大分县立图书馆;埼玉会馆
(国立剧场)</td></tr>
<tr><td>1967</td><td>林雅子
桢文彦
白井晟一
东孝光</td><td>“都说现在是世纪交替的重要时刻,可我们是在与西历无缘的时代里成长的。”(林雅子遗言)</td><td>拥有大门的办公楼第1期;代官山集合住宅;亲和银行本部
(代官山集合住宅)</td></tr>
</table>

续附表1

<table>
<tr><th>年代</th><th>活跃的建筑师</th><th>部分建筑师言论</th><th>重要的建筑理论</th><th>重要的建筑实例</th></tr>
<tr><td>1970</td><td>竹山实
相田武文
宫胁檀
香山寿夫
山下和正
木岛安史</td><td>☆“在非否的境界中生成的空间”(原广司)
☆“认识是物质—精神—物质这种实践环节,创造也是精神—物质—精神这种实践的环节,不断反复。”(丹下健三)</td><td rowspan="3">☆后期代谢论:新陈代谢之后的理论的总称
☆均质空间论、有空体理论和居住集合论
☆“道的建筑”:“灰”空间的前奏
☆“灰”空间:将日本传统文化中的“利休灰”演化成了当代建筑中“灰空间”的概念,这个概念多指介于室内外的过渡空间,也指建筑中的色彩
☆“奥”空间:日本传统空间的本质是时间和空间完全缠绕的,是深远感、流动性场所和剪不断的连续性、其特点是通过一层层的“膜”,形成多层次的境界,日本传统的空间基本上是一个从少中见多的概念,并具有多层次的深度境界,使较浅的空间取得深邃的感觉
☆“间”空间:每一个人的知识、记忆、阅历不同对空间产生的感觉也就不同,建筑因此出现了多种可能性
☆“连续性空间”是一种未完成的空间状态,流线型的空间使得建筑空间可以相互渗透,类似于日本传统的“扩张空间”,体现这一特色得就是空间的设计是从局部走向整体的方式
☆野武士:塑造的是一个对现实的批判风格</td><td>岛根县立博物馆;祭祀广场太阳之塔;丰云纪念馆 
(祭祀广场太阳之塔)</td></tr>
<tr><td>1971</td><td>吉田五十八</td><td></td><td>日本万国博松下馆</td></tr>
<tr><td>1972</td><td>黑川纪章 </td><td>“我们对一种风格进行深入的分析研究,选取其中有特色的构件,再运用现代方式对之进行抽象、提高和再创造,这样搞出来的东西就不是复古的,而是尖锐的。”(黑川纪章)</td><td>福冈银行本店;中银舱体楼 
(中银舱体楼)</td></tr>
</table>

续附表 1

<table>
<tr><th>年代</th><th>活跃的建筑师</th><th>部分建筑师言论</th><th>重要的建筑理论</th><th>重要的建筑实例</th></tr>
<tr><td>1973</td><td>池原义郎</td><td>“我不喜欢造园,我喜欢大地的空间和树木。”(池原义郎)</td><td rowspan="4">☆后期代谢论:新陈代谢之后的理论的总称
☆均质空间论、有空体理论和居住集合论
☆“道的建筑”:“灰”空间的前奏
☆“灰”空间:将日本传统文化中的“利休灰”演化成了当代建筑中“灰空间”的概念,这个概念多指介于室内外的过渡空间,也指建筑中的色彩
☆“奥”空间:日本传统空间的本质是时间和空间完全缠绕的,是深远感、流动性场所和剪不断的连续性、其特点是通过一层层的“膜”,形成多层次的境界,日本传统的空间基本上是一个从少中见多的概念,并具有多层次的深度境界,使较浅的空间取得深邃的感觉
☆“间”空间:每一个人的知识、记忆、阅历不同对空间产生的感觉也就不同,建筑因此出现了多种可能性
☆“连续性空间”是一种未完成的空间状态,流线型的空间使得建筑空间可以相互渗透,类似于日本传统的“扩张空间”,体现这一特色得就是空间的设计是从局部走向整体的方式
☆野武士:塑造的是一个对现实的批判风格</td><td>东京三越 House;所泽圣地灵园;国立民族学博物馆</td></tr>
<tr><td>1974</td><td>矶崎新</td><td>“‘间’的关键在于营造出二者不可分离的空间,强调相对的两方面或两种力量的对应关系,通过‘间’的作用进步强化双方的力量。”(矶崎新)</td><td>土耳其驻日本使馆;群马县立近代美术馆
(群马县立近代美术馆)</td></tr>
<tr><td>1975</td><td>石井和纮
石山修武
毛纲毅旷</td><td>“Post America,创造有日本特色的后现代,以区别于美国人的后现代。”(石井和纮)</td><td>54 面窗;幻庵;阴阳符号住宅</td></tr>
<tr><td>1977</td><td>安藤忠雄</td><td>“自古以来日本人便心仪丰饶而细腻的自然,并且热衷居住在和自然交界的边缘地带……我才想在混凝土建筑中创造出独立的自然区域。”(安藤忠雄)</td><td>北海道住宅 GEH;大阪住吉长屋;日本东京红十字会总部
(大阪住吉长屋)</td></tr>
</table>

续附表1

年代	活跃的建筑师	部分建筑师言论	重要的建筑理论	重要的建筑实例
1979	黑川纪章 鬼头辛 相田武文 村野藤吾 大成建设	“一般民族学博物馆展示内容重点多放在文化圈内部，但是文化圈与文化圈之间的‘边界区域’所产生的多样性新文化更值得民族学研究的注意。”（黑川纪章）	☆后期代谢论：新陈代谢之后的理论的总称 ☆均质空间论、有空体理论和居住集合论 ☆“道的建筑”：“灰”空间的前奏 ☆“灰”空间：将日本传统文化中的“利休灰”演化成了当代建筑中“灰空间”的概念，这个概念多指介于室内外的过渡空间，也指建筑中的色彩 ☆“奥”空间：日本传统空间的本质是时间和空间完全缠绕的，是深远感、流动性场所和剪不断的连续性、其特点是通过一层层的“膜”，形成多层次的境界，日本传统的空间基本上是一个从少中见多的概念，并具有多层次的深度境界，使较浅的空间取得深邃的感觉 ☆“间”空间：每一个人的知识、记忆、阅历不同对空间产生的感觉也就不同，建筑因此出现了多种可能性 ☆“连续性空间”是一种未完成的空间状态，流线型的空间使得建筑空间可以相互渗透，类似于日本传统的“扩张空间”，体现这一特色得就是空间的设计是从局部走向整体的方式 ☆野武士：塑造的是一个对现实的批判风格	大阪石原邸；东京大同生命大厦；山口县立美术馆；积木住宅；原村八岳美术馆；新宿中心大厦
1982	大江宏 村野藤吾 筱原一男 石山修武	“汲取日本文化的独特一面，并就此一面做深入探求，才能使我们充分了解它。”（大江宏）		国立能乐堂；新高轮王子酒店；日本浮世绘博物馆；卵形住宅
1983	芦原义信 矶崎新 渡边诚	☆“我怀抱的伤痕不是一时间出现的，它是中世纪以来日本持有的中心思想的无意识回复。”（矶崎新） ☆“空间基本上是由一个物体同感觉它的人之间产生的相互关系所形成。”（芦原义信）		东京国立历史民俗博物馆；兵库县历史博物馆；筑波中心大楼 （筑波中心大楼）

续附表 1

年代	活跃的建筑师	部分建筑师言论	重要的建筑理论	重要的建筑实例
1984	安藤忠雄 桢文彦 毛纲毅旷 黑川纪章	“建筑之所以成为建筑，有三点必不可少，一是场所，二是纯粹的几何学，三是自然，并非原生的自然，而人工化自然……我所创造的形式通过象征着时间的流逝和季节更替的自然元素，以及与生活的关联去取得或改变意义。”（安藤忠雄）	☆后期代谢论：新陈代谢之后的理论的总称 ☆均质空间论、有空体理论和居住集合论 ☆“道的建筑”：“灰”空间的前奏 ☆“灰”空间：将日本传统文化中的“利休灰”演化成了当代建筑中“灰空间”的概念，这个概念多指介于室内外的过渡空间，也指建筑中的色彩 ☆“奥”空间：日本传统空间的本质是时间和空间完全缠绕的，是深远感、流动性场所和剪不断的连续性、其特点是通过一层层的“膜”，形成多层次的境界，日本传统的空间基本上是一个从少中见多的概念，并具有多层次的深度境界，使较浅的空间取得深邃的感觉 ☆“间”空间：每一个人的知识、记忆、阅历不同对空间产生的感觉也就不同，建筑因此出现了多种可能性 ☆“连续性空间”是一种未完成的空间状态，流线型的空间使得建筑空间可以相互渗透，类似于日本传统的“扩张空间”，体现这一特色得就是空间的设计是从局部走向整体的方式 ☆野武士：塑造的是一个对现实的批判风格	六甲集合住宅；藤泽市秋叶台市民体育馆  （藤泽市秋叶台市民体育馆）
1985	安藤忠雄 黑川纪章 野口勇			广岛市现代美术馆土门纪念馆；京都 TIME'S  （京都 TIME'S）
1986	丹下健三 内井昭藏 藤井博巳 安藤忠雄 伊东丰雄 原广司	“虽然建筑的形态、空间及外观要符合逻辑性，但建筑还应该蕴涵直指人心的力量。这一时代所谓的创造力就是将科技与人性完美结合。”（丹下健三）		东京都新厅舍；世田谷美术馆；牛窗国际艺术节；稻叶良加工作室；东京 Spiral；银色的小屋；田崎美术馆  （银色的小屋）

续附表 1

<table>
<tr><th>年代</th><th>活跃的建筑师</th><th>部分建筑师言论</th><th>重要的建筑理论</th><th>重要的建筑实例</th></tr>
<tr><td>1987</td><td>安藤忠雄
黑川纪章
筱原一男
伊东丰雄</td><td>“我对混沌没有兴趣,为了表象空间中的新活力,我才把混沌作为主题。”(筱原一男)</td><td rowspan="3">☆后期代谢论:新陈代谢之后的理论的总称
☆均质空间论、有空体理论和居住集合论
☆“道的建筑”:“灰”空间的前奏
☆“灰”空间:将日本传统文化中的“利休灰”演化成了当代建筑中“灰空间”的概念,这个概念多指介于室内外的过渡空间,也指建筑中的色彩
☆“奥”空间:日本传统空间的本质是时间和空间完全缠绕的,是深远感、流动性场所和剪不断的连续性、其特点是通过一层层的“膜”,形成多层次的境界,日本传统的空间基本上是一个从少中见多的概念,并具有多层次的深度境界,使较浅的空间取得深邃的感觉
☆“间”空间:每一个人的知识、记忆、阅历不同对空间产生的感觉也就不同,建筑因此出现了多种可能性
☆“连续性空间”是一种未完成的空间状态,流线形的空间使得建筑空间可以相互渗透,类似于日本传统的“扩张空间”,体现这一特色得就是空间的设计是从局部走向整体的方式
☆野武士:塑造的是一个对现实的批判风格</td><td>六甲山教会;名古屋市美术馆;东京工业大学百年纪念馆;风之塔</td></tr>
<tr><td>1988</td><td>安藤忠雄</td><td>“日本作为一个国家应该有自己的审美趣味。”(安藤忠雄)</td><td>国际日本文化研究中心;兵库县儿童博物馆;夏川纪念会馆</td></tr>
<tr><td>1989</td><td>安藤忠雄
石井和纮
大野秀敏谷口吉生
六角鬼丈</td><td>“在空间中常存在不断的视点转移,利用这种无限的视觉中心移动,通过视觉产生对建筑的空间体验,从而感受到建筑环境的总体印象。”(谷口吉生)</td><td>东京伊东邸;数寄屋村;YKK 市川宿舍楼;水的教会;东京都葛西临海水族馆;东京武道馆</td></tr>
</table>

续附表 1

<table>
<tr><th>年代</th><th>活跃的建筑师</th><th>部分建筑师言论</th><th>重要的建筑理论</th><th>重要的建筑实例</th></tr>
<tr><td>1990</td><td>安藤忠雄
渡边丰和
难波和彦
矶崎新
六角鬼丈</td><td>“地球上一切古代遗迹、圣地都是按一定几何的形态分布的,绳文文化也是如此。”(渡边丰和)</td><td rowspan="2">☆“消解建筑”:运用系统的建构方法将建筑形态根植于环境中,不断尝试寻找建筑与环境之间的媒介,消解建筑于环境之中最终达到建筑与环境的融合
☆纸筒建筑:构造简洁与可再生性使它成为灾难援助活动的庇护所
☆Unit 现象:多数建筑师组成的设计团队,隐掉个性,表象集团性
☆将“内在的日本”现代化:利用纪念性表达“内在的日本”
☆无形的隐性特征理论:强调细部、非对称、虚空与非实体性
☆提倡新技术下的传统精神
☆“第二自然”:在日本当代建筑师的创作思维里有一种对自然的特殊理解,也就是类似于城市景观的形式,当代西方将其称为景观都市主义
☆重现、形似及强调地方特色:主要思想就是再现传统</td><td>光的会馆;东京 Collezione;东京 TEPIA;京都音乐厅;东京武道馆</td></tr>
<tr><td>1991</td><td>长谷川逸子
桢文彦
安藤忠雄
藤森照信
妹岛和世
竹山实
高松伸</td><td>☆“日本人对‘美’的诠释不是静态的,而是认为可以在不断变换的过程中寻找到美,我们(日本)用直觉体会这些。”(安藤忠雄)
☆“现代建筑的基本构成是几何学,几何学本身有地域性的一面,日本有日本的几何学,中国有中国的几何学。”(桢文彦)</td><td>本福寺水御堂;神长馆守矢史料馆;滋贺县音乐厅;再春馆制药女子寮;湘南台文化中心;Tepia 宇宙科学馆 
(湘南台文化中心) 
(Tepia 宇宙科学馆)</td></tr>
</table>

续附表 1

年代	活跃的建筑师	部分建筑师言论	重要的建筑理论	重要的建筑实例
1992	大野秀敏 黑川纪章 宫崎浩 古谷诚章 内藤广 象设计集团	“现代建筑的全部问题都已被柯布、密斯等大师解决……现在建筑师唯一可做的事情就是使用自己早已熟悉的词汇来发展他的创作技巧。”(矶崎新)	☆“消解建筑”:运用系统的建构方法将建筑形态根植于环境中,不断尝试寻找建筑与环境之间的媒介,消解建筑于环境之中最终达到建筑与环境的融合 ☆纸筒建筑:构造简洁与可再生性使它成为灾难援助活动的庇护所 ☆Unit 现象:多数建筑师组成的设计团队,隐掉个性,表象集团性 ☆将“内在的日本”现代化:利用纪念性表达“内在的日本” ☆无形的隐性特征理论:强调细部、非对称、虚空与非实体性 ☆提倡新技术下的传统精神 ☆“第二自然”:在日本当代建筑师的创作思维里有一种对自然的特殊理解,也就是类似于城市景观的形式,当代西方将其称为景观都市主义 ☆重现、形似及强调地方特色:主要思想就是再现传统	茨城松代公寓;东京 TERRA2;和歌山现代美术馆 + 和歌山县博物馆;中原中也纪念馆;佐佐木住宅;Autopolis 艺术中心
1993	坂本一成 安藤忠雄 原广司	“我不抄袭,只是把历史概念转化为现代风格。”(原广司)		Common City 星田;熊本县装饰古坟馆;梅田天空大楼;HOUSE F
1994	渡边丰和 限研吾 坂茂 大江匡	☆“我确信这个建筑形态是最前沿的艺术形式因而确立了自信。”(渡边丰和) ☆“光表现美,风和雨吹淋到身上,给生活以风采,建筑是感受自然的媒体。”(安藤忠雄)		伊势神宫纪念美术馆;秋田市体育馆;龟老山展望台;卢旺达临时庇护所;高崎再开发 (秋田市体育馆)

续附表 1

年代	活跃的建筑师	部分建筑师言论	重要的建筑理论	重要的建筑实例
1995	安藤忠雄 菊竹清训 内藤广 坂茂	“建立建筑可行的办法是要提高永久（刚性）空间与暂时（柔性）空间之间共存的水平。换言之，就是要把人们从那种容易迷惑人的理想化‘完美’中解脱出来。”（菊竹清训）	☆“消解建筑”：运用系统的建构方法将建筑形态根植于环境中，不断尝试寻找建筑与环境之间的媒介，消解建筑于环境之中最终达到建筑与环境的融合 ☆纸筒建筑：构造简洁与可再生性使它成为灾难援助活动的庇护所 ☆Unit 现象：多数建筑师组成的设计团队，隐掉个性，表象集团性 ☆将“内在的日本”现代化：利用纪念性表达“内在的日本” ☆无形的隐性特征理论：强调细部、非对称、虚空与非实体性 ☆提倡新技术下的传统精神 ☆“第二自然”：在日本当代建筑师的创作思维里有一种对自然的特殊理解，也就是类似于城市景观的形式，当代西方将其称为景观都市主义 ☆重现、形似及强调地方特色：主要思想就是再现传统	海的博物馆；大阪府立近津飞鸟博物馆；江户东京博物馆；纸之家 （海的博物馆）
1996	石井和纮 山本理显			世界都市博览会万人茶室；京都车站
1997	桢文彦 青木淳	“一个非常日本的感觉可能是空间的深远感、连续性、流动性、处在其中，将能领会一场不断开展的风景，我不介意把这种感觉衍生运用。”（桢文彦）		马见原桥；“风之山”火葬场 （“风之山”火葬场）
1998	西泽立卫			周末住宅

续附表 1

<table>
<tr><th>年代</th><th>活跃的建筑师</th><th>部分建筑师言论</th><th>重要的建筑理论</th><th>重要的建筑实例</th></tr>
<tr><td>2000</td><td>伊东丰雄
佐佐木睦郎
山本理显</td><td>“日本当代建筑师的作品普遍被认为是带有某种日本特质的感觉，这是来自于当代日本建筑形态中有意或无意的抵抗水平力的构造方式的存在。”（佐佐木睦郎）</td><td rowspan="3">☆“透层建筑”：令表皮取代空间而成为建筑的主体
☆自然建筑：追求亲近自然，使用自然的材料
☆即物性建筑：突出（自然材质）材料的表达，调动人的感官
☆筱原派：以筱原一男的学生伊东丰雄、坂本一成、长谷川逸子为主力，设计中带有对抽象与自然、暂时与连续的思考
☆超平面：在建筑的表层集中体现建筑创作；其次是重塑建筑中各层面构成和顺序间的关系，不再强调与区分建筑中的主与次，而是将其等同后重新排列定位，这种建筑的表现途径就是超薄化和形态纤细调和
☆用“纯净”的方式诠释了日本纤细的建筑形体结构样式
☆提倡建筑纯粹几何思想
☆人造环境与自然具有的暧昧秩序，空间是一种关系性
☆空间混沌思想：追求错落有致，望眼不穿的空间感受</td><td>法隆寺宝物馆；白雨馆；淡路梦舞台；仙台媒体中心；公立函馆未来大学
（仙台媒体中心）</td></tr>
<tr><td>2001</td><td>坂茂
内藤广
青木淳
大江匡
隈研吾
小岛一浩</td><td>“日本建筑师与欧洲建筑师最大的区别是日本一开始就按程序做事，日本建筑的品质与传统的纪律是不可分的。”（青木淳）</td><td>白 atelie；2001 汉诺威世博会的日本馆；石头博物馆；“O”住宅；宫城县迫樱高等学校
（石头博物馆）</td></tr>
<tr><td>2002</td><td>渡边诚
安藤忠雄
藤本壮介</td><td>“形态的变化并非事先设计，而取决于物体的本性，服从于自然规律。”（渡边诚）</td><td>同润会里集合住宅
大阪狭山池博物馆
兵库县立现代美术馆
+神户水滨广场</td></tr>
</table>

续附录表 1

年代	活跃的建筑师	部分建筑师言论	重要的建筑理论	重要的建筑实例
2003	伊东丰雄 坂茂 	☆“现代的材料阻碍了日本原有建筑风格的延续,这是我们的城市变得如此混乱的原因。”(坂茂) ☆“创造不是仅仅像木鱼或武士头盔,而是要创造出类似于木鱼或头盔,但又有所抽象的空间形态,其实唤醒人们对形式潜在的回忆也是建筑的功能之一。”(桢文彦)	☆“透层建筑”:令表皮取代空间而成为建筑的主体 ☆自然建筑:追求亲近自然,使用自然的材料 ☆即物性建筑:突出(自然材质)材料的表达,调动人的感官 ☆筱原派:以筱原一男的学生伊东丰雄、坂本一成、长谷川逸子为主力,设计中带有对抽象与自然、暂时与连续的思考 ☆超平面:在建筑的表层集中体现建筑创作;其次是重塑建筑中各层面构成和顺序间的关系,不再强调与区分建筑中的主与次,而是将其等同后重新排列定位,这种建筑的表现途径就是超薄化和形态纤细调和 ☆用“纯净”的方式诠释了日本纤细的建筑形体结构样式 ☆提倡建筑纯粹几何思想 ☆人造环境与自然具有的暧昧秩序,空间是一种关系性 ☆空间混沌思想:追求错落有致,望眼不穿的空间感受	福冈 Island City 中央公园; Glass shutter house;“GAE house”  (福冈 Island City 中央公园)
2004	妹岛和世 西泽立卫 黑川纪章 干久美子			日本看护协会大楼;TOD'S 表参道;DIOR 银座店;21 世纪现代艺术博物馆
2005	藤本壮介	“当代,我们失去了日本的建筑。”(内藤广)		群马 N - house 

续附表 1

<table>
<tr><th>年代</th><th>活跃的建筑师</th><th>部分建筑师言论</th><th>重要的建筑理论</th><th>重要的建筑实例</th></tr>
<tr><td>2006</td><td>藤本壮介
桢文彦</td><td>☆“是住宅同时也像都市般的场域。”（藤本壮介）
☆“居住在暧昧的领域当中。”（藤本壮介）</td><td rowspan="3">☆“透层建筑”：令表皮取代空间而成为建筑的主体
☆自然建筑：追求亲近自然，使用自然的材料
☆即物性建筑：突出（自然材质）材料的表达，调动人的感官
☆筱原派：以筱原一男的学生伊东丰雄、坂本一成、长谷川逸子为主力，设计中带有对抽象与自然、暂时与连续的思考
☆超平面：在建筑的表层集中体现建筑创作；其次是重塑建筑中各层面构成和顺序间的关系，不再强调与区分建筑中的主与次，而是将其等同后重新排列定位，这种建筑的表现途径就是超薄化和形态纤细调和
☆用“纯净”的方式诠释了日本纤细的建筑形体结构样式
☆提倡建筑纯粹几何思想
☆人造环境与自然具有的暧昧秩序，空间是一种关系性
☆空间混沌思想：追求错落有致，望眼不穿的空间感受</td><td>情绪障碍儿童短期治疗中心；N－House；町田市新厅舍</td></tr>
<tr><td>2007</td><td>安藤忠雄
隈研吾</td><td>“我用混凝土、木头、玻璃、钢铁来打造这个建筑，但仍保留了它的自然状态，没有改变其颜色，这是非常日本化的概念。”（黑川纪章）</td><td>21_21 DESIGN SIGHT；东京国立美术馆；和风别院；House O
（21_21 DESIGN SIGHT）</td></tr>
<tr><td>2008</td><td>石上纯也
隈研吾</td><td>“用形式的空表达精神的无限。”（安藤忠雄）</td><td>神奈川工科大学KAIT工房；
东京公寓 Tokyo Apartment</td></tr>
</table>

续附录表 1

年代	活跃的建筑师	部分建筑师言论	重要的建筑理论	重要的建筑实例
2009	新居千秋 妹岛和世 西泽立卫 隈研吾	☆"有效的解决城市的空洞化就是'第二自然'的创造。"(隈研吾) ☆"每个地域都有建筑特色的根源存在。但是,20世纪世界均质化影响了特色的存在,我想这是一个大问题。"(伊东丰雄) ☆"把焦点集中在可以胜任各种功能和均匀同质的空间上。"(妹岛和世)	☆"透层建筑":令表皮取代空间而成为建筑的主体 ☆自然建筑:追求亲近自然,使用自然的材料 ☆即物性建筑:突出(自然材质)材料的表达,调动人的感官 ☆筱原派:以筱原一男的学生伊东丰雄、坂本一成、长谷川逸子为主力,设计中带有对抽象与自然、暂时与连续的思考 ☆超平面:在建筑的表层集中体现建筑创作;其次是重塑建筑中各层面构成和顺序间的关系,不再强调与区分建筑中的主与次,而是将其等同后重新排列定位,这种建筑的表现途径就是超薄化和形态纤细调和 ☆用"纯净"的方式诠释了日本纤细的建筑形体结构样式 ☆提倡建筑纯粹几何思想 ☆人造环境与自然具有的暧昧秩序,空间是一种关系性 ☆空间混沌思想:追求错落有致,望眼不穿的空间感受	新根津美术馆;新潟市秋叶区文化会馆;萨那卢浮宫新馆;石神井集合住宅 (萨那卢浮宫新馆)

续附表1

年代	活跃的建筑师	部分建筑师言论	重要的建筑理论	重要的建筑实例
2010	妹岛和世 西泽立卫 西泽立卫 千久美子 藤本壮介	“日本几千年来一直是封闭的，纤细的语言和人际关系、精巧的技术……明治维新和二次大战将这些都会掉了，回复它们是胜负的关键。”（山下保博）	☆决定不可能论 ☆日本独自性：在当代建筑中日本变得孤独，无可借鉴 ☆否定机能：机能是近代主义的想法，日本的传统是与自然的关系 ☆建筑应抵御自然灾害 ☆反思日本的现代建筑，认为日本已失去了现代建筑	劳力士学术中心；武藏野美术大学新图书馆；东京公寓
2011	隈研吾 日本设计 前田圭介	“当代，作日本人的建筑要考虑民族，日本语中混合着汉字，表意和表音、概念性和身体性同时存在，建筑也一样，理性和感性同时存在。”（桢文彦）		现代美术馆；九州文云馆；爱媛县林的回廊 （现代美术馆）
2012	隈研吾 宫本佳明	“建筑中的‘缝隙’使光和风能够流入，使人能超越建筑物的材质感受到‘自然的建筑’。”（隈研吾）		浅草文化观光中心；太阳丘保育园；真福寺客殿；银座歌舞伎店寿月堂

续附表 1

年代	活跃的建筑师	部分建筑师言论	重要的建筑理论	重要的建筑实例
2013	藤本壮介 前田圭介 藤本壮介 妹岛和世 西泽立卫 隈研吾 栗原健太郎与岩月美穗	☆N－HOUSE是探索一种人工和自然之间的空间存在形式。(藤本壮介) ☆“‘本流’日本建筑的创作方式。”(前田圭介) ☆“用科学技术征服自然使得近代的日本人与自然隔离,建筑内与外明确被分开,感性的、身体性的东西缺失,将传统复活是日本当代建筑的契机。”(古市徹雄)	☆决定不可能论 ☆日本独自性:在当代建筑中日本变得孤独,无可借鉴 ☆否定机能:机能是近代主义的想法,日本的传统是与自然的关系 ☆建筑应抵御自然灾害 ☆反思日本的现代建筑,认为日本已失去了现代建筑	A 邸＋S 邸;伦敦的云建筑;爱知产业大学语言与情报处;冈山大学 J－Hall;东京 Sunny Hills at Minami－Aoyama (A 邸＋S 邸) (伦敦的云建筑)

附表 2　论文相关建筑汇总（按文中出现先后顺序）

序号	建筑名称	建造年代	建造者	资料来源		
				网络	书籍	自拍摄
1	东京代代木国立综合体育馆	1964	丹下健三			■
2	天地根元宫造	绳文时代	不详		■	
3	高殿	弥生时代	不详		■	
4	高台建筑	弥生时代	不详		■	
5	平民住宅的构造	弥生时代	不详		■	
6	东三条殿	平安时代	不详		■	
7	二の丸书院	1626	不详			■
8	圆城寺光净院客殿	1601	不详		■	
9	平安神宫前的鸟居	1895	伊东忠太			■
	明治神宫前的鸟居	1975	不详			■
	八坂神社前的鸟居	1654	不详			■
10	御上神社本殿	718	不详		■	
11	严岛神社本殿	811	不详		■	
12	八坂神社本殿	1654	不详		■	■
13	清水寺本堂	1633	德川家光		■	■
14	朝堂院	平安时代	不详		■	
15	紫宸殿	1855	不详			■
16	金阁	1950	藤原赖通		■	■
17	银阁	1482	足利义政	■	■	
18	桂离宫	1615	八条宫智仁	■		
19	大阪姬路城天守阁	1581	德川家康			■
20	妙喜庵	1582	千利休	■	■	

续附表 2

序号	建筑名称	建造年代	建造者	资料来源		
				网络	书籍	自拍摄
21	亨特住宅	1889	不详	■		
22	日本丰平馆	1880	安达喜幸	■		
23	哈撒姆住宅	1902	亚历山大 N. Hansell	■		
24	新桥驿	明治时期	布里坚斯			■
25	岩崎邸	1896	约舒亚·康德	■		
26	司法省旧本馆	1994	布克曼和安德	■		
27	日本银行本店	1896	辰野金吾	■		
28	日本银行大阪支行	1903	辰野金吾			■
29	东京车站	1872	辰野金吾	■	■	
30	京都帝室博物馆	1895	片山东熊			■
31	京都市立美术馆	1928	前田健二郎			■
32	筑地本愿寺	1934	伊东忠太	■	■	
33	京都府纪念图书馆	1909	武田五一			■
34	明治生命馆	1934	冈田信一郎	■		
35	棉业会馆	1931	渡边节	■		
36	日本净土寺五轮塔	1606	不详		■	
37	“轴组”和“造作”	不详	不详		■	
38	淡路梦舞台	2000	安藤忠雄	■		
39	21_21DESIGN SIGHT	2007	安藤忠雄			■
40	秋田市体育馆	1994	渡边丰和	■		
41	情绪障碍儿童短期治疗中心	2006	藤本壮介	■		
42	N – House	2006	藤本壮介	■	■	
43	藤泽市秋叶台市民体育馆	1984	桢文彦	■		
44	福冈 Island City 中央公园	2003	伊东丰雄	■		

续附表 2

序号	建筑名称	建造年代	建造者	资料来源		
				网络	书籍	自拍摄
45	新东京市政厅	1991	丹下健三		■	■
46	Tepia 宇宙科学馆	1991	桢文彦	■	■	
47	仙台媒体中心	2000	伊东丰雄	■	■	
48	日本看护协会大楼	2004	黑川纪章			■
49	萨那卢浮宫新馆	2009	妹岛和世 西泽立卫		■	
40	DIOR 表参道	2003	妹岛和世 西泽立卫			■
51	石神井集合住宅	2009	妹岛和世 西泽立卫		■	
52	TOD'S 表参道	2004	伊东丰雄			
53	DIOR 银座店	2004	干久美子			■
54	东京国立新美术馆	2007	黑川纪章			■
55	Amida House 住宅	2011	高知县建筑师工作室	■		
56	佐渡研究院	2011	不详			■
57	TIME'S	1991	安藤忠雄			■
58	2001 汉诺威世博会的日本馆	2001	坂茂	■		
59	Glass shutter house	2003	坂茂	■		
60	现代美术馆	2011	隈研吾			
61	六本木的路易威登店	2003	青木淳	■		
62	原广司的京都火车站	1994	原广司			■
63	东京国立西洋美术馆	1959	柯布西耶			■
	东京文化会馆	1961	前川国男			■
	香川县厅舍	1958	丹下健三	■		
64	宇部市渡边翁纪念会馆	1937	村野藤吾	■		
65	高过庵	2003	藤森照信	■		
66	米兰设计展上坂茂的纸房子	2011	坂茂	■		

续附表 2

序号	建筑名称	建造年代	建造者	资料来源		
				网络	书籍	自拍摄
67	藤森照信日本馆中的“门”	2006	藤森照信	■		
68	日本富士山塔想象图	2007	日本大成建筑	■		
69	梅田天空大楼	1993	原广司		■	■
70	京都清水寺	798	德川家光			■
71	国立剧场	1966	岩本博行	■		
72	京都国立近代美术馆	1986	桢文彦			■
73	新东京市政厅	1991	丹下健三			■
74	京都二条城中的缘侧	1626	不详			■
75	矶崎新“间”空间	1978	矶崎新		■	
76	空中住宅	1958	菊竹清训	■		
77	代官山集合住宅	1967－1998	桢文彦	■	■	
78	中银舱体楼	1972	黑川纪章			■
79	祭祀广场和太阳之塔	1970	丹下健三 冈本太郎	■		
80	大阪世博会塔	1970	菊竹清训	■		
81	东京皇居前的御庭	1968	不详			■
	平安神宫庭院	1895	伊东忠太			■
	紫宸殿前的御庭	1855	不详			■
82	广岛和平纪念公园广场	1950	丹下健三	■		
83	东京都厅舍前的广场	1991	丹下健三			■
84	矶崎新的水彩画－废墟	2006	矶崎新		■	
85	筑波中心大楼的广场	1983	矶崎新	■	■	
86	《间——日本的时空间》的展示	1978	矶崎新		■	
87	群马县立近代美术馆	1974	矶崎新	■		
88	上海证大喜马拉雅艺术中心	2006	矶崎新	■		
89	“风之山”火葬场	1997	桢文彦	■		

续附表 2

序号	建筑名称	建造年代	建造者	资料来源		
				网络	书籍	自拍摄
90	“风之山”建筑空间	1997	桢文彦	■		
91	名护市厅舍	1981	富田玲子	■		
92	公立函馆未来大学	2000	山本理显	■		
93	银色的小屋	1986	伊东丰雄	■		
94	梅田天空大楼平面图	1993	原广司			■
95	梅田天空大楼前的自然之林	1993	原广司			■
96	华哥尔艺术中心	1985	桢文彦	■		
97	东京都葛西临海水族馆	1989	谷口吉生	■		
98	透明游泳池	2004	林德罗·厄利什	■		
99	京都东本愿寺本堂	1602	不详			■
100	京都清水寺的“结界”	1633	不详			■
101	京都 TIME'S	1983	安藤忠雄			■
102	神奈川工科大学 KAIT 工房	2008	石上纯也	■		
103	京都的民居	不详	不详			■
104	大阪宝塚大学大学院	2002	安藤忠雄			■
105	21 世纪现代艺术博物馆	2004	妹岛和世 西泽立卫	■		
106	新根津美术馆屋顶	2009	隈研吾			■
107	东京梅窗院	2003	隈研吾			■
108	平等院宝物馆	2001	栗生明	■		
109	山梨县水果博物馆	1992	长谷川逸子		■	
110	石头博物馆	2000	隈研吾	■		
111	日本现代室内空间	不详	不详			■
112	东京国立美术馆	1959	黑川纪章			■
113	光之教堂	1989	安藤忠雄	■		
114	日本伊势神宫	1993	不详	■		
115	广岛和平纪念馆	1995	丹下健三	■		

续附表 2

序号	建筑名称	建造年代	建造者	资料来源		
				网络	书籍	自拍摄
116	海的博物馆	1992	内藤广	■		
117	和风别院	2007	隈研吾		■	
118	神长馆守矢史料馆	1991	藤森照信	■		
119	白的家	1966	篠原一男	■		
120	“HOUSE F”	1988	坂本一成		■	
121	“GAE house”	2003	塚本由晴		■	
122	数寄屋村	1990	石井和纮	■		
123	明治神宫的庭	1920	不详			■
	日本传统的玉垣	不详	不详	■		
124	京都音乐厅内部	1995	矶崎新			■
125	风之丘火葬场	1997	桢文彦	■		
126	从东京都厅舍俯瞰明治神宫	2011	丹下健三			■
127	龙安寺中的枯山水	1450	相阿弥			■
128	龟老山展望台	1994	隈研吾	■		
129	水/镜之家	1995	隈研吾	■		
130	真言宗本福寺水御堂	1991	安藤忠雄	■		
131	京都府立陶版名画庭院	1994	安藤忠雄			■
	Collezione 商业中心	1989	安藤忠雄			■
132	福冈岛城中央公园核心设施	2005	伊东丰雄	■		
133	住吉神社	1810	不详		■	
134	A 邸 + S 邸	2013	妹岛和世		■	
135	伦敦的云建筑	2013	藤本壮介		■	
136	爱知产业大学语言与情报处	2013	栗原健太郎与岩月美穗		■	
137	JR 涩谷站	2003	隈研吾	■		
138	日本馆	1992	安藤忠雄	■		
139	京都市勧业馆中庭	1996	川崎清			■
140	湘南台文化中心	1990	长谷川逸子	■		

参考文献

[1] 康定斯基. 论艺术的精神[M]. 查立，译. 北京：中国社会科学出版社，1987.

[2] 吉野耕作. 文化民族主义的社会学——日本当代自我认同的走向[M]. 刘克申，译. 北京：商务印书馆，2004.

[3] 黄居正，吴国平. 建构与生成——战后日本当代建筑的演变[J]. 新建筑，2011(2)：76.

[4] 吴良墉. 国际建协北京宪章. 建筑学的未来[M]. 北京：清华大学出版社，2002.

[5] 张荣华. 安藤忠雄建筑创作的东方文化意蕴表达[D]. 哈尔滨：哈尔滨工业大学，2008.

[6] 侯幼彬. 建筑民族化的系统考察[J]. 新建筑，1986(2)：2.

[7] 马国馨. 日本建筑论稿[M]. 北京：中国建筑工业出版社，1999.

[8] 大师系列丛书编辑部. 安藤忠雄的作品与思想[M]. 北京：中国电力出版社，2005.

[9] 矫苏平. 传统与创新——试析日本现代建筑传统继承的方式[J]. 华中建筑，1999(3)：46.

[10] 朱洁树. 传统不说出来，却融入了作品[N]. 东方早报，2014-04-30.

[11] 叶渭渠. 日本书明[M]. 福州：福建教育出版社，2008.

[12] 郭大钧，耿向东. 中国当代史[M]. 北京：北京师范大学出版社，2009.

[13] 郭屹民. 超越理性主义的日本当代建筑[J]. 时代建筑，2011(1)：123.

[14] 本尼迪克特. 文化模式[M]. 王炜，等译. 北京：社会科学文献出版社，2009.

[15] 戴维·米勒. 论民族性[M]. 刘曙辉，译. 上海：译林出版社，2010.

[16] 教军章. 中国近代国民性问题研究的理论视阈及其价值[M]. 北京：中国社会科学出版社，2009.

[17] 猛谋. 论民族性[J]. 内蒙古社会科学, 1987(3): 6.
[18] 简涛. 中国人的民族性与孔子的典范人格[J]. 民俗研究, 2010(1): 2.
[19] 张向炜. 新时期中国建筑思想论题[D]. 天津: 天津大学, 2012.
[20] 赵海翔. 全球化视野下民族性建筑的再思考[J]. 中央民族大学学报(哲学社会科学版), 2011(6): 38.
[21] 孟德斯鸠. 论法的精神:上卷[M]. 张雁深, 译. 北京: 商务印书馆, 2005.
[22] 刘临安, 杨安琪. 试论中法建筑文化在世纪之交的碰撞[J]. 北京建筑工程学院学报, 2013(12): 5.
[23] 欧根·希穆涅克. 美学与艺术总论[M]. 董学文, 译. 北京: 文化艺术出版社, 1988.
[24] 李卫, 费凯. 建筑哲学[M]. 上海: 学林出版社, 2006.
[25] 杨新民. 原始建筑的本质及其当代启示[J]. 建筑师, 2001(50): 41.
[26] 杨华. 建筑——作为释义学的对象[J]. 新津筑, 2001(2): 14.
[27] 马克斯·舍勒. 知识社会学问题[M]. 艾彦, 译. 北京: 华夏出版社, 2000.
[28] 齐康. 建筑·空间·形态——建筑形态研究提要[J]. 东南大学学报(自然科学版), 2000(30): 1.
[29] 彭飞. 儒家"天人合一"观: 构建可持续发展理论的源泉[J]. 中国人口资源与环境, 2001(11): 11.
[30] 张其学, 饶涛. 文化的时间叙事——对殖民主义文化话语的一种解析[J]. 广州大学学报(社会科学版), 2012(11): 27.
[31] 梅棹忠夫, 金田一春彦, 阪仓笃义. 日本语大词典[M]. 東京: 讲谈社, 1989.
[32] 南博. 日本人论[M]. 邱椒雯, 译. 桂林: 广西师范大学出版社, 2007.
[33] 小野正康. 日本学とその思维日本精神史序说[M]. 東京: 建文馆, 1934.
[34] 魏常海. 日本文化概论[M]. 北京: 世界知识出版社, 1996.
[35] 滨口惠俊. 以日本社会论的范例革新为目标[J]. 当代社会学, 1980(7): 1.
[36] 宫元健次. 日本建築のみかた[M]. 東京: 学芸出版会, 2011.
[37] 武云霞. 日本建筑之道——民族性与时代性共生[M]. 哈尔滨: 黑龙江

美术出版社, 1997.
[38] 藤森照信. 日本近代建筑[M]. 黄俊铭, 译. 济南: 山东人民出版社, 2010.
[39] 王家骅, 杨志书. 日本人思维方式与儒学[J]. 日本学刊, 1994(6): 7.
[40] 大卫・松本. 解读日本人[M]. 谭雪来, 译. 北京: 中国水利水电出版社, 2004.
[41] 伊藤ていじ. 日本デザイン論[M]. 東京: 鹿島出版会, 2008: 93.
[42] 岸田省吾. 建築篇事典[M]. 東京: 東京彰国社, 2008.
[43] 林屋辰三郎. 日本文化史[M]. 東京: 岩波書店, 1988.
[44] 铃木大拙. 禅と美术——禅と艺术[M]. 東京: ぺりかん社, 1994.
[45] 邱秀文. 国外著名建筑师丛书第二辑——矶崎新[M]. 北京: 中国建筑工业出版社, 1990.
[46] 隈研吾. 向都市开放的古寺——梅窗院[J]. 绿瀛, 译. 室内设计与装饰, 2004(3): 21.
[47] 安藤忠雄. 抽象と具象の重ね合わせ[J]. 新建築住宅特集, 1987(10): 120.
[48] 王建国, 张彤. 安藤忠雄——具象和抽象[M]. 张彤, 译. 北京: 中国建筑工业出版社, 1999.
[49] 布野修司. 建築少年たちの夢[M]. 東京: 彰国社, 2011.
[50] 喜入時生, 高橋哲史. 日本現代建築ドキュメント1950—2012[M]. 東京: アドレライズ, 2013.
[51] 日本株式会社新建筑社. 日本新建筑:日本青年建筑师[M]. 大连: 大连理工大学出版社, 2010.
[52] 藤本壮介. 原初的な未来の建築[M]. 東京: INAX 出版会, 2008.
[53] 詹妮弗・泰勒. 桢文彦的建筑——空间・城市・秩序和建造[M]. 北京: 中国建筑工业出版社, 2007.
[54] 大师系列丛书编辑部. 桢文彦[M]. 武汉: 华中科技大学出版社, 2007.
[55] 南博. 日本的自我社会心理学家论日本人[M]. 刘延州, 译. 上海: 文汇出版社, 1989.
[56] 方栩珊, 余阳. 外国著名建筑师伊东丰雄作品集[M]. 哈尔滨: 黑龙江科技出版社, 2001.
[57] 妹島西沢. ルーラル新館を完成させる[J]. GA JAPAN, 2013(124):

38.
[58] 叶渭渠，唐月梅．物哀与玄幽——日本人的美意识[M]．南宁：广西师范大学出版社，2002.
[59] 郑时龄．黑川纪章[M]．北京：中国建筑工业出版社，1997.
[60] 安藤忠雄．安藤忠雄论建筑[M]．白林，译．北京：中国建筑工业出版社，2003.
[61] 藤森照信．日本の近代建築(上)[M]．東京：岩波新書出版会，2004.
[62] 高宏存，王永娟，姜俊燕．樱花的国度——日本文化的面貌与精神[M]．北京：中国水利水电出版社，2006.
[63] 藤森照信．藤森照信の茶室学——日本の極小空間の謎[M]．東京：六耀社，2012.
[64] 弗兰姆普敦，张钦楠，吴耀东．20 世纪世界建筑精品集锦 1900—1999[M]．北京：中国建筑工业出版社，1999.
[65] 马国馨．丹下健三[M]．北京：中国建筑工业出版社，1993.
[66] 竹源あきこ，森山明子．日本デザイン史[M]．東京：美术出版会，2003.
[67] 加藤周一．日本文化中的时间与空间[M]．彭曦，译．南京：南京大学出版社，2011.
[68] 李冬君．落花一瞬——日本人的精神底色[M]．北京：北京大学出版社，2007.
[69] 本居宣长．日本物哀[M]．王向远，译．长春：吉林出版集团，2010.
[70] 能势朝次，大西克礼．日本幽玄[M]．王志远，译．长春：吉林出版集团，2011.
[71] 安藤忠雄．安藤忠雄都市彷徨[M]．谢宗哲，译．宁波：宁波出版社，2006.
[72] 冈特・尼胜科．Ma：日本人对场所的认识[J]．建筑设计，1966(3)：132.
[73] 矶崎新．建築における日本的なもの[M]．東京：新潮社，2010.
[74] 黄居正，王小红．大师作品分析 3：当代建筑在日本[M]．北京：中国建筑工业出版社，2009.
[75] 大师系列丛书编辑部．伊东丰雄的作品与思想[M]．北京：中国电力出版社，2005.

[76] 安田武，多田道太郎．日本古典美学[M]．曹允迪，译．北京：中国人民大学出版社，1993.
[77] 潘力．间——日本艺术中独特的时空观——访日本当代建筑大师[J]．美术观察，2009(1)：121.
[78] 宮原信訳．空間の日本文化[M]．東京：ちくま学芸文庫，1994.
[79] 大师系列丛书编辑部．图解日本当代建筑大师[M]．长沙：湖南大学出版社，2008.
[80] 吴耀东．日本现代建筑[M]．天津：天津科学技术出版社，1997.
[81] 李斌．环境行为学的环境行为理论及其拓展[J]．建筑学报，2008(2)：52.
[82] 京都大学亚洲都市建筑研究会．日本当代百名建筑师作品选[M]．北京：中国建筑工业出版社，1998.
[83] 吴焕加．安藤忠雄[M]．北京：中国建筑工业出版社，2002.
[84] 梅铁超．宁静致远淡泊澄怀——谷口吉生的创作理念及其作品[J]．新建筑，1997(4)：59.
[85] 二川幸夫．GA ARCHITECT 妹島和世，西沢立衛 2006—2011[M]．東京：ADAユテタトーキョー，2011.
[86] 西沢立衛．西沢立衛対談集[M]．東京：彰国社，2009.
[87] 吴耀东．新兴数寄屋：日本和风建筑的存续[J]．华中建筑，1995(1)：48.
[88] 藤冈洋保．20 世纪 30 年代到 40 年代日本建筑中关于“传统”的想法与实践——通过现代建筑的滤镜转译日本建筑传统[J]．李一纯，译．时代建筑，2014(1)：149.
[89] 谷崎润一郎．阴翳礼赞——日本和西洋文化随笔丘仕俊译[M]．上海：三联书店，1992.
[90] 今道友信．东方的美学[M]．蒋寅，等译．北京：三联书店，1991.
[91] 赵鸿灏，曹仁宇．反“前卫”的前卫建筑师——日本建筑师内藤广[J]．建筑师，2006(4)：20.
[92] 松本三之介．国学思想的形成与特质[M]// 鹤见和子．综合讲座：日本社会文化史：第三卷．東京：讲谈社，1973.
[93] 石元泰博．桂離宮[M]．東京：岩波書店，1983.
[94] 藤森照信．人类与建筑的历史[M]．范一琦，译．北京：中信出版社，

2012.
[95] 黄子云, 魏春雨. 浅谈隈研吾建筑设计作品中的日本传统文化[J]. 中外建筑, 2012(3): 84.
[96] 于戈. 日本当代建筑设计创新研究[D]. 哈尔滨: 哈尔滨工业大学, 2009.
[97] 妹島和世. A邸+S邸[J]. 新建築, 2013(4): 6.
[98] 藤本壮介. サーペンタイン.ギャラリー.パビリオン2013[J]. 新建築, 2013(6): 16.
[99] 栗原健太郎, 岩月美穗. 愛知産业大学語言与情報センター[J]. 新建築, 2013(6): 13.
[100] 陈志华. 外国建筑史[M]. 北京: 中国建筑工业出版社, 2001.
[101] 张晴. 世界顶级建筑大师:长谷川逸子[M]. 北京:中国三峡出版社, 2006.
[102] 当代艺术编辑部. 新艺术——日本・当代・超平面宣言[J]. 当代艺术杂志社, 2003(8): 23.
[103] 林耀华. 民族学通论[M]. 北京: 中央民族学院出版社, 1990.
[104] 陈志华. 外国建筑史(19世纪末叶以前)[M]. 北京: 中国建筑工业出版社, 2001.
[105] 叶渭渠. 日本建筑[M]. 上海: 上海三联书店, 2006.
[106] 胡孟圣. 日本文化古今谈[M]. 大连:大连出版社, 2003.
[107] 罗兰・哈根伯格. 职业/建筑家[M]. 王增荣, 译. 北京:清华大学出版社, 2010.
[108] 金两基. 面具下的日本人[M]. 田园, 译. 济南: 山东人民出版社, 2011.
[109] 赵旭东. 文化的表达——人类学的视野[M]. 北京: 中国人民大学出版社, 2009.
[110] モテエス. 日本精神[M]. 冈村多希子, 译. 東京: 彩流社, 1996.
[111] 西和夫, 穗積和夫. 日本建築のかたち[M]. 東京: 彰国社, 1983.
[112] 河津優司. よくわかる古建築の見方[M]. 東京: JTB出版会,1998.
[113] 矶崎新. 建築の修辞[M]. 東京: 美术出版会, 1979.
[114] 矶崎新, 铃木博之. 20世纪の当代建築を検証する[M]. 東京: GA出版会,1999.

[115] COUSINS M, YASUFUMI N. Katsura – Picturing Modernism in Japanese Architecture: Photographs by Ishimoto Yasuhiro[J]. Architectural Heritage, 2013, 24(1): 119-122.

[116] 五十嵐太郎. 终の建築/始まりの建築——ボストテデイカリズムの建築と言説[M]. 東京: INAX 出版会, 2001.

[117] 石井威望, 伊东丰雄. せんだいメディアテーク[M]. 東京: NTT 出版会, 2002.

[118] 安藤忠雄. 连战连败[M]. 東京: 東京大学出版会, 2001.

[119] 安藤忠雄. 建築の語る[M]. 東京: 東京大学出版会, 1999.

[120] 五十岚太郎. 空間から状況へ[M]. 東京: TOTO 出版会, 2001.

[121] 青木淳. 住宅論 12のダイャローク[M]. 東京:INAX 出版会, 2001.

[122] 坂本一成. 建てるスタンス考えるスタンス[M]. 東京: TOTO 出版会, 2001.

[123] 岸和郎. Projected Realities[M]. 東京: TOTO 出版会, 2000.

[124] 大野秀敏. 表層の暗代の都市の建築[J]. The Japan Architect,1998, (冬号): 4-10.

[125] 西沢立衛. 美術館をめぐる対話[M]. 東京: 集英社, 2010.

[126] 五十嵐太郎. 直線か、曲線か. 言說としての日本近代建築[M]. 東京: INAX 出版会, 2000.

[127] 藤森照信. 日本の近代建築(下)[M]. 東京: 岩波新書出版会, 2004.

[128] 北山恒, 塚本由晴, 西沢立衛. トウキョウ・メタボライジング[M]. 東京: TOTO 出版会, 2010.

[129] 五十嵐太郎. 現代日本建築家列伝——社会といかに関わってきたか[M]. 東京: 河出書房新社, 2011.

[130] 青井哲人. 神殿と遊興の時代: 言說としての日本近代建築[M]. 東京:INAX 出版会, 2000.

[131] 青井哲人. 法隆寺世界と建築史[M]. 東京:東京国立文化財产研究所, 2001.

[132] 布野修司. アジア都市建築史[M]. 東京: 昭和堂, 2003.

[133] 村松貞次郎. 日本建築家山脈[M]. 東京: 鹿島出版会, 2005.

[134] 矢代真己, 田所辰之助, 濱崎良実. 20 世紀の空間デザイン[M]. 東京: 彰国社, 2003.

[135] MILES M. Metabolism A Japanese Modernism[J]. Cultural Politics, 2013, 9(1): 70-85.
[136] 矶崎新. 現代の茶室[M]. 東京: インターナショナル講談社, 2007.
[137] 伊東豊雄. あの日からの建築[M]. 東京: 集英社, 2012.
[138] 関口欣也. 中世禅宗様建築の研究[M]. 東京: 中央公論美術出版会, 2010.
[139] ELLIS C. Direct Radical Intuition: toward an Architecture of Presence through Japanese ZEN Aesthetics[D]. Cincinnati: University of Cincinnati, 2011.
[140] 荒川修作. 建築する身体[M]. 東京: 春秋社, 2004.
[141] 鈴木博之, 五十嵐太郎, 横手義洋. 近代建築史[M]. 東京: 市ケ谷出版会, 2010.
[142] 矶崎新. 空間の行間[M]. 東京: 筑摩書房, 2004.1.
[143] 荒川修作. 三鷹天命反転住宅[M]. 東京: 水声社, 2008.4.
[144] 黒川紀章. 都市革命公有から共有へ[M]. 東京: 中央公論新社, 2006.
[145] 菊竹清訓. 永久と更新の文化新統合めざせ[M]. 東京: 産経新聞正論, 2006.
[146] 山本理顕. OURS:居住都市メソッド Methods for Habitat City[M]. 東京: INAX 出版会, 2008.
[147] 山本理顕. 建築文化シナジー建築の新しさ、都市の未来[M]. 東京: 彰国社, 2008.
[148] 山本理顕. 建築をつくることは未来をつくることである[M]. 東京: TOTO 出版会, 2007.
[149] SNODGRASS A. Thinking Through the Gap: The Space of Japanese Architecture[J]. Architectural Theory Review, 2011, 16(2): 136-156.
[150] 伊東豊雄, 乾久美子, 藤本壮介, 等. ここに建築は可能か[M]. 東京: TOTO 出版会, 2012.
[151] 長澤泰, 西出和彦, 在塚礼子. 建築計画[M]. 東京: 市ケ谷出版会, 2011.
[152] 矶崎新, 鈴木博之. 二〇世紀の現代建築を検証する[M]. 東京: ADA エディタトーキョー, 2013.

[153] 矶崎新. 日本建築遺産 12 選——語りなおし日本建築史[M]. 東京: 新潮社, 2011.

[154] 日埜直彦. 手法論の射程——形式の自動生成[M]. 東京:岩波書店, 2013.

[155] 田中文男, 小澤普照, 安藤邦廣,等. 現代棟梁——田中文男[M]. 東京: LIXIL 出版会, 2013.

[156] ARATAISOZAKI, TADAO ANDO, TERUNOBUFUJIMORI. The Contemporary Teahouse[M]. 東京: 講談社, 2007.

[157] 矶崎新, 浅田彰. Any: 建築と哲学をめぐるセッション1991—2008[M]. 東京: 鹿島出版会, 2010.

[158] マガジンハウス. 安藤忠雄の美術館博物館へ[M]. 東京: マガジンハウス, 2011.

[159] 安藤忠雄. TADAO ANDO Insight Guide 安藤忠雄とその記憶[M]. 東京: 講談社, 2013.

[160] 安藤忠雄. 安藤忠雄建築手法[M]. 東京: ADAエディタトーキョー, 2011.

[161] 安藤忠雄. 都市と自然[M]. 東京: ADAエディタトーキョー, 2011.

[162] 二川幸夫. GA ARCHITECT 安藤忠雄 2001—2007[M]. 東京: ADA エディタトーキョー, 2012.

[163] 莱昂・巴蒂斯塔・阿尔伯蒂. 建筑论: 阿尔伯蒂建筑十书[M]. 王贵祥,译. 北京: 中国建筑工业出版社, 2010.